U0135966

視覺資訊的力量

讓數字故事「更好看」：抓住眼球經濟的「資訊圖」格式全書

information

graphics

9 16 11 16

21 9 14

20 22 9 11 12

33 53 78

Column Five設計工作室共同創辦人 傑森·藍戈 Jason Lankow 喬許·瑞奇 Josh Ritchie 羅斯·克魯格斯 Ross Crooks __合著

Infographics The Power of Visual Storytelling

簡美娟__譯

圖片可以替代千言萬語早已是公認的事實；
同樣地，一張簡單的圖形也能取代裝滿數字的表格。

Content

目錄

intro I

Introduction
前言 007

「資訊圖」是什麼? 008
本書要說的事 012
本書不代表的事 012
術語說明 012
本書的使用方法 018

chapter 1

一個重要又有效的新形式:
為什麼我們的大腦喜歡資訊圖 023

資訊設計的觀點小史 025
視覺化要達成的事 031
吸引人 032
幫助理解 037
加深記憶 042

chapter 2

資訊圖格式:
用對的媒介傳達你的訊息 051

靜態資訊圖 054
動態圖 068
互動式資訊圖 076

chapter 3

用視覺說故事:
先搞懂傳播目標, 才能製造吸引力 083

瞭解視覺敘事的圖譜 084

chapter 4

新聞性資訊圖 109

何謂新聞性資訊圖? 110
新聞性資訊圖的起源 118
新聞性資訊圖的製作 123

chapter 5

發送內容:
分享你的故事 143

網站上刊出資訊圖 144
傳播你的內容 147
耐心等待回報 155

chapter 6
以品牌為核心的資訊圖 159
「關於我們」頁面 160
產品說明 164
視覺新聞稿 165
簡報設計 173
企業年報 176

chapter 7
「揭穿龐大數據」的視覺化介面 181
視覺化案例研究:使用者介面 183
資訊儀表板 183
視覺化數據的轉換 185

chapter 8
什麼是好的資訊圖? 193
實用 195
完整 196
美觀 197

chapter 9
資訊設計的最佳典範 199
插圖 200
數據 202
視覺化 205

chapter 10
資訊圖的未來 217
「人人都有創意工具」的時代 232
社群共創式的視覺化 233
解決問題 243
成為視覺型公司 245

更多「資訊圖」補充知識 246
致謝 250

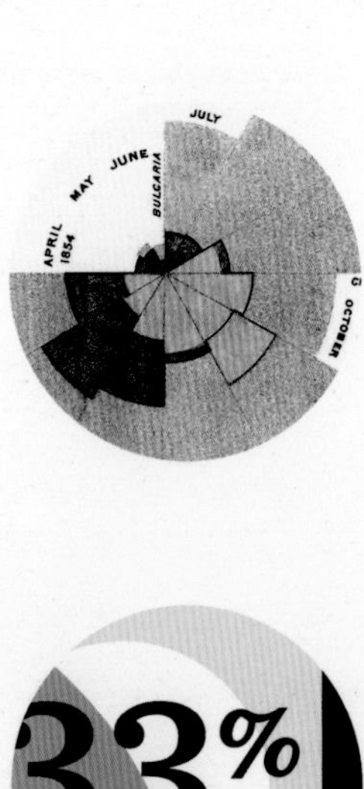
JULY
JUNE
MAY
BULGARIA
APRIL
1854
OCTOBER

SWEDEN

NORTH POLE
ARCTIC OCEAN

33%
use blue.

Marketo

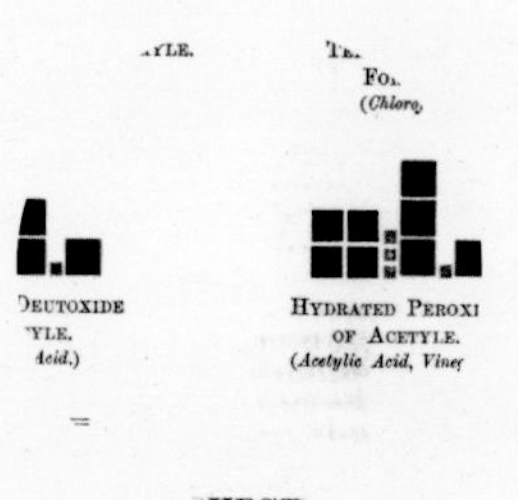
DEUTOXIDE
HYDRATED
OF ACETYLE.

intro

I Introduction 前言

- 資訊圖簡介
- 本書要說的事
- 本書不代表的事
- 術語說明
- 本書的使用方法

我們周遭的世界一直在變化中。資訊時代徹底地改變了我們的思考與溝通模式。

現今我們能置身於樂於學習與分享的文化氛圍，其主要原因是社群媒體愈來愈無所不在。這類湧入的資訊也需要以新的溝通方式來消化與處理。本書的主題——充滿各種豐富型式的「資訊圖」（Infographics），正是引導這類新思考模式的先鋒。

「資訊的視覺化」利用人類視覺系統不可思議的處理能力，能幫助我們快速有效地深入了解與理解資訊。面對日常生活必須瀏覽的大量資訊，如果能取得並善用這種力量不僅非常實用，也有其必要。

「資訊圖」特別在商業界有其普遍的需求。由於消費者對於廣告與行銷的手法日益不滿，態度已接近冷漠，當代品牌需要以新的溝通方式來傳達他們的資訊。強迫推銷的廣告已經是過時的手法。如今品牌必須超越純粹提供產品與服務的範疇，提供觀眾新的獨特價值。而這種價值得經由資訊説明的方式產生。

很多公司為了建立與吸引觀眾群，紛紛成功地仿效內容出版商作法—純粹地表現資訊內容提供讀者資訊與娛樂。那麼，資訊圖在這種潮流中扮演什麼角色呢？面對每天網路上大量製造與傳播的內容，要吸引並維持瀏覽者的注意力非常困難，而資訊圖提供的有趣圖像使用形式，不但能吸引渴望新知的觀眾，還有助於人們理解與記憶資訊。

「資訊圖」是什麼？

「詩人的目的在於提供資訊或娛樂，或是結合這兩者，也就是生活的樂趣與應用。

敘事宜採用簡要的說法，讓讀者能迅速準確地理解與記憶。

充斥資訊的腦袋如同滿水狀態，多餘的話語自然會被排除。」

——羅馬抒情詩人賀拉斯（Horace）《詩藝—致比索父子書》（Epistolas Ad Pisones De Ars Poetica）

這段話寫於兩千多年前，雖然談論的是詩人的角色，但談到溝通的部分，每種行業都能受惠於這永恆的智慧。不論你是為了「説明」或「娛樂」的目的，或是兩者皆有，採用「簡潔的方式傳達真實、有趣的知識」給消費者，不僅可用於行銷，也是任何品牌溝通的最新主張。資訊設計早不是什麼新鮮事了。從最早的洞穴壁畫到現在的數據視覺化，人類一直應用圖像描述來呈現資訊。它們的作用最早可求證於維多利亞時代，如圖 1.1 的視覺資訊圖所示，此圖為南丁格爾（Florence Nightingale）所作，說明克里米亞戰爭期間英國軍隊的死亡原因。這張圖被送交國會說明，原本當時國會對於軍隊的健康與衛生的問題置之不理，後來因為此圖對於出征部隊兵士間疾病的蔓延有了新的思維。

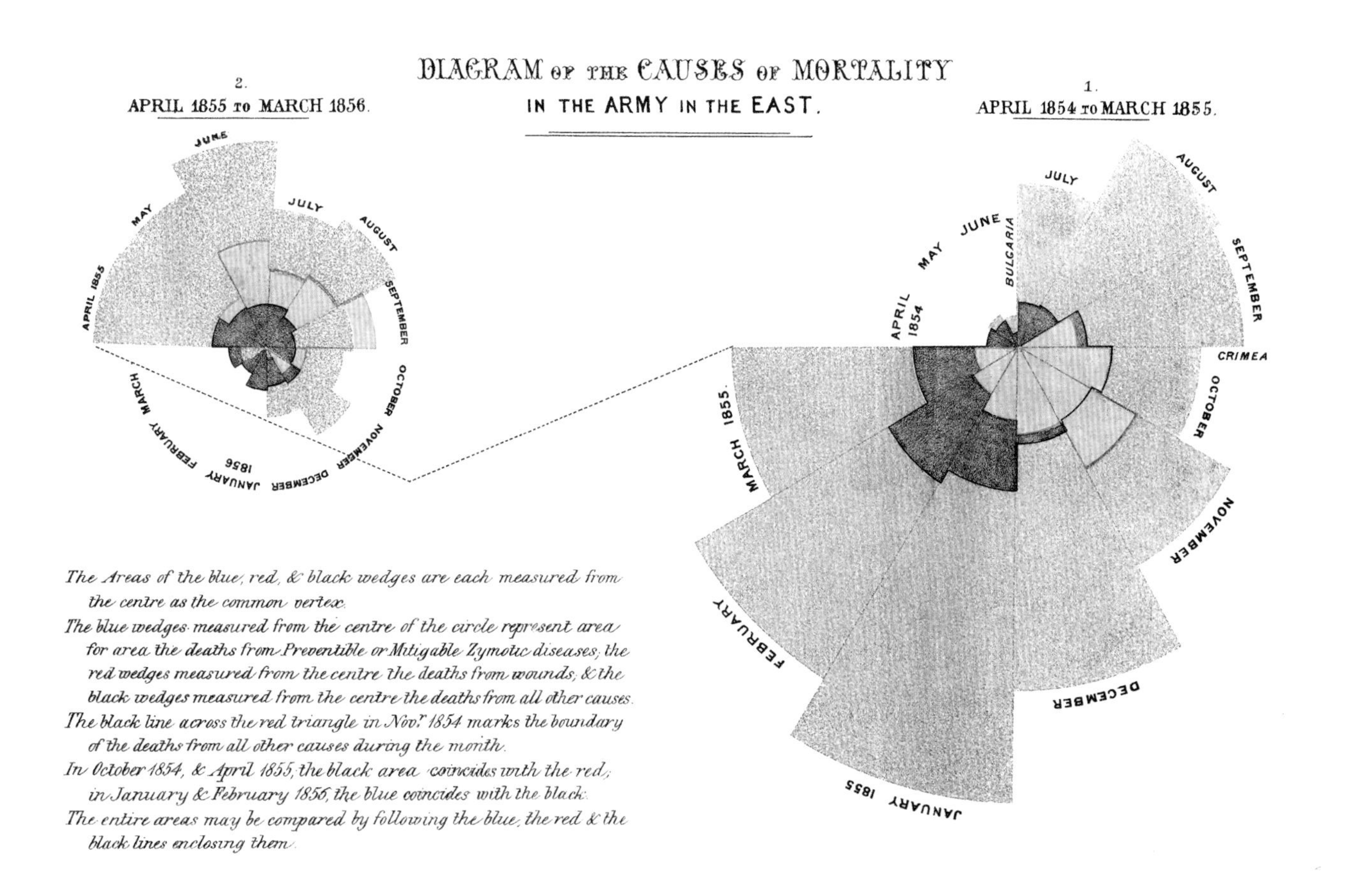

圖 1.1
英國軍隊東征的死亡原因圖，南丁格爾（Florence Nightingale）製作，此圖分析與比較了英國維多利亞的兩段東征時期（1854 年 4 月至 1855 年 3 月、1855 年 4 月至 1856 年 3 月）軍隊人員的死亡原因。它以紅、藍、灰色楔形區域分別代表士兵不同原因的死亡率。

這些圖像描述在 1930 年代末期至 1940年代早期，由早期最受肯定的傳播媒體《財星》雜誌普遍作為內容編輯使用。圖 1.2 的插圖是真正工藝的體現，不但具有代表性風格，也極度注重細節的繪製。

RED STAR RISING

JULY 1946

★ ALTHOUGH TORMENTED BY INSECURITY,
★ DISAPPOINTED IN WORLD REVOLUTION,
★ RIGID IN THEORY, INCONSISTENT IN METHOD,
★ THE SOVIET UNION GROWS LARGER

Out of a long low building dedicated to the education of daughters of the nobility, the auditorium jammed with disheveled and successful revolutionists, the gloomy corridors, dirty and wet, spotted with men asleep with their arms around their rifles, there emerged on November 8, 1917, a new Russian government and a new proposal for peace. The consequences of these initial acts are today decisive in questions ranging from international niceties to the survival of human life on the planet.

The head of the new government was a short, strong-necked man with keen eyes and a high, round-domed head that narrowed to a pointed red beard: Lenin. The Commissar of Foreign Affairs was a thin man with a proud and intellectual head, a pince-nez, and a fine black beard: Trotsky. Upon them fell the task of fitting to a new, class-conscious, and self-conscious government, in power but not yet entrenched in it, a foreign policy with which to confront and at the same time appease a hostile world, with which to ensure the survival of one revolution and to promote the eruption of others. The fruit of their task is a policy at once rigid and flexible, so solid in basic principles that it has seldom been seriously shaken, so adaptable in outward forms that it has seldom failed to meet diverse problems. It does not approach history and economics with the aim of

圖 1.2
「蘇聯崛起」：《財星》雜誌過去製作的一系列資訊圖。

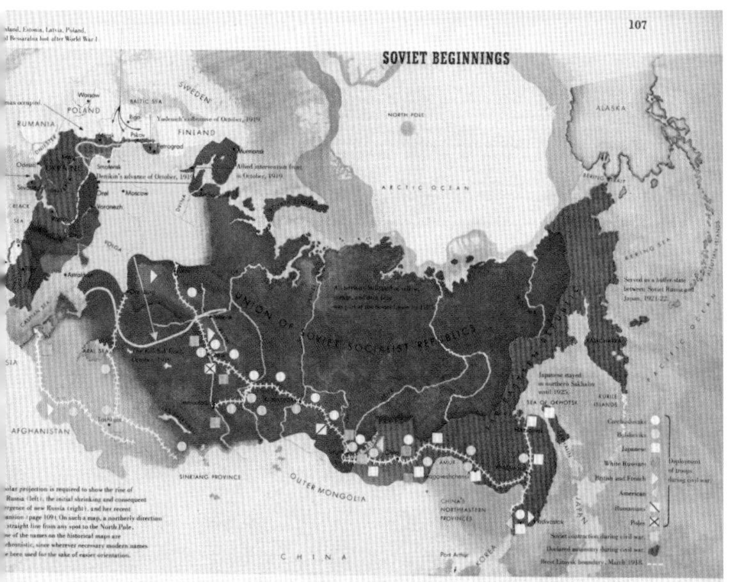

ragmatic reconciliation of theory and changing circumstance. t stamps the course of events with inevitability and calls it istoric destiny that capitalists are monopolists, that monopo- ists are fascists, and that all of them are pitted against the oviet Union. But this rigidity of theory in no wise prohibits e greatest flexibility of application: words of friendship and ords of distrust, pacts with the friendly and pacts with the nfriendly, blunt telling of truth and blunt telling of lies, ap- easement and resistance, intervention and isolation, publicity nd secrecy, war and peace. Soviet policy reveals itself in no ingle events, but only in a progression of them. No one can ake snapshots of its intentions, but only a motion picture of s motivations. The purpose of this article is to project the otion picture.

One group of Soviet motivations was, in the early days at ast, highly subconscious. Lenin and Trotsky roundly repudi- ted the legacy of Czarist Russia even to the extent of horrifying e outside world by publishing documents of the secret archives. hey believed in fish-bowl, not top-hat diplomacy, and they enounced both special privilege and territorial maneuver. But the legacy remained: Soviet Russia inherited the geography of Czarist Russia along with many of the mental habits that, interacting with geography, had given Russia its shape and its history. The Russia of Lenin and Trotsky was still a Russia with an almost pathological urge for security. Its landlocked, enemy-rimmed immensity had involved it continually in scrambles at home and abroad. As early as the reign of Ivan the Terrible in the sixteenth century, Russians had found it necessary to purge an entire feudal class at home the better to gird for war abroad. They had long been conscious of a *cordon sanitaire,* set up by Western nations against them. They had even heard of a plan for a new anti-Russian coalition and for invasion of Russia from the north.

Indeed it was not until the *cordon sanitaire* had fallen apart —Germany was dismembered, Poland weak—that Russia began to grow in strength under Peter the Great. Yet even then security seemed to demand a reaching out toward the Dardanelles, toward the Baltic, toward the Kingdom of Sweden, toward Poland, toward the Pacific Ocean. Russia breathed, her territory now expanding, now contracting, according to the strength and

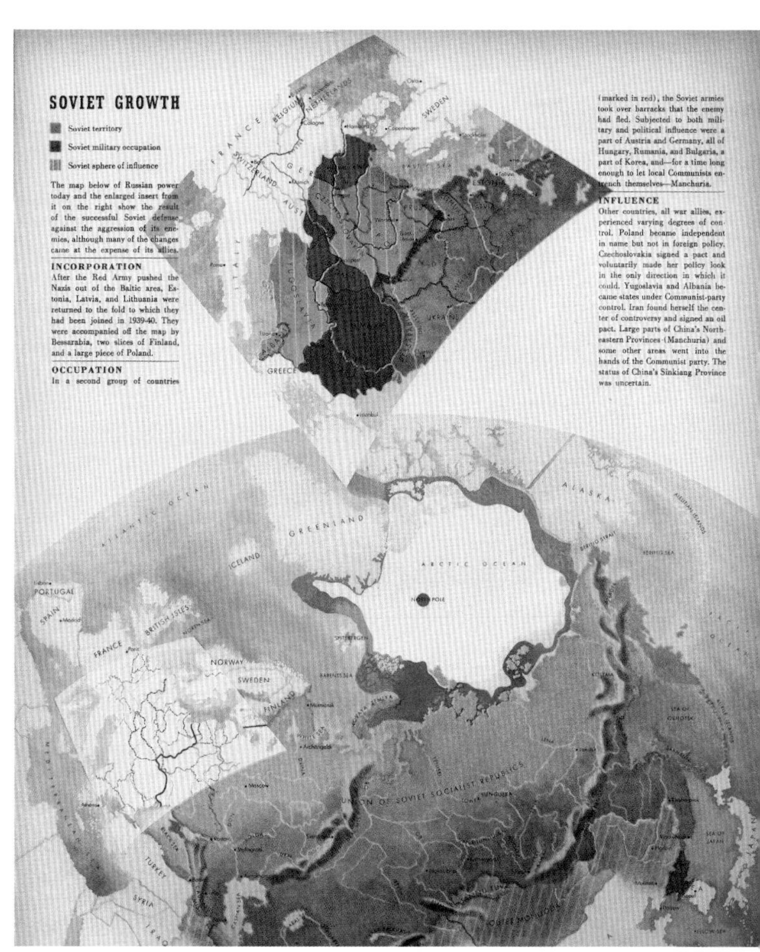
SOVIET GROWTH

Soviet territory

Soviet military occupation

Soviet sphere of influence

The map below of Russian power today and the enlarged insert from it on the right show the result of the successful Soviet defense against the aggression of its enemies, although many of the changes came at the expense of its allies.

INCORPORATION
After the Red Army pushed the Nazis out of the Baltic area, Estonia, Latvia, and Lithuania were returned to the fold to which they had been joined in 1939-40. They were accompanied off the map by Bessarabia, two slices of Finland, and a large piece of Poland.

OCCUPATION
In a second group of countries (marked in red), the Soviet armies took over barracks that the enemy had fled. Subjected to both military and political influence were a part of Austria and Germany, all of Hungary, Rumania, and Bulgaria, a part of Korea, and—for a time long enough to let local Communists entrench themselves—Manchuria.

INFLUENCE
Other countries, all war allies, experienced varying degrees of control. Poland became independent in name but not in foreign policy. Czechoslovakia signed a pact and voluntarily made her policy look in the only direction in which it could. Yugoslavia and Albania became states under Communist-party control. Iran found herself the center of controversy and signed an oil pact. Large parts of China's Northeastern Provinces (Manchuria) and some other areas went into the hands of the Communist party. The status of China's Sinkiang Province was uncertain.

自此以後，這些插圖在各方面有了更廣泛的應用，從學術與科學研究到現代的行銷皆有。我們在第 1 章（一個重要又有效的新形式）會再進一步討論這些應用的歷史，並在各章節中強調目前的應用情形。

本書要說的事

資訊圖的利用與應用範圍廣泛。在本書中，我們將強調資訊圖改善商業溝通的功效，從為創新的行銷目的使用，到傳統上報導或分析商業觀點的應用皆有。接著我們將持續討論資訊圖在其他領域使用的相關目的，以期進一步對本書最終所要建立的資訊圖品質與功效的分析方法與分析架構帶來啟發。

我們主要的目的是要深入瞭解資訊圖的使用價值，說明此種媒介的適當做法與應用。我們也希望讀者最後能瞭解並得到資訊圖思考工具的啟發，迅速掌握以視覺手法改革商業溝通的方式。

本書不代表的事

本書不是設計資訊圖的主要資源。不過我們專門呈現了一些可以作為創造視覺化的工具，並且也提供設計師進一步學習的參考資源。此外，相關的觀念、研究與訊息架構與思考方法對視覺設計師很有參考價值。我們也相當重視創作美麗資訊圖的設計技巧，而且堅信設計學校傳授的各類原則與指導，對於有效的視覺化創作都很重要。

本書所提供的形式與實務舉例，不代表所有資訊圖可能的應用範圍。我們選擇提出一些重要領域，因為這類資訊圖發揮了很大的商業價值；同時，根據我們多年來與數百家大小品牌合作的經驗，本書也詳細地討論適合每種領域的資訊圖做法。

當然本書一定有些無法提及的領域，同樣具有明確與有趣的品牌資訊——但這就是趣味所在。無論商業界、藝術界或科學界，大家都在尋找以新的方式運用資訊圖這種不可思議的媒介，以達成不同的目的。這也正是資訊圖**「以視覺啟發人心」**的特色——它驅使我們不斷地探索，如何以創新方法傳達資訊與娛樂的新奇與魅力。

術語說明

為了清楚表達本書所涵蓋的主題，我們必須定義本書中會反覆使用的術語。有些聽起來很幽微，也可能顯得有點囉唆。但處理資訊與數據、視覺與設計的學科很多——而這些領域的人對於如何使用這些術語都有不同的想法與意見。所以沒有所謂技術上或正式的定義；它們只是用來方便討論本書所談的應用內容。

資訊（Information）
以文字、數字或觀念形式溝通的知識。

數據（data）
可計量的資訊。雖然數據有各種形式，本書我們通常將數據當成數字形態的資訊。

數據集（Data Set）
一種分類數據的集合，在某種程度上經過篩選，其中隱含的見解能夠透過視覺圖像清楚地讓人瞭解。

設計（design）
用以解決特定問題的概念、功能性與圖形輸出。

插畫（Illustration）
對一個物件以手繪或向量的描寫。在「資訊圖」中，我們可以使用插畫去展示一個物件的結構，或是增加美感。

視覺化（Visualization）
我們使用這個術語指涉「資訊視覺化」。例如照片或畫作就是實際的視覺化表徵。然而為了更符合本書情境，我們定義視覺化是一種**「溝通特定知識所製造的視覺成品過程；包括數據的視覺化，或只是利用視覺提示去舉例、區別或是顯示資訊的層次。」**

科學界或學術人士通常將視覺化當成是利用軟體自動轉化的圖表。諸如此類的程式能夠以類似的形式處理資訊，但會產生不同的視覺效果。我們在定義上也將此類視覺化方法包含在內，但也含納入其他獨特的應用手法，例如手工處理、繪圖和資訊與數據的設計。傳統的「視覺化」定義很符合科學與學術界的使用目的，但因為本書將提及各類的媒體和應用手法，我們需要賦予更廣泛的定義。

數據視覺化（Data Visualization）
可說是數據的視覺呈現或是視覺化數據的實踐。

常見的一般形式有：圓餅圖、長條圖、曲線圖等。不過數據的關係有時非常複雜，因此我們必須能夠找到獨特的方法，將這些數值視覺化以清楚呈現那樣複雜的關係。這些視覺化圖像能夠幫助我們檢測趨勢、模式和異常值，讓我們對資訊有更深入的理解。

資訊設計（Information Design）
以視覺形式呈現資訊的做法。我們也用這個術語代表相關主題的整體學習領域與實踐。在一件資訊的視覺呈現裡，可能包含視覺化數據、流程、層次結構、剖面、年表與其他事實。而圖表（chart）則也被歸為本書「資訊圖」的一種，而大部分的資訊圖具有多重面向、解釋或精闢描述的功能。

資訊圖（Infographic）

英文 Infographic 是「資訊」和「圖表」兩個字（information graphic）合併的說法（本書以「資訊圖」為中文譯名，以求完整的表達含意）。

過去幾年因為網路行銷圖表使用的盛行，這個詞彙相當受到歡迎。有些人使用這個詞彙來解釋目前此類廣泛應用的獨特形式，它的特徵是利用插圖、大型排版、以長形呈垂直方向來顯示各式各樣的事實。我們則將這類圖表稱為新聞性資訊圖，它也可以用不同的形式來呈現。

本書中，我們會來回使用「資訊圖」（information graphic, infographic）這個詞彙，並特別希望維持這個術語保持廣泛有彈性的定義。

簡言之，資訊圖就是「使用視覺提示來溝通資訊。」它未必需要包含某些特定的數據量、具有一定複雜性，或非得呈現某種程度的分析。沒有什麼是「資訊圖」的門檻標準。它可能很簡單，例如手持鏟子的人形道路標誌，提醒大家前方有工程進行；或可能很複雜，例如是全球經濟的圖表分析。

新聞性資訊圖（Editorial Infographic）

使用在印刷品、網路出版或部落格的資訊圖。報紙已經應用了新聞性資訊圖數十年，而最近在網路世界中，這種資訊圖更找到了新的形式與生命。特別是「內容行銷」（content marketing）崛起——使用編輯過的資訊與視覺圖像，以吸引固定與潛在客戶對於公司網站更關注的做法—已經刺激了這方面的成長。

這類「以視覺內容行銷宣傳」的例證，請看圖 1.3 軟體公司 Marketo 為了推廣自家「行銷自動化軟體服務」所推出的一系列作品。（文接 017 頁）

圖 1.3

新聞性的資訊圖系列案例，Column Five 設計工作室製作（Marketo 行銷軟體公司委託），本資訊圖分析了品牌顏色對營運的影響，介紹世界頂尖品牌使用的顏色。

本資訊圖說明營收績效管理系統（RPM）的效用。→

MAXIMUM REVENUE

WHAT CAN RPM DO FOR YOU?

Revenue Performance Management (RPM): is a revolutionary way of setting up your business to achieve maximum revenue. It involves your marketing and sales teams calling a truce and coming together to create new processes with the same goal in mind: generating revenue. Read on to learn what your peers say.

Consider this:

RPM COMPANIES ACHIEVE 102% OF THEIR REVENUE TARGET!

REVENUE PERFORMANCE MATURITY: HOW GROWN UP IS YOUR COMPANY?

Most companies land somewhere in the following four levels of revenue performance maturity.

LEAST MATURE >>>>>>>>>>>>>>>>>>>>> MOST MATURE

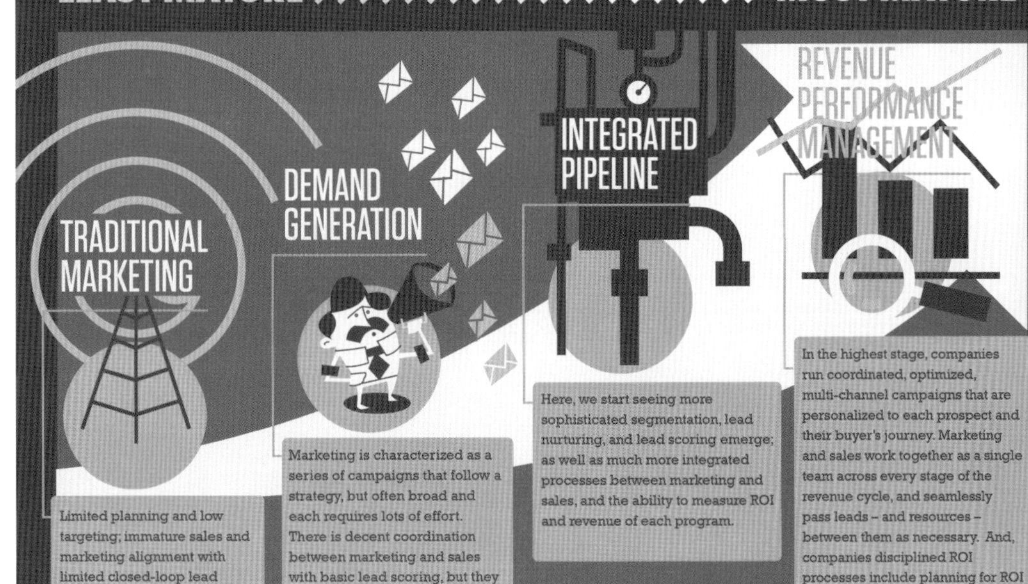

KILLING TIME

HOW TO DESTROY YOUR PRODUCTIVITY

As your company searches for new ways to boost productivity and increase sales, it's important to be aware of the ways your plans can be thwarted. Turns out, your everyday work habits may actually be standing in the way of your success. Want to know how to kill your productivity? Do these seven things.

1. CHECK YOUR EMAIL EVERY TWO MINUTES.

Checking your email is so second nature that you don't even think twice about it. But the emails you're receiving are likely asking you to do things that aren't nearly as important as the items on your to-do list. ***Checking your email at least once every two minutes and attending the incoming requests is one of the easiest ways to keep your productivity to a bare minimum.***

2. KEEP YOUR DESK CLUTTERED.

Your anxiety-producing, cluttered-to-the-hilt workspace is one of the best ways to keep you from being productive. ***To assure maximum stress and minimum productivity, never file papers where they ought to go.*** The anxiety that builds from knowing how much time it will take to get your desk in order will help to effectively diminish your productivity.

特徵圖形元素（Qualitative Graphic Elements）

非數字的任何形式，包括資訊與插圖。

數字類資訊（Quantitative Information）

包含任何類型、通常以數值呈現的測量資訊。（如圖 1.4）

敘事（Narrative）

利用特定的資訊述說故事，達到引導觀眾的資訊設計手法。這類方法最適用於溝通價值判斷的資訊圖，用意是讓觀眾離開時能有特定訊息的收穫。

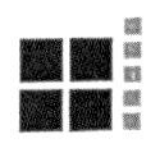

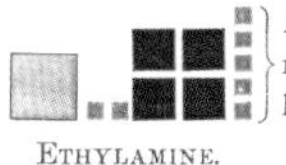
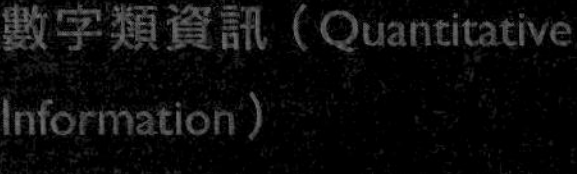
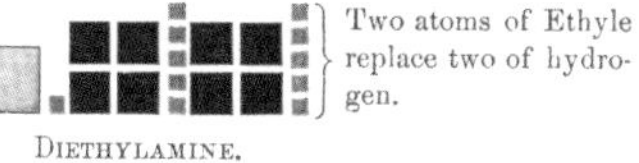

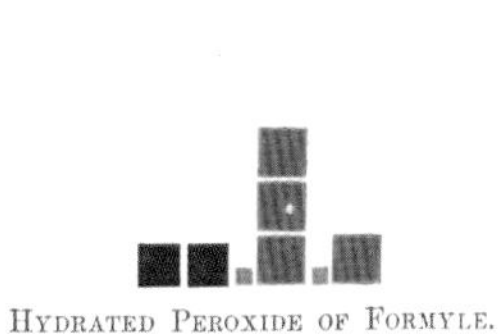
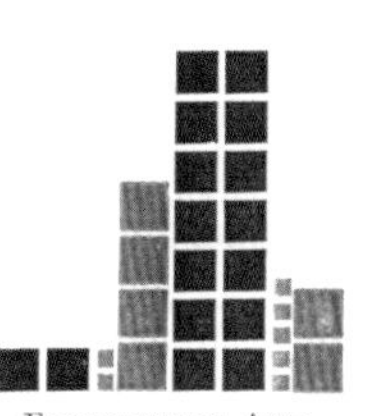

圖 1.4

數字類資訊圖案例，解釋化學理論的型態及組成比較圖。

本書的使用方法

現今的商業環境裡，資訊設計與視覺化的應用十分普遍。但每家公司有不同的需求，應該針對客戶個別設計解決其溝通問題的方案。本書的組織方式，讓你既能夠消化與學習符合自身需求與目標的資訊，也讓你能隨性地略過一些不適用的章節。

在你要確定需求並嘗試新的資訊圖應用方法時，你可以經常回頭參考這本書。我們應該根據「要顯示的資訊」來設計圖表，你也應該規劃一個符合自己工作需求與機會的視覺策略。這本書就是各類策略與應用的指南。

接下來我們劃分出本書的大致結構，讓你對於每一個章節的內容有所認識。你可以據以判斷哪一個章節與你的公司或工作最為相關。有疑問的時候再進一步閱讀其章節內容。這個方式很適合用來確定視覺化資訊的新作法，而且對企業整體溝通與行銷策略的發展與轉型也很有幫助。

本書有些部分是必讀章節，好讓我們在進一步討論應用方法的細節時，你才能瞭解其背後觀念。

chapter 1 一個重要又有效的新形式： 為什麼我們的大腦喜歡資訊圖	chapter 2 資訊圖格式： 用對的媒介傳達你的訊息	chapter 3 用視覺說故事： 先搞懂傳播目標，才能製造吸引力
chapter 8 什麼是好的資訊圖？	chapter 9 資訊設計的最佳典範	chapter 10 資訊圖的未來

或者你也可以根據興趣與/或需求，選擇閱讀（或不閱讀）其他章節。應用章節裡的舉例，有些你會覺得很重要，有些你會覺得不重要。我們鼓勵你探索目前還不適用的範圍，因為這些章節對於資訊圖的新應用策略也提供了一些新點子。何況你永遠不知道你的需求何時會改變。

chapter 4
新聞性資訊圖

chapter 5
發送內容：分享你的故事

chapter 6
以品牌為核心的資訊圖

chapter 7
「揭穿龐大數據」的視覺化介面

接下來是各個章節的簡短內容介紹。

chapter 1

一個重要又有效的新形式：為什麼我們的大腦喜歡資訊圖？

本章節將說明視覺溝通功用的學理根據，以及說明最好的應用方式。雖然視覺化的價值似乎在某些情境下是自然產生的，但重點是我們要瞭解它為何有效，才能適當地操作它。我們將探索創作資訊圖的各種可能目的，並且根據其目的，將資訊圖產生的不同價值建立其相應的優先順序。

chapter 2

資訊圖格式：用對的媒介傳達你的訊息

本章節將探索資訊設計與數據視覺化所採用的不同格式，包含靜態、互動和動態圖。我們會詳細地描述每種格式，並提出一些可以應用的方向。

chapter 3.4.6.7

資訊圖的應用

這些章節會說明資訊圖在商業環境裡不同的應用。第 3 章大致形容一下「視覺敘事圖譜」的輪廓，據此架構我們可以考慮以下三種應用方式：

第 4 章：新聞性資訊圖
第 6 章：以品牌為核心的資訊圖
第 7 章：「揭穿龐大數據」的視覺化介面

我們將示範如何創造迷人又充滿機智的視覺內容，將每種應用方式當成突破現狀的機會。在視覺內容經常使用的範圍，例如簡報或儀表版（dashboards）製作等，我們將思考任何改進與創新內容的可能性，以提供清晰的視覺化效果，吸引觀眾的注意。

chapter 5

發送內容：分享你的故事

本章我們將討論讓你的訊息內容傳到更廣、更遠的最佳作法。就算你完成了精彩的視覺內容，事情也還沒結束，你需要群眾看見它。我們將在本章討論有關如何利用社交媒體散發和推廣你的內容，確定人們可以看見它—並且更重要的是，可以分享它。

chapter 8

什麼是好的資訊圖？

這個充滿主觀和爭議性的主題經常出現在我們公司「問與答」清單上。因此，本章將提出一個重要架構，作為評鑑各類資訊設計應用的準則。

chapter 9 資訊設計的最佳典範

本書的目的不是要指導你如何設計資訊圖，而是說明如何在溝通策略上適當地應用資訊圖。不過如果你即將與設計師共同參與生產的過程，或是身為編輯必須參與出版過程，你有必要深入瞭解一些資訊設計的基本原則。

考量到這一點，第9章將提供一些資訊圖案例，說明「可做」與「不可做」的概略知識，讓你能藉以辨別誤用的情形，並能掌握創造有趣、豐富與有效內容的過程。

chapter 10 資訊圖的未來

所有商業領域都必須站在最新趨勢與科技的前端。資訊設計的世界也是如此，特別是當它與你特定的組織與企業連結時。

最後一章我們將討論在不久的將來即將出現的資訊圖應用。

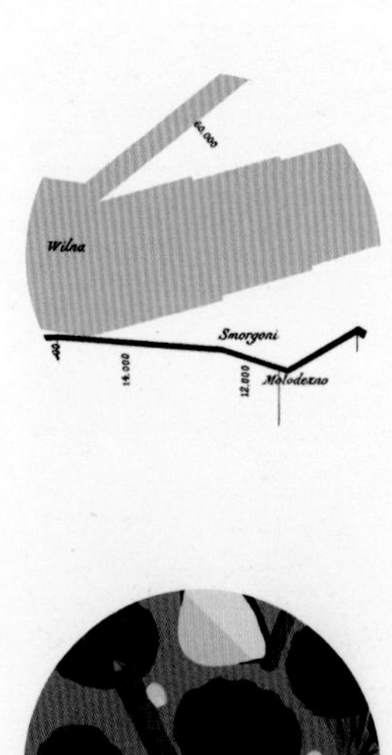
Wilna
Smorgoni
Molodexno

$300
250
200

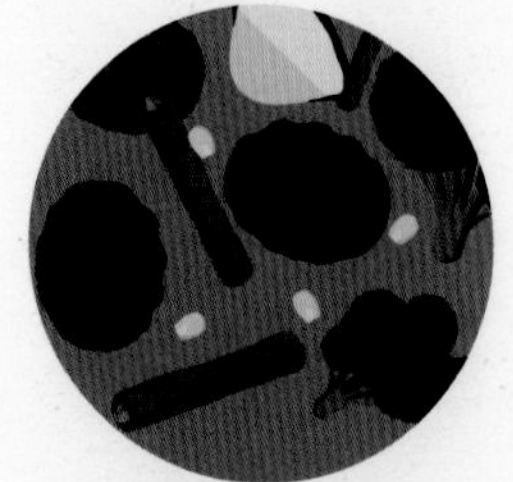

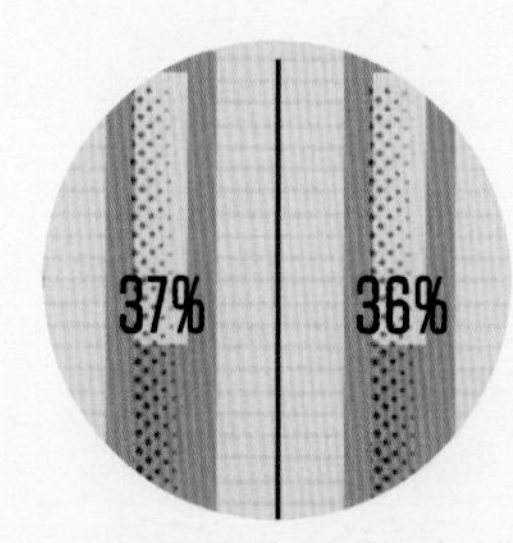
37%
36%

Blowjob Queen

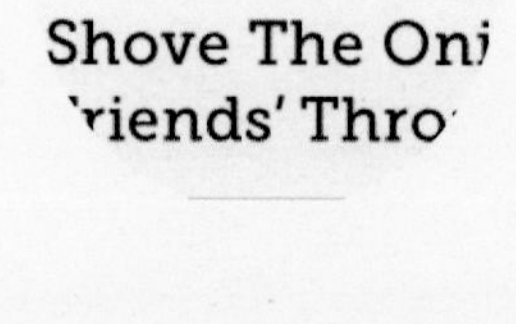
Shove The

chapter

1 一個重要又有效的新形式：為什麼我們的大腦喜歡資訊圖？

- 資訊設計的觀點小史
- 視覺化要達成的事
- 吸引人
- 幫助理解
- 加深記憶

我們知道可以利用這些圖像，在美感上吸引人們的注意力，但我們也應該利用同樣的工具，減少他們理解訊息所花費的時間。

古羅馬建築師與工程師維楚維亞斯（Vitruvius, 註 1）所著的《建築十書》（De Architectura）中提到，所有的建築物都應該堅守三種標準：完整、實用與美觀。

至於莫勒（Andrew Vande Moere）和波卻斯 (Helen Purchase）所合著的《資訊視覺化的設計角色》（On the Role of Design in Information visualization）指出這些標準可以、並且也應該「應用到資訊設計，以及適用此目的之各種應用範圍。」他們並指出，好的視覺化內容應該要很完整：也就是說「設計的形式要適合它所描繪的資訊。」另外，它也要具實用性，讓觀看者能從中分析出意義來。

最後，資訊設計當然跟所有的設計相同，它應該呈現美學上的吸引力，獲得觀看者的關注以及提供愉悅的視覺感受。

莫勒和波卻斯這個架構提供了所有人判斷視覺化價值的穩固基礎。不過為了討論資訊圖的正面效應，我們將會採用不太一樣的架構。本書裡，我們將「美觀」改成「吸引力」，將「實用」分成「理解」與「記憶」兩個範疇——因為這些是所有有效的聽覺與視覺溝通方法的三大基本條件。

吸引力（Appeal）

溝通應該吸引自動前來的觀眾

理解（Comprehension）

溝通應該有效地提供知識，讓資訊充分地被理解

記憶（Retention）

溝通應該傳達難忘的知識

我們將在第 9 章（資訊設計的最佳典範）探討資訊設計的實踐原則時，更深入挖掘實際層面上完整設計有何需求。

「影像」與「圖形」應該總是要好看，並且鼓勵觀眾關注其內容。重點是我們要檢視能達到這種效果的原因，以及找到創造吸引力的重要因素。這絕對是傳達訊息這件事首要、也是最具挑戰性的步驟——讓接收訊息者願意聆聽你必須傳達的內容。

「圖片可以替代千言萬語」早已是公認的事實；同樣地，一張簡單的圖形也能取代裝滿數字的表格。我們可以經由基本的視覺化，察覺數據上明顯的模式、趨勢與異常值，迅速地瞭解訊息。本章則將檢視視覺化如何輕易地達到這個成果，而其他溝通方式卻無法做到的原因。

接著，我們會確定如何讓這些視覺化內容更容易記得。現今各種媒體已普遍被應用，尤其是網路，讓我們有更多的管道可以選擇消化我們的新聞、影片和有趣的圖片；並且可以自我學習各式的主題。但這項不斷成長的誘因卻有一個缺點，那就是我們傾向「迅速地遺忘獲得的大部分知識」。

雖然沒人介意遺忘了不重要的「搞笑貓」（LOLcat，註2），但「記憶」還是有其價值——特別在商業情境裡。幸好，近來在「圖表說明要素」與「所發表資訊的記憶率」之間已有相關性的研究，而這些相關性正可以協助我們思考「如何讓人們記住我們所呈現的內容。」

本章也會討論資訊設計為什麼適合用來達成這類目標，以及根據我們大腦處理資訊的方式，尋求瞭解資訊設計能夠達到成效的原因與作法。不過，我們不會涉入艱深生硬的科學；我們的主要目的是瞭解哪些設計要素能幫助我們達到特定的溝通目標，並將其他不重要的因素拋諸腦後。

為此我們將仰賴幾本詳細論及視覺化科學重要的著作，最知名的當屬威爾（Colin Ware）精心書寫的《資訊視覺化：設計的覺察》（Information Visualization: Perception for Design）。

本章最後將提出不同的思想流派。我們歸納出這些歧見，大部分來自於「無法承認不同的目的需要不同的實踐方法。」也就是說，一個以提供觀眾分析資訊為主要目的的設計，無法拿來思考、設計或評鑑另一個主要目標除了提供內容之外，還要兼具美觀與娛樂效果的設計。

我們會討論針對每項特定目標的各種做法，以及在應用章節（第 3、4、6 和 7 章）中詳述它們的實踐過程。然後說明我們如何使用這些不同的做法去達到三大基本溝通條件：吸引力、理解與記憶。

資訊設計的觀點小史

「什麼才是資訊設計的適當做法？」這個問題現今在網路上有很多激烈爭辯。為什麼這塊友善美麗的圖像創作領域會激起這麼大的衝突呢？各方辯論的焦點在於：資訊圖設計的美學與裝飾角色。為了了解其間潛在的緊張關係，我們需要一點背景知識。

科學界與出版界將資訊設計與視覺化當作溝通工具已有幾世紀的歷史。然而這個領域的學習與發展主要為學界與科學所主導，它們主要的考量是瞭解「如何以最有效的方式處理與呈現資訊，以協助觀看者進行分析工作。」

這些努力都來自於大量的研究、高度的理論性思考；在實際層面上，主要是使用軟體去處理與視覺化數據集。多年來，只有小部分群眾——受過教育、有知識、技能的個人團體，會討論與實踐這方面的視覺化內容。但後來網路急起直追。大約在 2007 年左右，對資訊圖的興趣（大部分是新聞性質）開始在網路上增長，人們開始分享「拿破崙入侵莫斯科」的行軍舊資訊圖（如圖 1.1），以及由《GOOD》雜誌所發表的最新創作（如圖 1.2）。突然間，一群新興崛起的「專家」團體開始讚揚、分享與批評（幾乎都在批評）他們所能找到的任何資訊圖。

自此以後，為數可觀的新資訊圖不斷地創作出來，不同的企業與領域各自找尋適合他們使用的做法。最常見的就是配合廣告行銷目的而使用的新聞性資訊圖。這類新與視覺在形式與內容上採取比較不同的手法。為了配合網路上「部落格」寬度而設計的瘦長型圖表，變得無所不在，它幾乎在瞬間也等同於「資訊圖」這個術語。

對照於傳統方式，這些圖表使用更多的插圖和裝飾。那些投入全部的行銷心力，想利用內容與設計吸引觀眾關注、好奇與喜愛，所以創造出這些資訊圖的公司，企圖

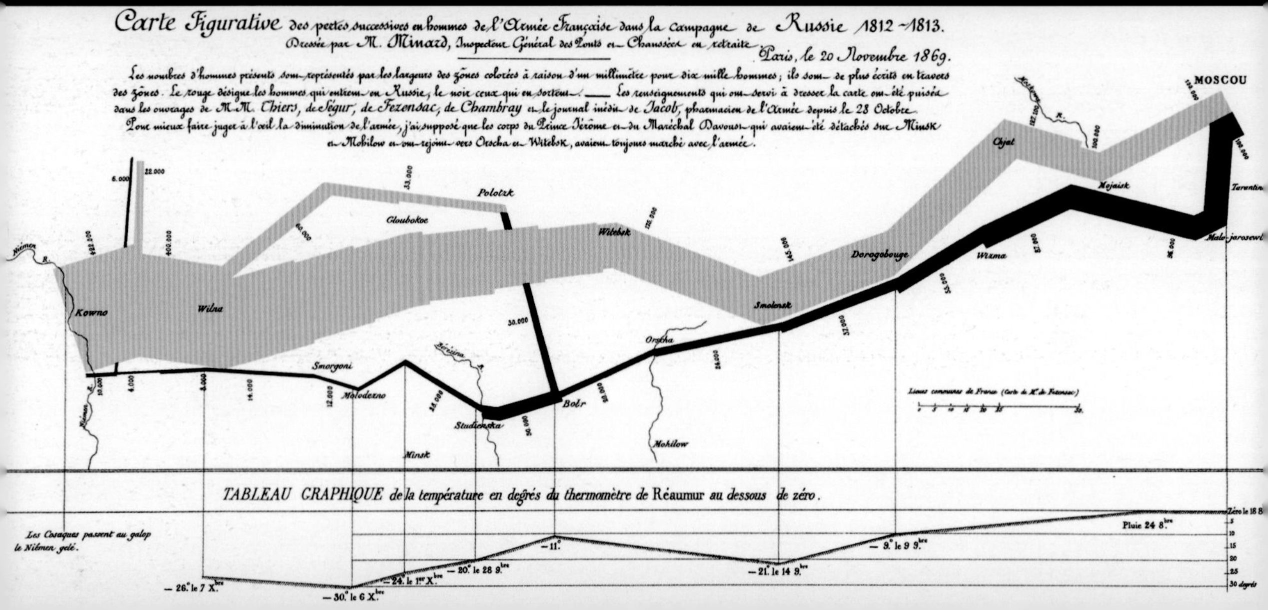

YOU SHOULD VOTE **BECAUSE...**

184.

Barack Obama and John McCain have raised millions of dollars for their presidential campaigns. In good's second installment of Political NASCAR, we look at the uniforms the two candidates would wear if companies wanted to use their political donations as advertisements, and if running for president ended with the winner doing donuts on the White House lawn.

- Finance, Insurance, Real Estate
- Lawyers/Lobbyists
- Misc. Business
- Communications/ Electronics
- Health
- Construction
- Energy/ Natural Resources
- Education
- Government/ Military

BARACK OBAMA'S TOP CONTRIBUTORS BY INDUSTRY:

Lawyers/Law Firms	$24,041,336
Retired	$23,180,517
Education	$10,357,842
Securities and Investment	$9,870,256
Business Services	$6,742,674
Real Estate	$6,419,635
Health Professionals	$5,849,662
Misc. Business	$5,410,583
TV/Movies/Music	$5,158,598
Computers/Internet	$4,257,976

JOHN McCAIN'S TOP CONTRIBUTORS BY INDUSTRY:

Retired	$23,536,345
Lawyers/Law Firms	$7,951,246
Securities and Investment	$6,883,893
Real Estate	$6,794,094
Misc. Finance	$3,902,813
Health Professionals	$3,563,798
Misc. Business	$3,121,409
Business Services	$2,549,853
Commercial Banks	$1,868,224
Insurance	$1,654,352

NOTE These donations come not from the organizations and businesses themselves, but from their employees and employees' families.

LOGOS Top contributors by company
SOURCE opensecrets.org
ILLUSTRATION by Şerifcan Özcan

圖 1.2
「你應該投票的原因」
《GOOD》雜誌委託紐約 Open 公司製作。
本資訊圖分析美國總統大選的兩位候選人歐巴馬（Obama）和麥坎（McCain）各募得數百萬美元的政治獻金。兩位候選人身上的標誌都是各大企業的品牌商標，選舉結果的勝利也象徵各自支持的企業品牌勝利。圖左右兩邊的數據代表各領域行業的捐獻金額。

藉此讓自家品牌成為該行業的「思想教主」——這跟傳統資訊圖使用領域的目的大相逕庭，有別於過去我們粹只是「使用視覺呈現來協助數據的處理與理解。」

你可以想像的到，這塊資訊圖設計師的新領域大多缺乏有關「資訊設計最佳典範」的知識。換句話說，大家是見招拆招。就像那些曾經經歷過這種快速成長的各個領域，這就造成了這類設計的整體品質差異度很大——也因此招致了學術與科學界視覺化社群的批評（甚至是全然不屑）。但，網路確實已經占領了資訊圖的未來發展。

有關何謂資訊圖的爭論一直持續至今，人們試圖在始終

研究類	敘事類
特徵	
極簡主義	加入插圖
只包含代表數據的元素	著重設計
試圖溝通資訊	試圖利用迷人的視覺效果吸引觀眾
以最清晰、簡潔的方式呈現	寓教於樂
應用	
學術研究	出版
科學	部落格
商業情報	內容行銷
數據分析	銷售與行銷素材

圖 1.3
資訊設計的作法

朦朧不清的領域裡找尋具體的定義。耶魯大學統計學教授塔夫特（Edward Tufte）是該領域最知名也最常被引述的聲音，針對資訊圖的主題，他寫過備受推崇以及最完整的著作。在流行術語上，塔夫特做出了很大的貢獻，例如他創造了新詞「表格垃圾」（chartjunk）（無法溝通資訊的無用圖表元素），並研發了「資訊墨水比例」（data-ink ratio）——測量一份圖表中資訊溝通的比例，因為它與圖表視覺元素的總數有關。

塔夫特對該主題的思考，在「資訊圖設計的研究」中（如圖 1.3）屬於較保守的作法，同時也是典型擁有學術或科學背景者對資訊設計認知的代表。他主張任何設計的圖表元素，只要無法傳遞特定資訊都是多餘的，應該要刪除。他也堅信不必要的線條、標籤或裝飾元素等表格垃圾，只會讓觀看者分心、曲解數據，進而降低圖表的完整性及減損它的價值（如圖 1.4）。儘管塔夫特承認裝飾元素在某些情況下確實能幫助主題的編輯，但他的教學通常不主張使用。

另一方面，英國平面設計師霍姆斯（Nigel Holmes）的作品與著作，則象徵著資訊圖作法的另一端， 他採用了大量插圖與裝飾來美化資訊圖設計（如圖 1.5）。霍姆斯最著名的是自 1978 年至 1994 年在《時代》雜誌刊登的新聞性「解釋圖表」（explanation graphics）的說明。霍姆斯的作品傾向於「利用插圖和視覺意象去支持與加

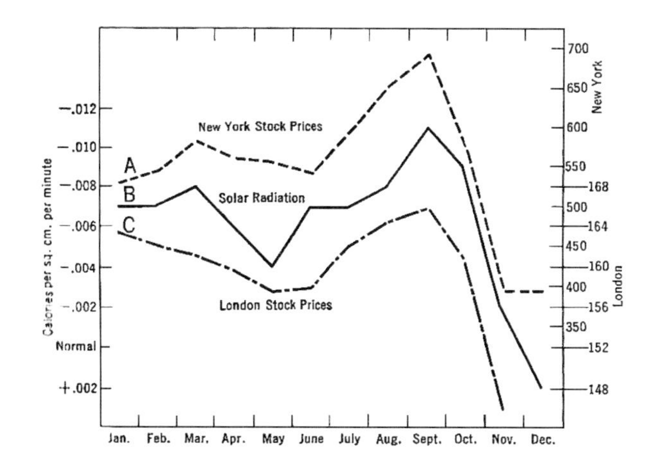

圖 1.4
採用極簡設計的研究型圖表作法範例，本圖比較了某一年內，紐約證交所、倫敦交易所的股價走勢與每分鐘太陽輻射量的變化。

強資訊主題」，讓觀看者會覺得圖表很吸引人。而最新的研究也顯示，這些裝飾性元素能夠加強人們對於資訊的記憶，此點我們在本章後面會深入探討。

所以，那一種才是正確的作法呢？答案是兩者皆是。人們在激辯的過程中，經常忽略了**設計行業裡最核心的議題：目標。**也就是儘管塔夫特和霍姆斯想要發表的是一模一樣的數據集，他們很可能懷有截然不同的目的。

塔夫特想要盡可能以最中立的方式呈現他的資訊，鼓勵觀看者能客觀地分析資料。相反地，霍姆斯的任務是編輯訊息，引導讀者理解訊息背後的特定價值。塔夫特的

溝通是「研究」類；換句話說是鼓勵觀看者探索並提出個人的見解。霍姆斯則是「敘事」類型，幫觀看者指定了預期的結論。這兩者因為工作領域的不同自然有所差異，因為科學與研究的目的與出版業的目標本就差之千里。其實根本不需要建立一個統一的方法去主導所有的資訊圖設計目標；相反地，不同的個人與企業應該依照個別設定的特定目標，發展其獨樹一格的最佳表現。

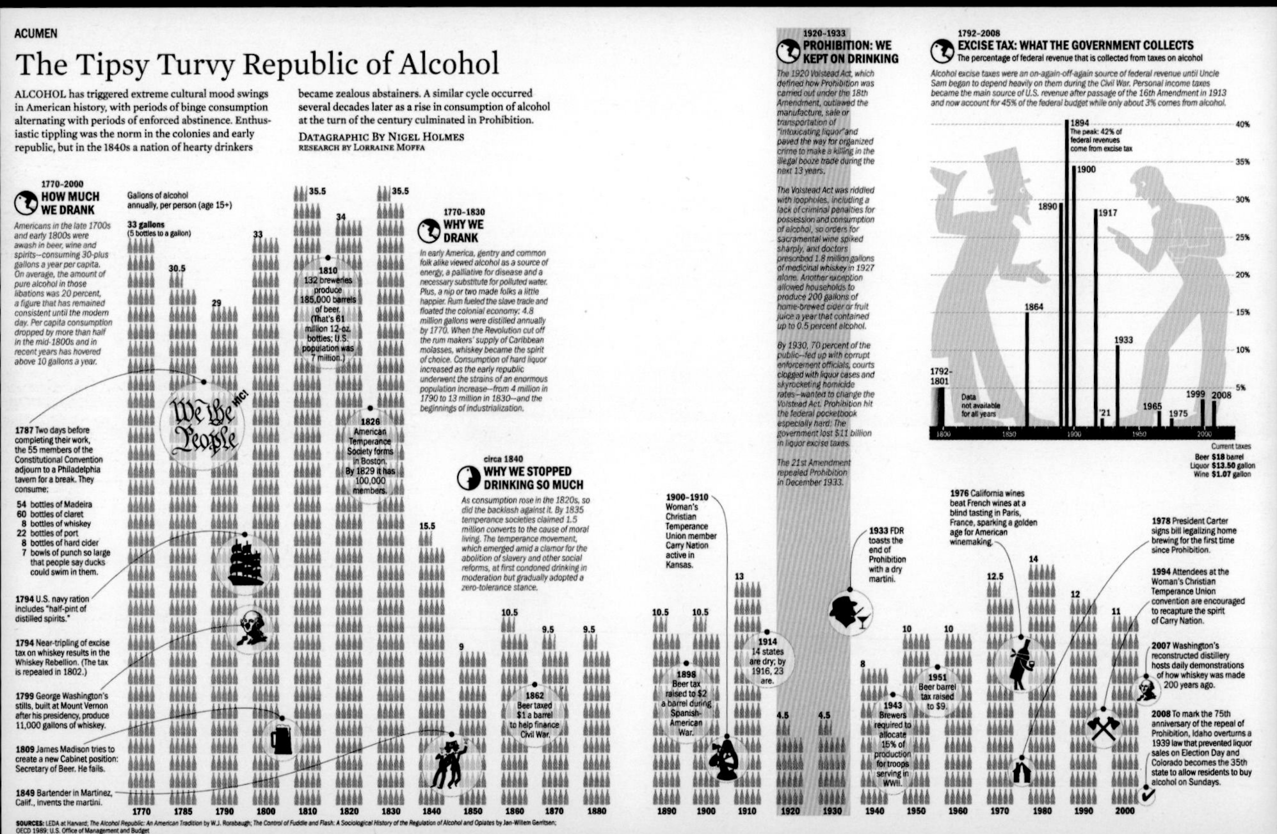

圖 1.5

視覺化要達成的事

所以，我們當然要先探討「每種資訊圖的目標為何」，才能建立該應用領域最佳的呈現方法。根據定義，所有資訊圖都是為了溝通資訊而做。不同的是溝通的目的——瞭解這個目的才能決定圖表呈現的優先順序。這些優先順序解釋了每一種設計都需要不同的方法執行。

舉例來說，如果一份資訊圖需要的是以最清楚客觀的方式溝通資訊，那麼設計師首重的次序就是理解，然後記憶，最後才追求有吸引力的元素（如圖1.6）。這在學術、科學與商業研究的應用上十分普遍，因為這些領域通常沒有其他考量，只是要傳達知識並讓觀眾理解。

像「吸引力」在這領域通常不太需要，因為觀眾通常只是需要資訊，然後目標是獲取資訊。吸引力只有在維持觀看者的注意力，以進一步加強理解時才有作用。這樣的圖表通常被當成資訊的來源——因此記憶才被排為第二順序。假設觀看者需要資訊，而它實際上已經是可獲取的資源，那麼使用者就可以在需要的時候去調閱它，也沒有必要拿它佔據我們珍貴的腦容量。

不過以商業利益考量所製作的圖表，其優先順序將截然不同。品牌最需要的是得到觀眾的關注，並且實際上（希望如此）將那些使用者變成付費的消費者。美國美式足

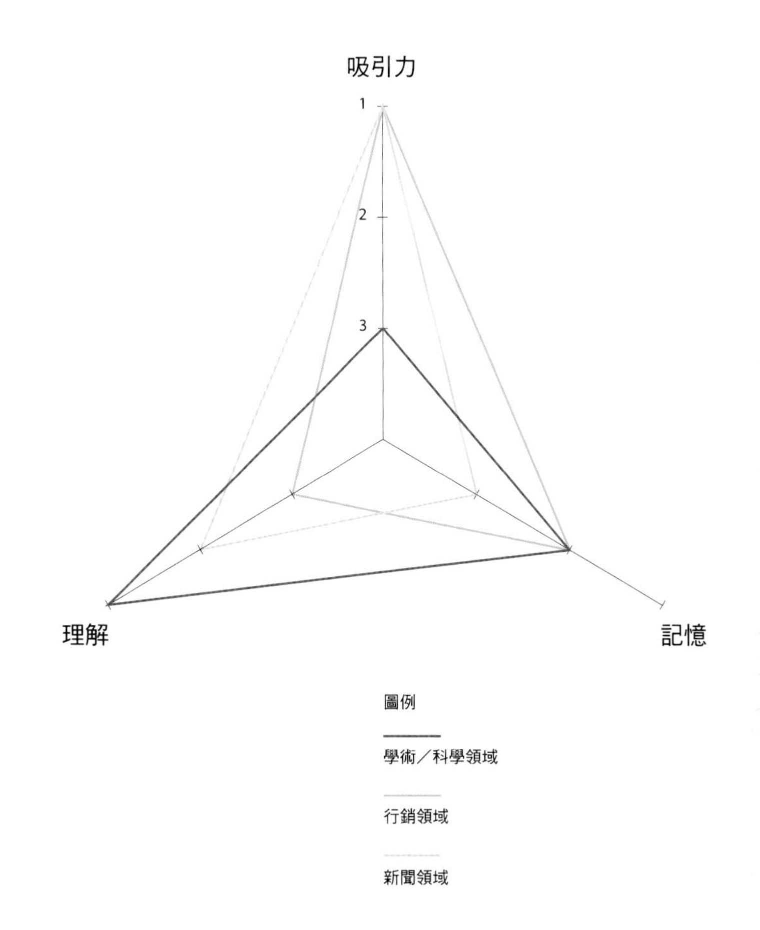

圖1.6
資訊圖應用的先後順序

球的年度大賽「超級盃」（Super Bowl）轉播時的電視廣告就是最好的證據，每家斥鉅資買下這時段廣告的企業都會竭盡所能（不論它購買的廣告秒數長或短）追求吸引觀眾的目標。

所以，商業行銷用的「資訊圖」，追求的優先順序會是吸引力、記憶，然後才是理解。畢竟品牌追求的是吸引觀眾的注意力、留下持久的印象——一般來說，觀眾對於內容的理解常常是品牌最後的考量。除非資訊圖強調的是產品或服務的敘述（例如視覺新聞稿），因為在這種情況下，設計師的目的是想要觀眾清楚地瞭解資料，以便連結公司的價值主張。但無論如何，對潛在客戶發揮足夠的吸引力，讓他們願意聆聽，永遠是行銷資訊圖的首要目標。

創造新聞性資訊圖的出版商在優先順序上則有點偏向混合類型：同時追求吸引力，理解與記憶。因為一本雜誌內容的吸引力決定人們從架子上拿下來的因素，它就有一個最重要的優先順序——增加銷售量——這件事跟其他企業公司相同。

出版商的生存取決於它能否讓讀者產生興趣。具有相同品質的內容或圖表，可以創造強烈的印象引發讀者興趣——而這就是「理解」要發揮作用的地方。出版品質取決於製作的內容，目的是幫助讀者瞭解相關的主題。不過無論讀者在一星期之後，是否能以同樣理解的程度「想起」那個主題，對於出版商的盈利來說關係不大。商業和出版之間的利益共同點是他們都渴望能迫使消費者採取具體的行動。

吸引人

2010 年時，Google 執行董事長施密特（Eric Schmidt）發表了著名的宣言，他說我們現在兩天內製造出的資訊，遠比有人類歷史以來直到 2003 年之間所創造的資訊還多。這個驚人的統計明顯地需要釐清什麼才是資訊與資訊如何被製造出來。但無論如何，有件事很明確、毋庸置疑：人類正在創造與消耗遠比從前更多的資訊。

因此，要吸引人們的注意力越來越困難，因為他們一整天不斷被各類刺激轟炸——從重點新聞、好笑圖片到「臉書」上的更新內容都是。市場行銷人員，業務人員，「品牌傳教士」（brand evangelists, 註 3）和出版商都必須要找出獲得人們一點關注的辦法（這也是現今越來越具挑戰性的任務）。你要如何引起人們的關注，並且能夠維持到你與他們分享訊息為止？由於目前存在的「東西」數量太過龐大，要從中凸顯自我是很艱鉅的任務。

在資訊大爆炸時代，人們不斷地面對新的資訊、選擇與決定，要如何吸引觀眾的注意呢？問問全球企業的巨人蘋果公司（Apple）吧。以這家公司獲利後持有的保留現金來看，都還大於全球前五十家企業的現金總和估計值（以 2012 年初的資訊估算），它必然對於人們的喜好有深入的瞭解。

在競爭激烈的 MP3 音樂播放器市場上，蘋果推出的「iPod」卻能很早就席捲對手。到底這項產品到目前為止與其他產品有何差異呢？問題的答案很簡單，就是設計。雖然操作系統的兼容性、記憶容量和螢幕尺寸等功能，肯定也是決定的因素，但 iPod 與競爭對手關鍵的差異在於它迷人的設計。

就如已逝的蘋果前執行長賈伯斯（Steve Jobs）宣揚的，好的設計不僅添加一件物品的額外魅力，實際上它也會引發情感上的反應。很少人會否認將新款蘋果產品拿出盒子時的愉悅心情。

那麼這個例子如何轉化為資訊設計的最佳典範呢？我們的消費者文化已經逐漸將著重設計的領域跨過製圖與消費性電子產品範圍，讓設計也在其他許多企業嶄露頭角。舉例來說，販賣居家商品的宜家家具（IKEA）公司創造了聰明家具設計的主流。英國大型品牌維珍（Virgin）則創造了魅力的航空產業，其機艙的內部設計有如時尚的會客廳，而不只是大眾交通工具而已。無論他們是否會宣揚此點（我們或者甚至不確定他們與否是有意識地如此做），但因為設計而與這些品牌有所連結的消費者，將會持續吸引更多的粉絲與跟隨者。以這種方式不斷成長的媒體版圖讓強大的設計變得益發重要，藉此你的品牌才能與大眾有所區分。

即便你的目標只是為了要客觀分析地呈現資訊（也就是你不期望讀者有任何行動），加入有美感的魅力仍然是有益處的。

「設計之於數據，如同起士醬之於花椰菜」

以上標題這段話，是美國大學正式入學考試（SAT）的「類推」題目。換句話說，就如同許多研究與分析報告指出，人們會需要一個「額外的誘因」來吃蔬菜，特別是那些又冷又硬的蔬菜。使用吸引人的圖像呈現資訊會立即得到讀者的關注，讓他們想挖掘更深入的內容。

針對你的觀眾發揮這種吸引力，在商業上不是一種「錦上添花」、而是一種「勢在必行」的作法。如同沒人拿起你的雜誌買單，你就沒有銷售量，如果你無法獲得潛在客戶的注意力，你的商品也賣不出去。

現代的市場行銷人員，可以由本書導言裡引述賀拉斯的話中受益良多，用內容取悅人們是必要的概念。為了建立觀眾的信任感並且經常吸引他們的關注，已經變成了一種需求。我們將在第 3 章（視覺敘事圖譜）與第 4 章（新聞性資訊圖）有關新聞性資訊圖的部分，進一步討論如何創作的方法。現在要談的重點是：如何在第一個步驟把焦點做到位：在第一時間獲取他們的注意。

讓我們想要吸收資訊的誘人因素是什麼呢？那就是碰上我們認為有效率、漂亮與好玩的形式（如圖 1.7）。很少有人寧可閱讀長篇大論，而捨棄觀賞呈現同樣資訊的多媒體展示。多元媒體讓我們腦子保持對內容的興趣，而視覺化讓我們能更有效率地消化它，進而達到理解程度。

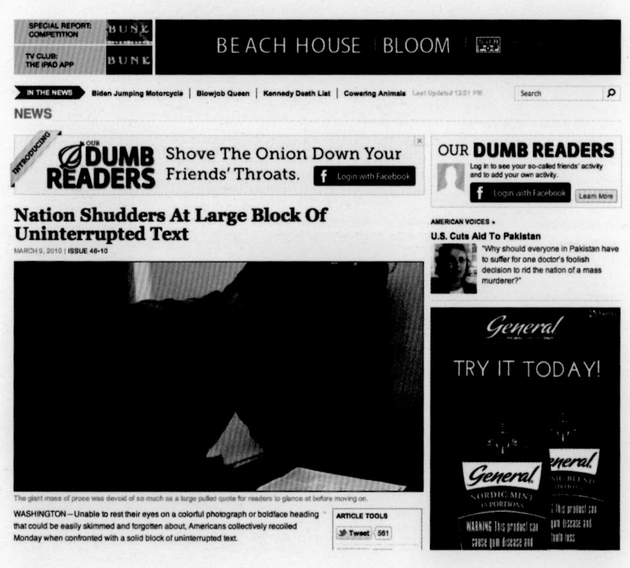

圖 1.7

資料來源：新聞媒體 THE ONION 授權轉載。（版權所有：ONION, INC 公司 www.theonion.com，2012 年）

進一步來說，根據加拿大薩克其萬大學（the University of Saskatchewan）的最新研究指出，觀看者偏愛使用了大量插畫的視覺呈現。當同時呈現一張簡明圖表和如前所述霍姆斯所包含的插圖時（如圖 1.8），在不同領域（如圖 1.9）的參與者都一致選擇霍姆斯的版本。雖然這個結論——「比較具動感與刺激的圖像比起一張單調的圖表要受歡迎」，似乎太過顯而易見，但重點是思考設計的方法。

將你的內容視覺化還不夠；你必須讓它成為有趣的視覺感受。你可以利用有代表性的意象、比喻性的說法，或相關的裝飾框架機制——包括所有能夠傳達訊息的有利工具。不過請切記你的目標。這些裝飾與說明要素是否適當，需要根據資訊圖的應用與使用方式作判斷。

例如，在一張週日版報紙上探討「企業利潤」的新聞性圖表，讓一位圓嘟嘟的主管坐在黃金打造的寶座上的插圖可說非常適當。但反之，如果此圖裝飾在包含敘說數據的企業年度報告中，股東們可能就無法欣賞這樣的創作了。

如果使用不當，裝飾的元素很可能會分散觀看者對於實際資訊的注意力，也減損了圖表的整體價值。掌握執行方法與如何在「吸引力」與「清楚呈現」之間求取平衡，可說是種很微妙的過程。我們將在涵蓋資訊設計的原則與最佳典範的第 9 章進一步討論插圖與裝飾元素適當的使用方式。

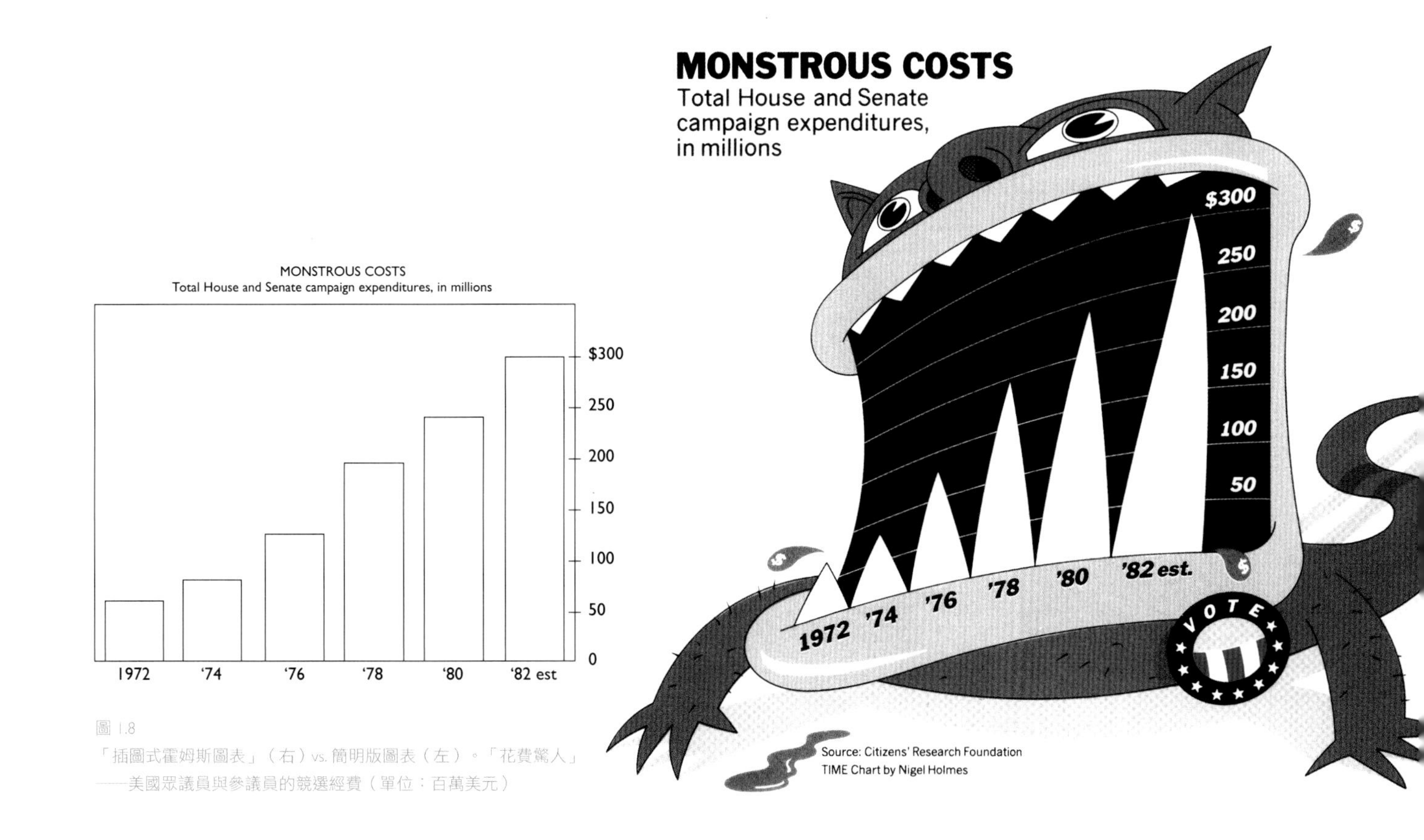

圖 1.8
「插圖式霍姆斯圖表」（右）vs. 簡明版圖表（左）。「花費驚人」——美國眾議員與參議員的競選經費（單位：百萬美元）

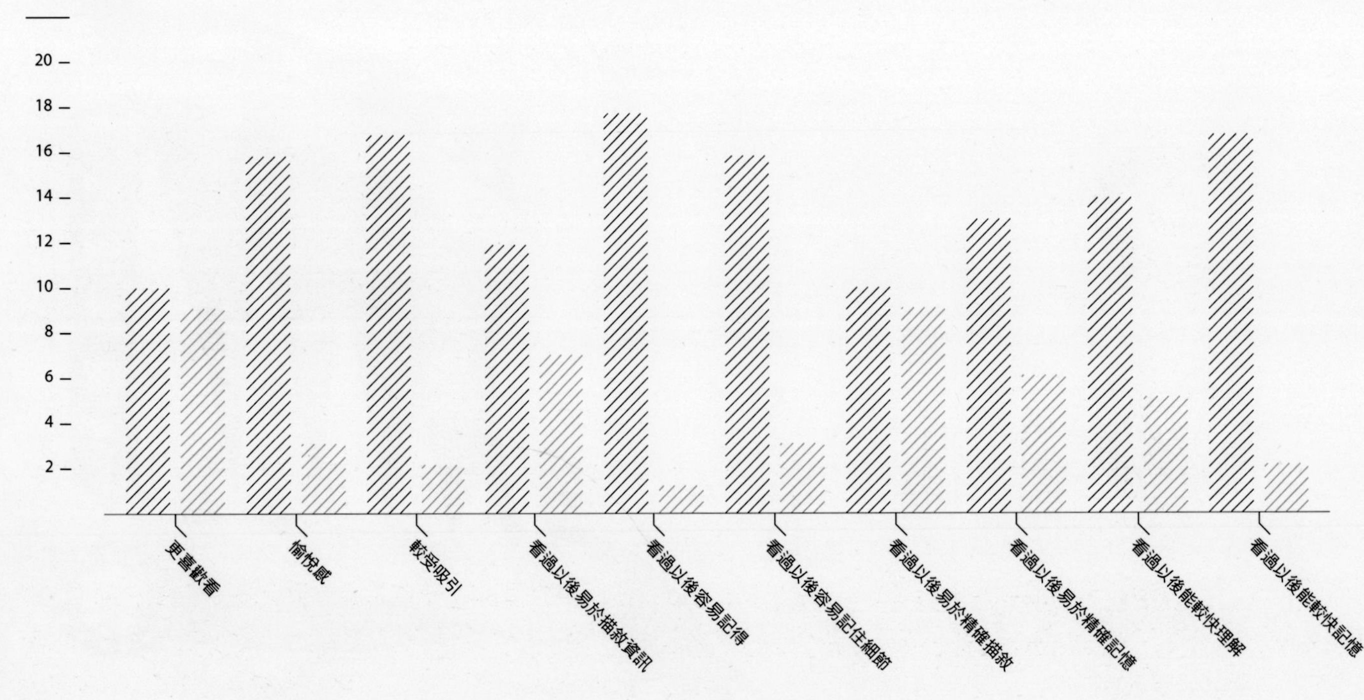

圖 1.9
薩克其萬大學研究成果，本圖根據不同的特性，比較兩種資訊設計版本受人喜愛的程度。

幫助理解

常聽到有人自稱為「視覺類學習者」，其實那只是說他們需要看到某樣東西才能理解其含意。

研究人員在過去數十年間嘗試了各種方法研究與建立學習的風格，這類具體的圖像思考風格的起源可以追溯至佛雷明（Neil Fleming）的 VAK 學習模式（請見下圖）。此模式是最知名及最常被引用的思考模式，它主張理解資訊最好的學習模式是利用這其中三種刺激類型：

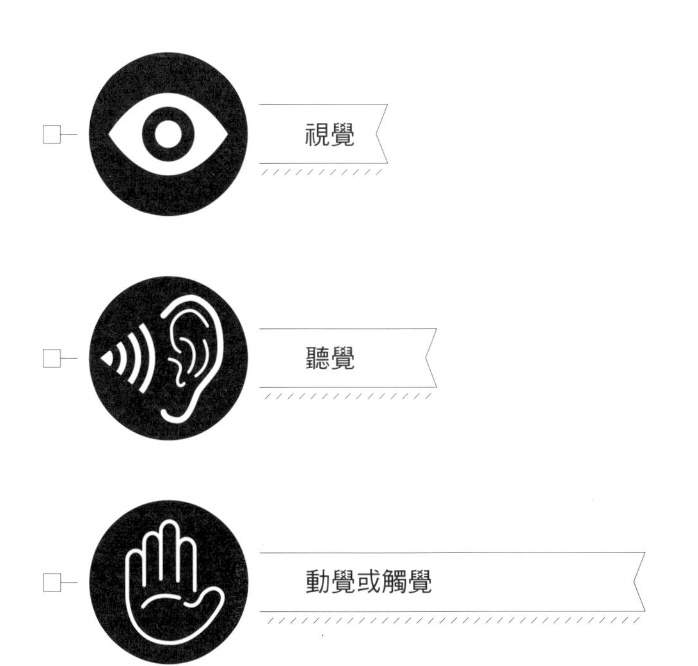

「視覺類」學習者理解事物的最佳方式是透過圖片、圖解與表格之類的資訊；「聽覺類」學習者最好是透過聆聽資訊說明的方式來學習；而「觸覺類」學習者則需要透過實作來接觸與學習。雖然這個理論普遍為大眾所接受，但在科學領域上還是受到高度的質疑，他們認為並沒有證據顯示任何特定的學習模式對於理解與記憶資訊有實際上的幫助。

儘管諸如此類的爭辯一直持續著，重要的還是要思考人們如何透過媒介的結構與管道來獲取資訊，去判別人們到底偏愛哪種學習方式未必重要，應該要思索的是他們實際上如何學習——而這些經驗在現今著重於視覺呈現的網路渠道，正不斷地發生著。除了音樂網站外，網路上的「純聲音內容」相對來說比較少；直到虛擬真實的世界能夠提供互動、觸覺經驗，網路上大部分的資訊才得以視覺形態溝通。

既然人們比較偏好視覺性的消化資訊，使用圖像溝通（而非文字）的價值確實非常重要。就如威爾在《資訊視覺化：設計的覺察》所言：

「人類的視覺系統是強大力量與細微事物的模式搜尋器。眼睛和大腦的視覺皮層組成一個大規模的平行處理器，是提供資訊到人類認知中心的最高速管道。在處理的高層次方面，感知與認知是彼此緊密相關的，這也是

為『理解』（understanding）與『看出』（seeing）是同義字的原因。」

威爾並曾提到，視覺系統能夠處理的資訊，比起所有其他知覺合併使用下還多。這都是因為視覺化具有「注意力前期」（preattentive）屬性的某些特徵，例如我們眼睛的快速感知（在250毫秒內），及我們大腦精確的處理程序——而且這類能力不需要我們主動專注才用得出來。這就像心智有種強制吸收力——多麼的方便啊！圖1.10是最常解釋這種概念的插圖。請在這兩頁數字組合中計算「7」的數量，你需要用多少時間完成呢？

現在請用圖1.11做一樣的練習。顏色的改變讓認知幾乎立即完成，因為顏色就是其中一種注意力前期的屬性，

2 1 4 3 9 5 6 7 8 2 3 6 5 9 4 0 1
6 7 9 3 4 9 0 5 6 2 5 8 4 0 5 2 6
9 8 2 6 3 5 9 3 2 9 3 7 2 6 3 4 8
8 1 6 2 3 8 7 9 5 0 2 3 9 2 8 4 3
0 9 1 8 5 4 2 9 4 7 4 6 8 4 0 2 9
3 9 2 7 3 6 6 5 2 9 4 0 4 9 4 8 6
5 2 4 3 6 4 8 1 0 3 9 4 8 4 7 3 2
8 6 2 3 0 8 7 3 6 2 5 4 4 8 3 5 0

圖1.10
注意力前期處理測試一

請再看圖 1.12，這系列圖中所有的視覺化都包含此類的屬性，適當地應用它們傳遞資訊是達成視覺溝通的關鍵要素。

我們的大腦能夠透過這種稱為注意力前期處理行動，同時認知與處理許多這類的視覺提示。這一切行動都發生於針對任何特定範圍的認知意圖之前；純粹不由自主，只是單純地處理我們眼睛所看到的任何地方。

這些因為大腦與眼睛的連結所產生的自然功能，在我們需要與忙碌的、或注意力無法持久的人們溝通時非常好用。

2 1 4 3 9 5 6 7 8 2 3 6 5 9 4 0 1

6 7 9 3 4 9 0 5 6 2 5 8 4 0 5 2 6

9 8 2 6 3 5 9 3 2 9 3 7 2 6 3 4 8

8 1 6 2 3 8 7 9 5 0 2 3 9 2 8 4 3

0 9 1 8 5 4 2 9 4 7 4 6 8 4 0 2 9

3 9 2 7 3 6 6 5 2 9 4 0 4 9 4 8 6

5 2 4 3 6 4 8 1 0 3 9 4 8 4 7 3 2

8 6 2 3 0 8 7 3 6 2 5 4 4 8 3 5 0

圖 1.11
注意力前期處理測試二

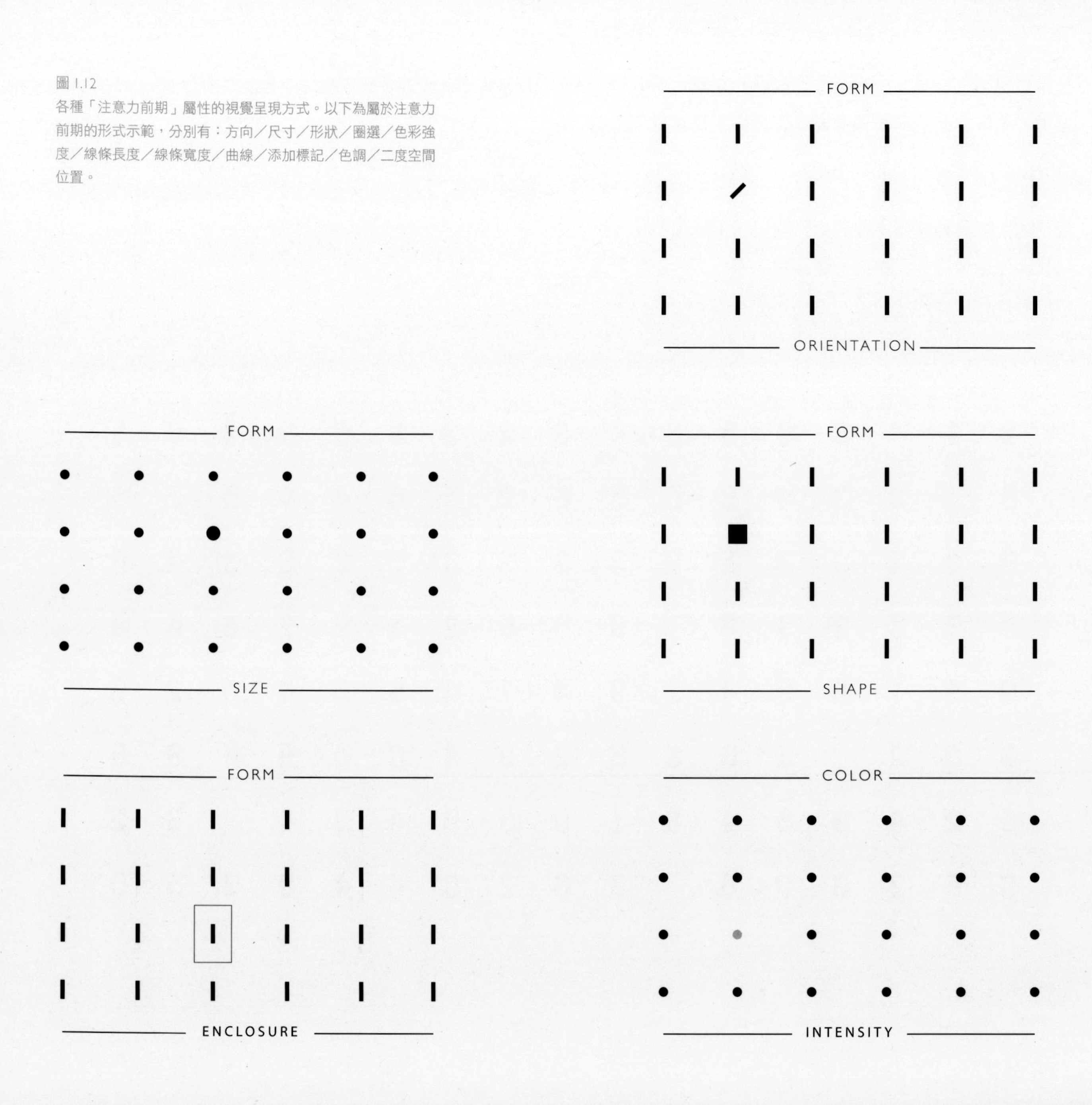

圖 1.12
各種「注意力前期」屬性的視覺呈現方式。以下為屬於注意力前期的形式示範，分別有：方向／尺寸／形狀／圈選／色彩強度／線條長度／線條寬度／曲線／添加標記／色調／二度空間位置。

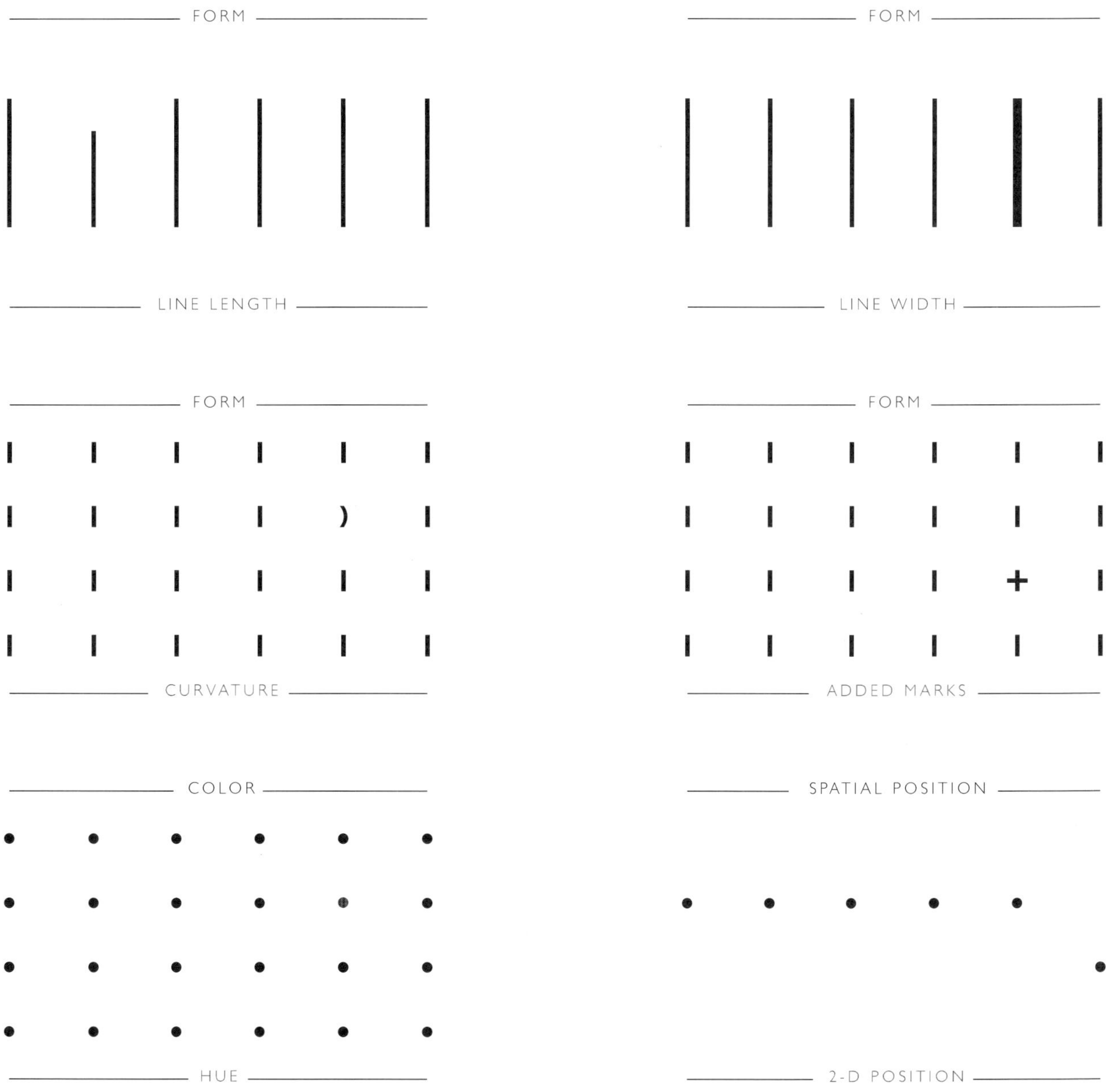

FORM

LINE LENGTH

FORM

LINE WIDTH

FORM

CURVATURE

FORM

ADDED MARKS

COLOR

HUE

SPATIAL POSITION

2-D POSITION

不過，**我們知道可以利用這些圖像，在美感上吸引人們的注意力，但我們也應該利用同樣的工具，減少他們理解訊息所花費的時間**。也就是說，你無法只透過顏色去敘述故事，或是單憑形狀和符號去傳達迷人的訊息。我們也要問，「文字」在資訊設計上扮演的角色為何呢？在使用同樣語言的社會情境下，文字——相對於圖像符號——在熟悉度方面還是佔有一定的優勢。

沒有任何一組符號具有一致的普遍性；反之，大部分的符號都因特定的社會或文化環境而有所區別。關於這點需要做使用視覺化而非口頭溝通的成本效益分析。在傳達一個觀念給不熟悉符號的人時，符號反而比語言還要花更多時間來詮釋，在這種情況下，溝通就該傾向於文字敘述。

然而，對於熟悉符號的人而言，理解過程就容易許多，於此情況下，溝通就應該著重於視覺化的作法。

威爾在著作中也針對每一種媒介提供了一個良好的解析，他解釋：「圖像適合描述空間的結構、位置與細節，而文字則較適合呈現程序資訊、邏輯條件和抽象的語言概念。」不過實際的狀況是：**我們不需要在兩者之間選擇其一**。**最突出的視覺化作品都含有描述與敘事**，特別在新聞類資訊圖的應用上，這種使用文字的方式可以增加資訊圖的個性與清晰度。

記憶

使用資訊圖溝通的第三個主要優點，是能幫助人們記憶資訊，因為圖表能夠延伸我們的記憶系統。視覺化能夠立即與經常性的抓取儲存在我們長期記憶的非視覺資訊。

人類的大腦能夠回憶熟悉的符號、場景與模式，讓我們與已經儲存的資訊做迅速的連結，進而立即理解我們所看見的事物。這裡又引發了一個疑問：哪些視覺化做法最適合喚起不同類型的記憶呢？

「觀看圖像」主要與三種記憶有關：

「影像記憶」（iconic memory）是你看到東西時，那一刻短暫瞬間的場景快照。除非該影像與儲存在你大腦中的某樣東西作連結與分析，否則大約只能留存不到一秒鐘。

「長期記憶」儲存了我們能長時間回憶的經驗資訊，並且為了處理新的資訊而從中抓取使用。長期記憶進一步分成三個範圍：**情節記憶（episodic memory），語義記憶（semantic memory）和程序記憶（procedural memory）**。

情節記憶的主要功能是回憶我們所體驗過的影像與場景，以及與這些經驗有關的感受。語義記憶讓我們能記得與非特定上下文的知識或是相關的經驗，通常被認定用來儲存「常識」（common knowledge）。程序記憶是回憶做事的程序—例如打字或打領帶—一些我們在無意識下不自覺做的事。這些記憶通常都各自組成，所以你才能記得當婚禮上播放鄉巴佬合唱團（Village People，註 4）的歌曲《YMCA》時，在 Y 動作後的 M 手臂動作。

「視覺工作記憶」（visual working memory）則介於影像與長期記憶之間，幾乎是處理視覺資訊的最關鍵部分。當我們看見一樣需要更多關注的事物，我們會由影像記憶轉為視覺工作記憶。視覺工作記憶會呼叫語義記憶（長期非視覺類）來理解資訊。這些事情都發生在大約 100 毫秒以內。藉由視覺傳遞大量資訊進入我們的大腦，然後大腦再使用儲存的記憶提供前後關連，如此我們才能比起使用其他合併的感官感知與處理能力更快達到理解的程度。

我們應該使用哪些視覺元素，才能確保個人得到長期記憶這樣的理解呢？雖然學術界一向反對資訊設計使用裝飾性元素（認為它們只會分散觀看者的注意力），但情況不見得總是如此。薩克其萬大學的貝特曼（Scott Bateman）與資訊工程學系的同仁進行研究時，發現一項有趣的結果，那就是設計時呈現較多的插圖，實際上對於資訊的記憶有很顯著的幫助。

他們讓所有的實驗對象都會看到一組交替的圖形，有些是簡明版，有些是霍姆斯式的插圖風格，就如同前面圖 1.8 的樣例。研究人員並將參與者分成兩組：一組是「立即回憶組」，另一組是「長期記憶組」。在看完那些圖形後，立即回憶組進行了 5 分鐘的遊戲以清除他們的視覺與語言方面的記憶。然後他們再被詢問與每一張圖形有關的資訊。而長期記憶組緊接著在第一次觀察以後，另外安排時間回來觀察 2 到 3 個星期以後的記憶部分。

每位參與者必須回答與圖形主題有關的問題、圖形內所顯示的分類，以及圖表中一般的趨勢。他們也必須描述圖表中是否含有價值判斷；也就是圖形創作者呈現出的主觀意見。

針對主題、類別與趨勢資訊的記憶，「立即回憶組」在霍姆斯圖表與簡明圖表之間，並無顯著的差異（如圖 1.13）。然而，在辨別是否有隱含價值判斷方面，確有顯著的差異。而長期記憶組則在所有範圍的記憶資訊能力有很顯著的差異（如圖 1.14）。霍姆斯圖表的主題、類別、趨勢與價值判斷在 2 到 3 星期以後，都更能長久地停留在使用者的記憶中。

圖例 霍姆斯版本 簡明版本

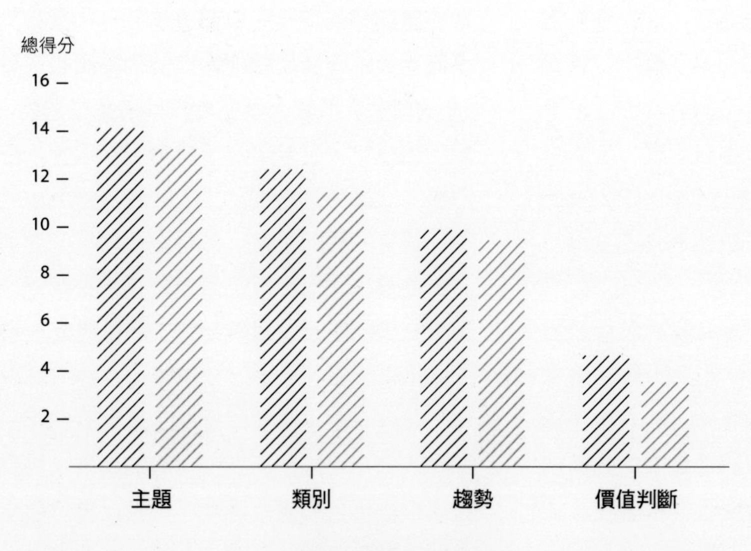

圖 1.13
「立即記憶組」的結果

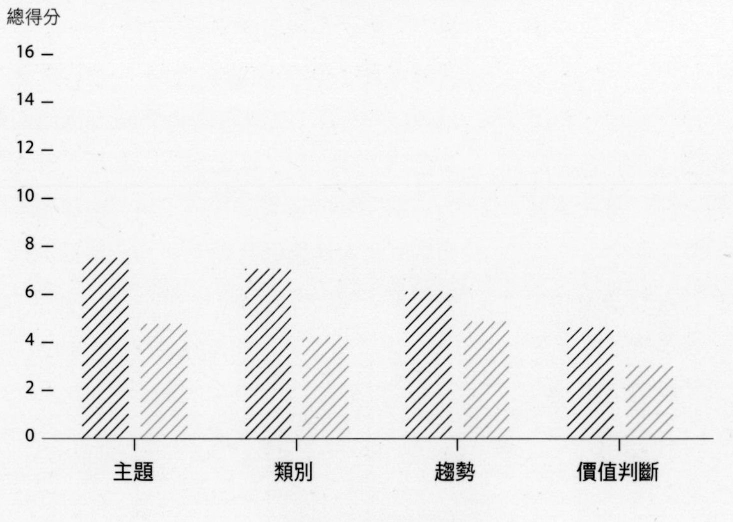

圖 1.14
「長期記憶組」的結果

貝特曼等人為他們的實驗結果提出了三種可能的解釋：

- ⊙ 附加的意象讓人能更深入地記錄資訊，因為有更多視覺物件可以記憶、更多的使用記憶可以抓取。
- ⊙ 霍姆斯圖形的多變風格，相較於簡明版千篇一律的圖像，佔有記憶的獨特優勢。
- ⊙ 使用者的偏好（如先前所提過的吸引力部分）提供了一項隱藏因素：參與者對於圖像的情感反應，結合所使用的意象，更加鞏固他們記憶中的形象。

所以，這些結果對於使用資訊圖的我們有什麼啟發呢？尤其這又對有廣告目的的資訊圖使用有什麼意義呢？看來，讓一張圖表在顯示資訊之外，也加入了視覺裝飾可能是最棒的，這樣做不僅只於能吸引觀眾，也能確保他們瞭解並記憶你的訊息。這種資訊圖表不只在美感方面吸引人，更能透過情感與資訊加強連結，讓人們記住資訊內容。

雖然設計風格的變化多樣，通常難以清楚地分類，但確實有一些設計我們可以用來幫助理解與記憶。我們統一將這些稱為插圖設計（illustrative design）：

（1）視覺比喻

我們的公司（Column Five）就常使用這類手法，如果能有效執行，經常帶來令人驚喜的效果。其作法是你可以將資訊包含在提示主題事件的框架機制裡（如圖 1.15）。

（2）符號與圖解

這種方法成功與否，絕大部分取決於文化背景。你的觀眾必須普遍理解你的圖像與符號才能達到效果。在適合的情況下，使用視覺元素取代語言解釋部分（如圖 1.16），能提供出一條美好的溝通捷徑。

（3）裝飾性架構

使用吸引目標觀眾的設計元素，讓他們在情感層面上連結資訊圖，進而加強他們對於資訊的興趣與記憶（如圖 1.17）。

插圖設計也有其負面的效應，所以我們必須判斷它是否會有分散注意力、反而對傳達訊息沒有幫助的部分。這類主要弊端源自「設計師意外或故意地扭曲數據的呈現。」插圖設計應該要補足視覺化元素，而不是誤導觀看者。無論是否有意，你絕不希望變動原本正確的資訊內容。

Cigarette Smoking Rates Around the World and What Nations Are Doing to Educate the Public

Researchers predict that by 2030, tobacco-related illness will kill more than 8 million people across the world each year. Of course, people smoke in every nation, but the prevalence varies widely around the globe. Here's a look at different nations' smoking rates, as well as a comparison of the measures different countries are taking to curb tobacco consumption and secondhand exposure.

HOW DOES THE U.S. COMPARE?

In a 2007 Gallup poll, 24% of Americans reported smoking a cigarette within the past week.

This is comparable to the worldwide median smoking rate of 22%.

INSERT COINS

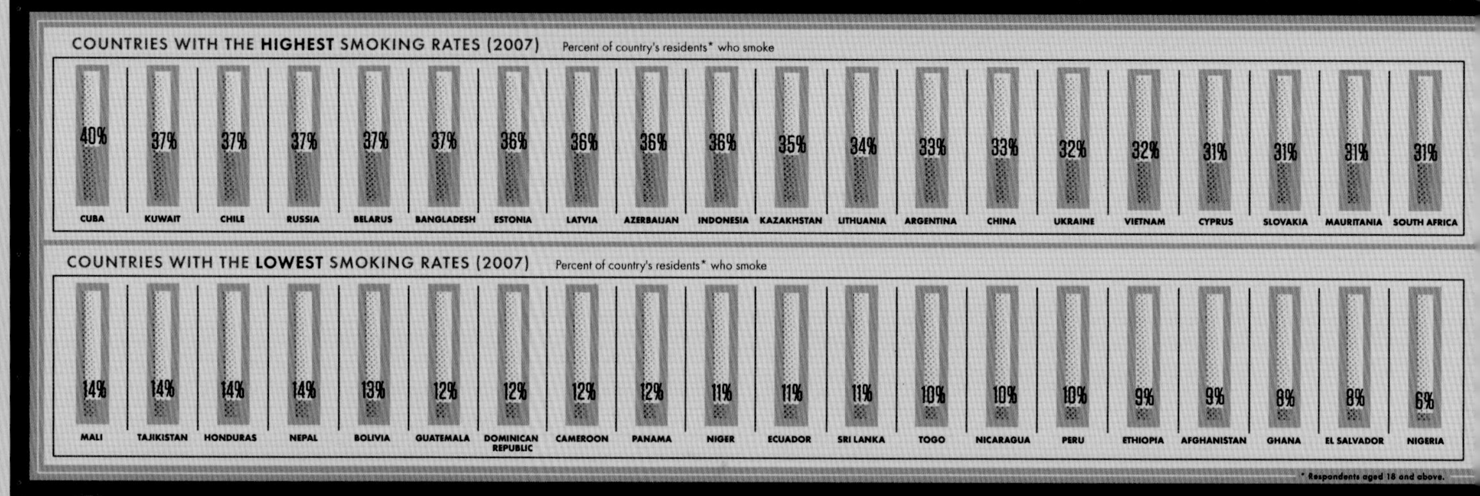

* Respondents aged 18 and above.

31 COUNTRIES HAVE ENACTED LAWS REQUIRING SMOKE-FREE INDOOR SPACES.

MORE THAN 1.9 BILLION people live in countries that have conducted at least one national anti-tobacco public awareness campaign through mass media

COIN RETURN

TOBACCO CONTROL POLICIES

In 2005, the World Health Organization created a set of guidelines to manage tobacco use and awareness. Since then, 170 countries and the European Union have committed to follow at least one of the six measures of the comprehensive campaign.

PERCENT OF THE WORLD'S POPULATION THAT ENACTS THE FOLLOWING TOBACCO CONTROL POLICIES:

46%	28%	15%	14%	11%	8%	6%
MONITORING**	MASS MEDIA	WARNING LABELS	CESSATION PROGRAMS	SMOKE-FREE INDOOR SPACES	RAISING TAXES ON TOBACCO	ADVERTISING BANS

**The WHO requires participating nations to collect data on patterns and consequences of tobacco use.

SOURCES: GALLUP.COM, NYTIMES.COM, WORLD HEALTH ORGANIZATION

A COLLABORATION BETWEEN GOOD AND COLUMN FIVE

圖 1.15
「視覺比喻」插畫設計的範例：「全球抽煙人口比例與分析」。《Good》雜誌委託 Column Five 製作。

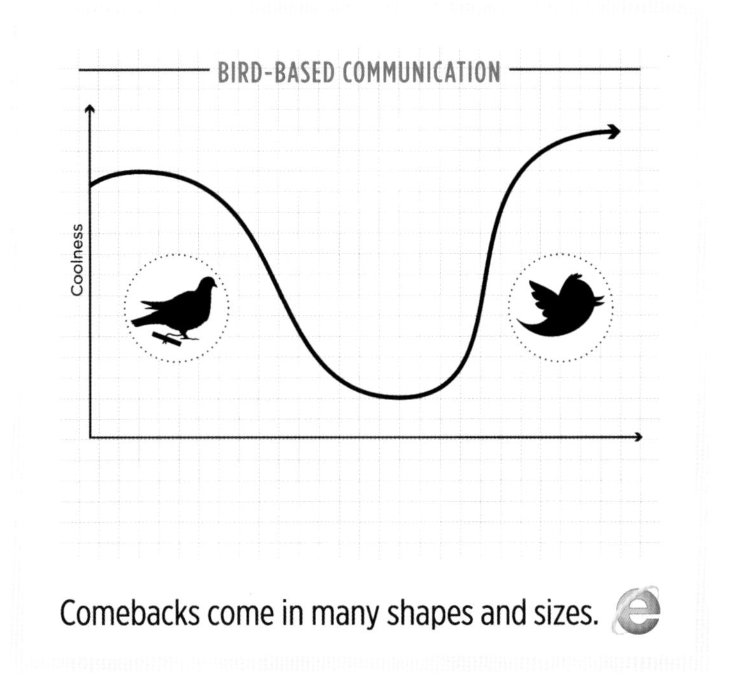

圖 1.16
「符號與圖解」插畫設計的範例：「IE 瀏覽器以各種形狀與尺寸回歸／鳥類溝通篇」。微軟公司委託 Column Five 製作。

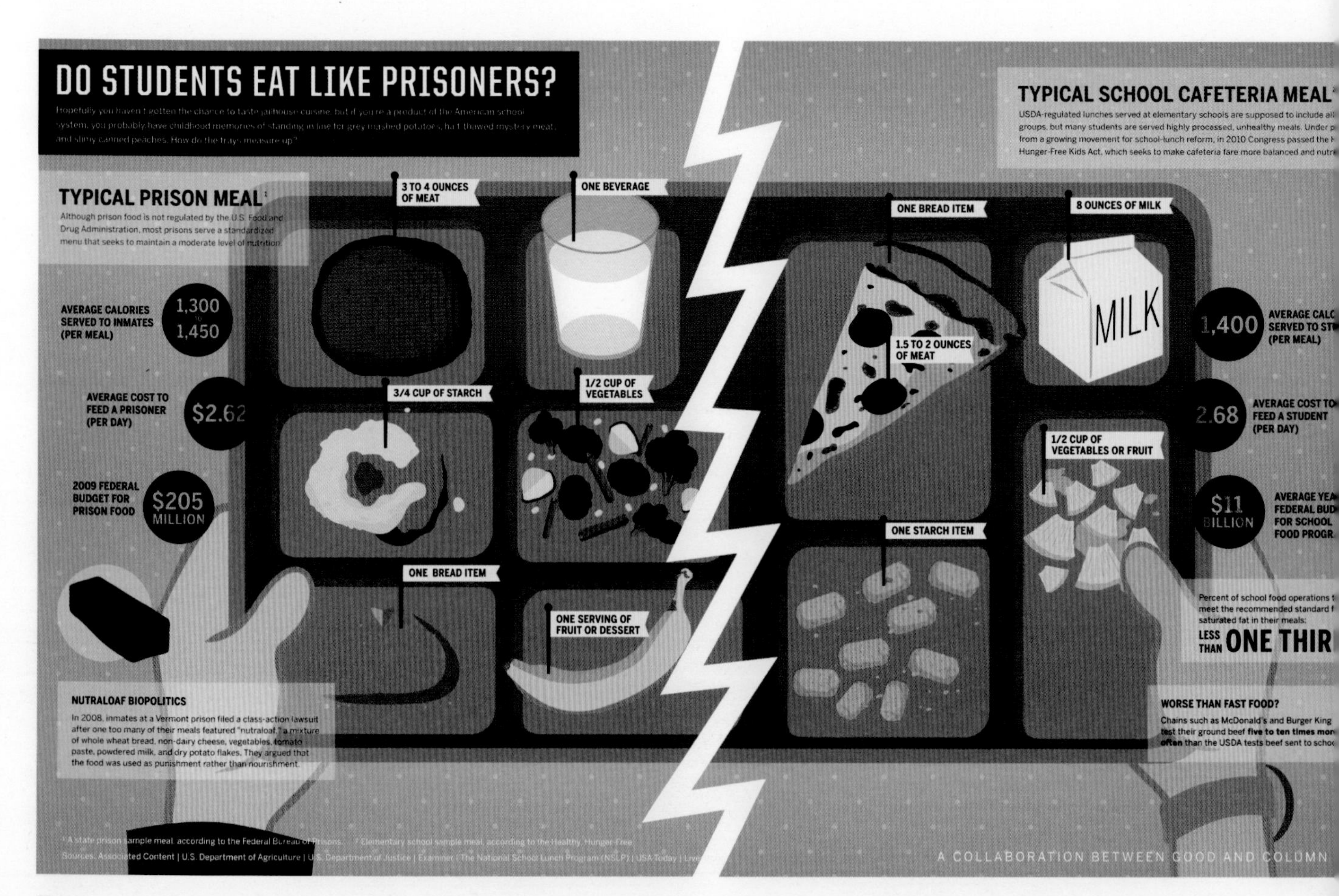

圖 1.17

裝飾架構範例：「學校伙食與犯人伙食的比較」。《Good》雜誌委託 Column Five 製作。

本章註解

❶

Vitruvian Principles: 由西元前一世紀羅馬作家與建築師波里歐（Marcus Vitruvius Pollio）所提出的設計原則：實用、完整和美觀，此原則後來成為設計典範的原則模型，以及建築師遵循的設計品質指標。

❷

搞笑貓（LOLcat）: LOL 為網路的流傳用語，是 Laugh-Out-Loud（大聲笑出來）的縮寫。而LOLcat指的是結合了照片和文字標題的圖像。照片通常是貓咪，文字部分則是一段幽默有趣的說明，而且常常是文法錯誤的破英文。

❸

品牌傳教士（brand evangelists）：指的是特定品牌之產品或服務的忠實顧客，這些顧客不只是該品牌經常性的購買者，平日更會主動向其他人推薦該品牌。

❹

鄉巴佬合唱團（Village People）：七〇年代有趣的男子演唱團體，團員們演唱時分別裝扮成警官、印第安酋長、建築工人、士兵、摩托車手和牛仔，歌曲多為舞曲風格，《YMCA》是該團隊其中一首紅極一時的歌曲，常在婚禮中播放，搭配手勢動作，帶動歡樂氣氛。

KNOWLEDGE
IS
POWER
ualization
7
7

chapter

2 資訊圖格式：用對的媒介傳達你的訊息

- 靜態資訊圖
- 動態資訊圖
- 互動式資訊圖

你可以選擇最好的方法達到有效的視覺敘事。

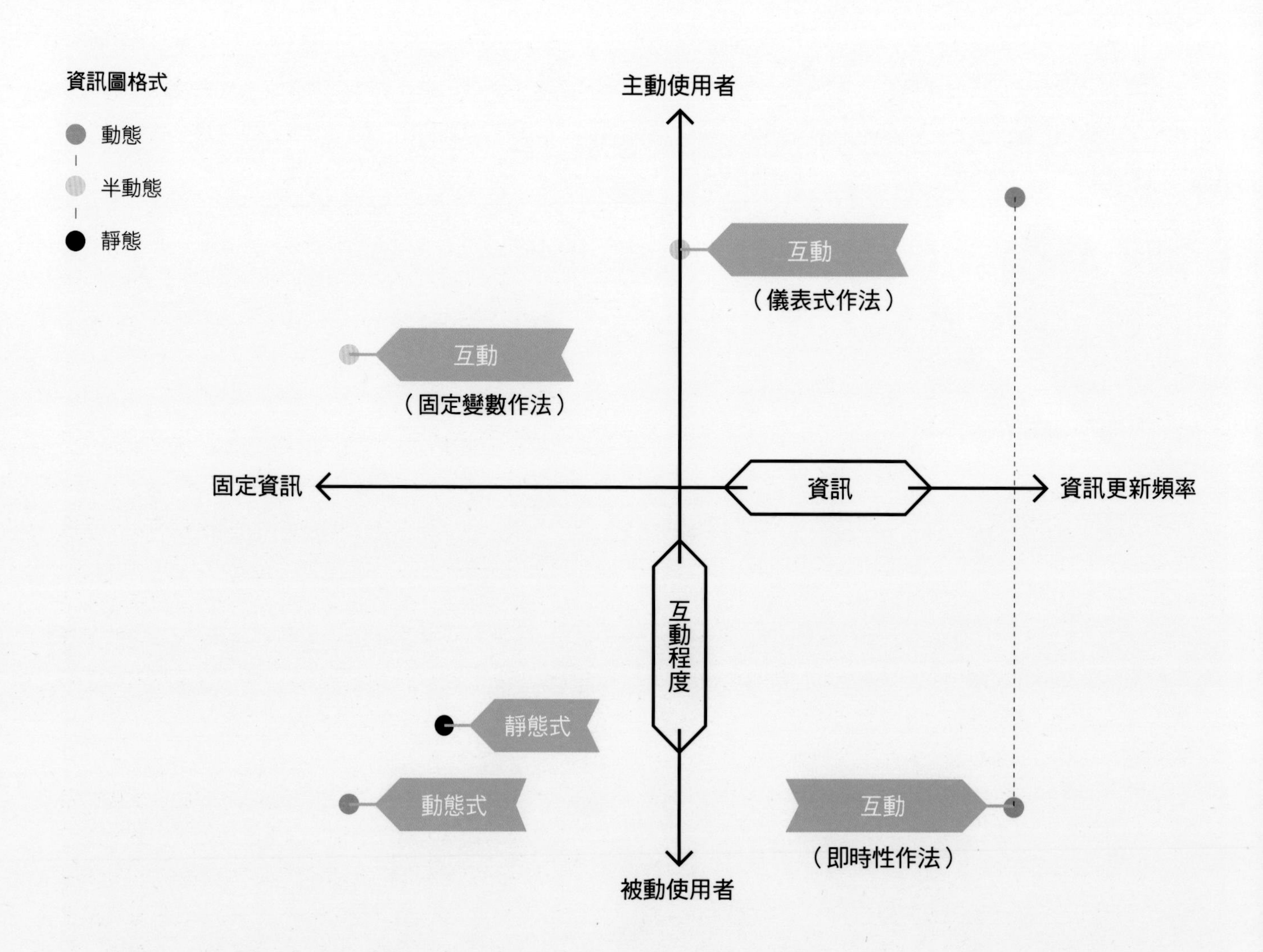

圖 2.1
資訊圖格式的象限圖

在你藉由使用資訊圖，逐漸邁向一家視覺化溝通公司的旅程中，瞭解什麼是「傳達訊息最有效的格式」十分重要。採用資訊圖溝通的主要格式有「靜態圖像」、「互動式介面」和「動態內容」（見圖 2.1）。這幾種方法沒有什麼高下之別，因為最好的格式取決於「它如何有效地儲存與傳遞所要溝通的資訊。」因此，瞭解每種格式的屬性，以及思考每一個資訊圖類別裡可應用的藝術媒介是很有幫助的。

（1）靜態資訊圖

常見的是固定資訊。使用者互動由觀看與閱讀組成。呈現外觀是靜止的圖像。它最有效果的是使於「敘事類資訊圖」，但有些情況也可以是「研究類資訊圖」。

（2）動態資訊圖

常見的是固定資訊。使用者互動由觀看、附加旁白的聆聽與閱讀組成。呈現的外觀是動畫或移動影像。它最有效果的是使用於敘事類資訊圖，而若非與互動式效果結合使用，則幾乎不可能用於研究類資訊圖。

（3）互動式資訊圖

它可以是固定，或是動態資訊內容。在這種格式中，使用者可以互動點選、搜尋特定數據、主動塑造所顯示內容，以及選擇獲取和視覺化的資訊。它可以是敘事類、研究類資訊圖，或兩者皆是。

在以上三種資訊圖格式中，雖然靜態式資訊圖是最容易執行、最節省成本的一種，但或許也是最變化多端的一種，它依然可以有廣泛的應用。

尤其靜態圖比互動式和動態內容更易於快速製作，使它更適合許多的應用，例如傳遞強調時效性的新聞視覺內容。本章我們將會討論靜態資訊圖內容的背景與目的，如何決定了這種圖形的編排與尺寸。

本章我們也會談到資訊圖在動態內容上的使用狀況。大部分焦點將放在「資訊圖如何使用動畫短片」上，以及探討它帶來的寫實風格影響。由於這類有動態影片的資訊圖專案需要以人工（非自動以程式執行）去更新資訊，一旦內容決定了就難以變動。因此我們將探討這項特點如何影響你想要溝通的資訊類型。此類格式最需要注意的是，設計者在前期階段就必須先決定好資訊與腳本，而不是在動畫完成後才試圖更改。

這個章節最後要談的是「格式」主題，我們會依據視覺化資訊的內容來說明不同類型的互動介面。它們的範圍可說非常廣泛——從最簡單的「點擊播送的系列投影片」，到「在你眼前能實況更新、生動活潑的數據視覺影像」等。雖然互動式介面絕對可以成為某些軟體的主要特色，但本章焦點將著重於描述網路上資訊視覺呈現的介面。不過你可以記住互動式內容也可以應用在活動的現場說明、網路應用程式的儀表板功能，或是軟體產品方面。

關鍵是——請思考你想要呈現的資訊類型，以及該資訊需要更新的頻率。本章這些內容的排列順序企圖反映出所有範圍：由一般使用於靜態與動態內容的固定資訊輸入，到通常需要互動式介面的動態更新資訊都有。整體上，我們這些單元想提供一種架構，讓你瞭解各種資訊圖格式的特徵，如此你可以選擇最好的方法，有效地運用視覺說故事。

靜態資訊圖

首先，我們把焦點放在靜態資訊圖，因為這是資訊設計最普遍運用的格式。在這個部分，我們會利用幾個簡單的例子說明運用這類圖表的方式，讓你更明白這個格式的基本特徵與變化。

多數人使用靜態格式製作資訊圖，作為印刷、網路或兩者皆有的圖像。雖然內容使用的目的不同，資訊圖的整體尺寸與形狀，大部分還是要根據出版環境需求來決定，例如要看是放在網誌或雜誌內頁中。無論是印刷出版，或是股東大會的報告，靜態資訊圖能以單一的圖像有效地說明豐富的數據。

適合商業使用的靜態資訊圖內容有三大主要類型：

- ⊙ 組織內部報告和說明
- ⊙ 用於網誌與社群／公關發布的新聞式內容
- ⊙ 用於網誌與社群／公關發布的品牌核心內容

相對於互動式介面，靜態內容主要的好處（也是它普遍性高的因素）是其創作非常簡單——尤其是需要包含即時素材或即時新聞的資訊圖特別好製作。比起動態與互動式內容，這種格式的效率也讓此類內容可以節省不少成本。另一個造成靜態資訊圖逐漸受到人們偏愛使用的主因，是它們很易於分享，因為它們很容易置入網路部落格中。

不過，有些報告的靜態資訊圖需要克服資訊過時的問題。一組定期更新、固定數據（例如每月指數）的視覺化資訊圖，依然留有某特定時刻的數據參考價值。但是對於想要搜尋最新資訊的人來說（可以說大部分的人都有這種需求），你必須手動去更新資訊圖。不斷呈現最新資訊的需求這件事，即使要花更多時間，可也是一種商機。

舉例來說，你可以透過自創的獨家索引每月更新數據、定期發布新的資訊圖，達到品牌推廣的目的，建立期待下一次出版的觀眾群。Column Five（本書作者群創辦的設計公司）就曾幫《華爾街日報》做過「房價指數計分卡」（Home Price Scorecard），將所有房價指數合併成一張簡單的圖表（如圖2.2）。

有時候使用超強軟體處理龐大數據集的數據資訊圖，會以「可縮放向量圖格式」（scalable vector graphics, SVG）輸出。這種以向量格式製作的數據圖表，能夠將可編輯的圖像檔內所有包含的數據，匯入繪圖軟體 Adobe Illustrator，並加以編輯、提供額外內容或視覺提示。這個方法可以讓數據視覺化應用於更廣泛的資訊圖，提供進一步的資訊，例如特徵敘述或甚至是內容插圖與文字。這樣的優點在於讓報告設計者得以引導觀眾跟隨正在傳達的訊息，

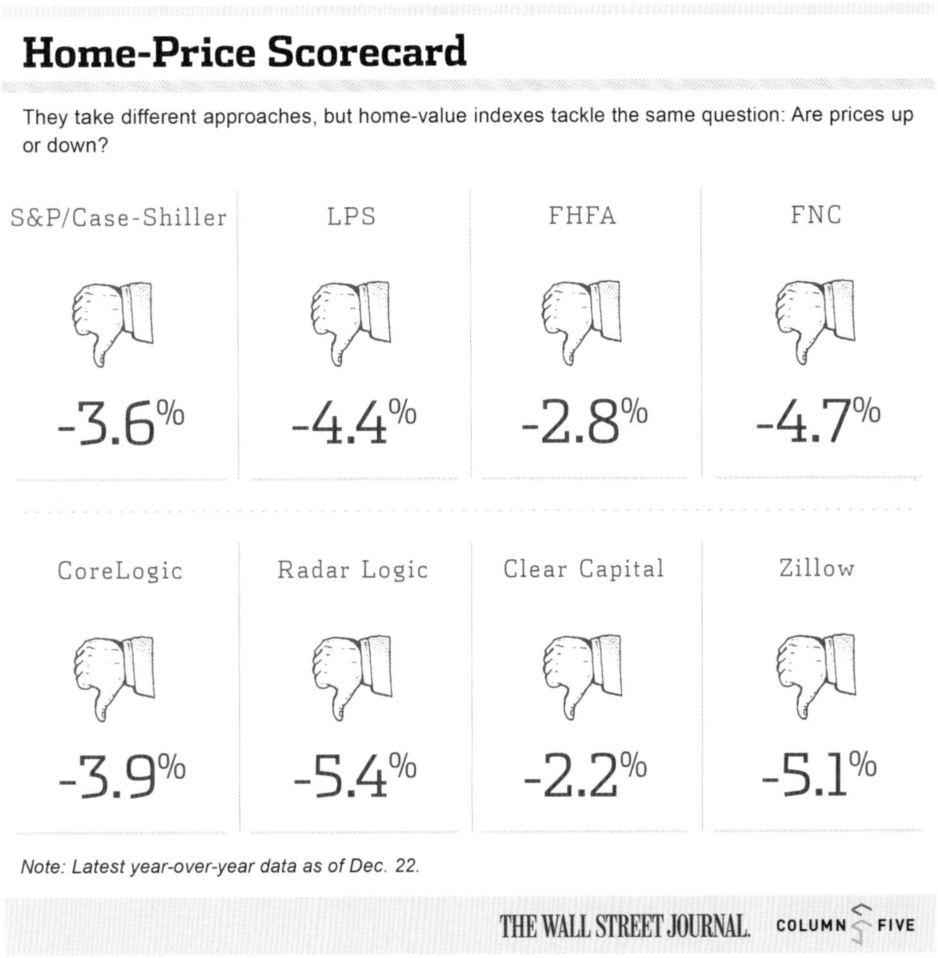

Home-Price Scorecard

They take different approaches, but home-value indexes tackle the same question: Are prices up or down?

S&P/Case-Shiller	LPS	FHFA	FNC
-3.6%	-4.4%	-2.8%	-4.7%

CoreLogic	Radar Logic	Clear Capital	Zillow
-3.9%	-5.4%	-2.2%	-5.1%

Note: Latest year-over-year data as of Dec. 22.

THE WALL STREET JOURNAL. COLUMN FIVE

圖 2.2

「房價指數計分卡」。《華爾街日報》委託 Column Five 製作。這個「計分卡」資訊圖說明了「房價指數」有幾種不同的數據或資訊版本，並快速呈現各項指標價格上漲或下跌的現況。

並達成具體的結論。

雖然有些資訊你一定會使用研究類圖表的作法，讓觀者詳讀大量的資訊，不過還是要合理地限制塞進靜態資訊圖的資訊數量，最好採用敘事手法。畢竟敘事類資訊圖的目的是表達**「含意」，讓觀看者能盡快理解你所呈現的資訊所代表的故事。**如果你想開放靜態資訊圖包含的數據讓觀看者研究，你也可以做個連結至數據庫。

靜態資訊圖最大的優點，是能展示有一定重要性的常用內容，而且不需經常更新上面的資料。儘管某些數據確實已經過時，但創造具有恆久價值的靜態資訊圖仍大有機會。絕對還有許多數據類型能讓資訊圖擁有更久的上架時間，例如「人口普查數據」這類資料，只需要十年更新一次，但依然有可能解釋觀念、使用圖表與地圖，甚至創造具有娛樂效果又可能搶占網路的優先閱覽內容。

我們來看看商業溝通中兩種典型的觀眾，以求更深入瞭解靜態資訊圖可能含有的不同種類：一種是在組織內做內部報告，另一種是在公司外部傳播的對外內容。我們在接下來的章節裡將會更仔細地探討靜態資訊圖其他的應用方式，而這兩個例子的用意是幫助你瞭解靜態資訊圖的不同目的和格式。

靜態資訊圖使用範例：

內部使用的報告

通常來找我們（Column Five）合作的公司，都是為了設計內含重要資訊的報告，作為企業內部流傳或保密使用。無論是全球性企業為了內部溝通的要求而想製作更明確的營業報告，或是創投公司想讓公司股東一覽投資組合的表現，總是有無盡的機會需要將資訊視覺化。

對有些人來說，原始數據太過嚇人，因為那要花太多時間而無法評估。即便是一份精心書寫的 30 頁研究計畫摘要及其隱含的數據，對那些最需要評估資訊、但「只有時間看重點」的主管也經常會忽略不讀。所以我們的目標就是結合資訊圖摘要與隱含數據，清楚地呈現其間複雜的敘事內容，這樣好讓目標觀眾得以獲得詳盡的細節——或是假設他們等有空時可用上這張資訊圖。

企業通常會授權內部人員去製作此類報告，這樣才便於儘快將資訊發佈出去。但是他們傳統使用的溝通程式，並不特別擅長製造漂亮圖表與圖形。讓公司人員處理設計工作，就如同落入「無照駕駛」的情況，可能會造成公司上下不連貫的視覺語言與錯誤的數據。

比方說，我們假設：「會計部門的傑夫喜歡做蝴蝶主題的簡報檔，採用橘色和紫色相間的 3D 圓餅圖，說明字體是 Comic Sans，可是行銷部的羅斯卻利用表格軟體

Excel 製作出藍黃相間的長條圖。更刺激的是，因為傑夫喜歡羅斯其中的一張圖表，於是將它丟進他的簡報頁面中。」

「非設計人員缺乏溝通重要資訊的準則」是現今企業界普遍面臨的問題。我們在本書第 6 章（以品牌為核心的資訊圖）會進一步探討如何在做簡報時使用資訊設計。不過，有些公司寧可與外面的設計團隊合作完成這些項目，以便讓他們自己的員工可以專注於他們所擅長的事情。

無論你要自己做，還是聘請別人為你的報告做資訊圖，重點總是**在初期時就要找出最重要的資訊，並且讓所有計畫的團隊事前同意「哪些是值得在資訊圖上加強的重點」**；以及深刻思考並決定**「誰可以／應該或將會給你想要／必須看過這些資訊後的思考回饋」**，並且讓這些人員參與資訊的草擬階段，而不是傻等至設計工作開始進行的階段才設想。

另外，「資訊會在哪裡呈現」的情境也非常重要——它是為了印刷、網頁、報告、白皮書或是各類性質的某些組合而使用呢？這些問題將有助於決定資訊圖的確切的佈局、尺寸以及形狀，這樣你才不需為了不同目的或觀眾，事後再做大幅的設計修改。

即使你不需要，請假設你已經有現存的品牌指標，並且正在跟適合的設計師合作（或自己用適合的軟體做）製作資訊圖。當你需要印刷版本時，可以用靜態圖像設計資訊很重要（如圖 2.3）。

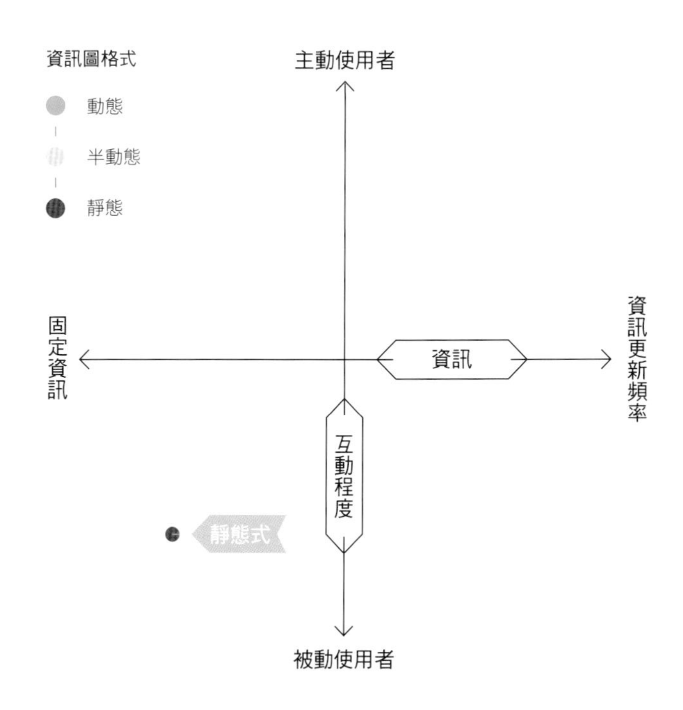

圖 2.3
典型含有「被動使用者互動」情況的固定資訊靜態資訊圖。

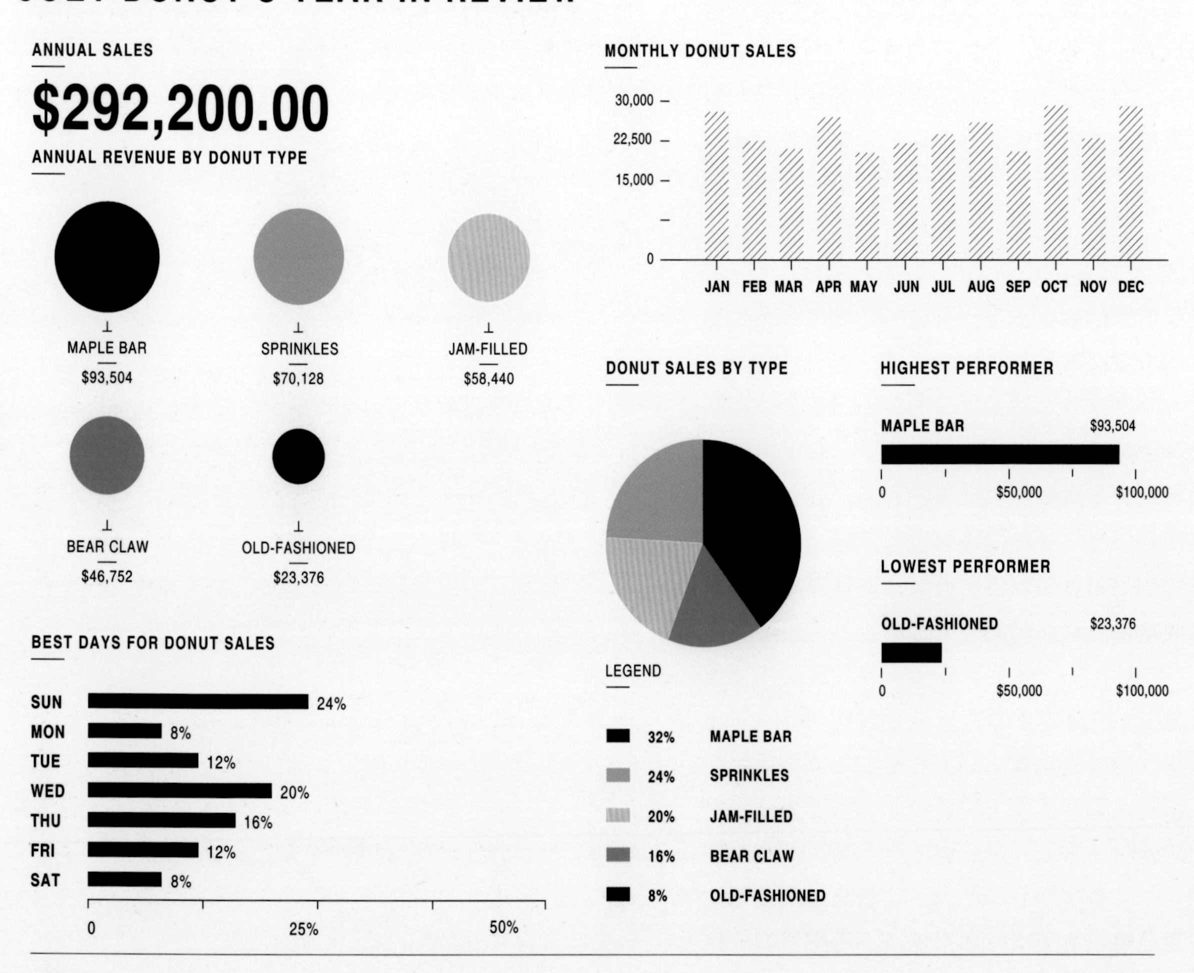

圖 2.4

在企業內部使用、以品牌為核心的報告範例。本資訊圖說明：Joey Donut’ s 公司的年度銷售評鑑表，根據不同因素如時間、種類等，分析該公司甜甜圈的銷售成績。

如果你也想要在網頁瀏覽器為主的互動介面（這部分很快在下一節會深入討論）上呈現，你就必須特別注意人們如何看待此類印刷報告的介面所包含在不同層次的資訊。舉例來說，想像你想要利用一組固定的資訊（例如是你的「季度銷售指標」）手工製造一份靜態資訊圖報告，並且假設資訊是在特定時間點的固定「快照」。

這種屬於企業內部人員專用、以品牌為核心的視覺報告，其優點是溝通的對象為少數觀眾——很可能是你熟悉的團體。因為不必考量有陌生人必須接收你的訊息，你就不用太在意情感或群眾訴求；你只要思考如何吸引掌握生殺大計的投資者或是發放薪水的人即可（沒壓力，別想太多！）

這種做法最終的目標就是提供一個清晰、容易理解的資訊說明，以便在公司上下或內部可信任的團體裡傳播。

本章開頭在圖 2.1 中提到過靜態資訊圖位置，但它不見得代表這種格式隱含的資訊絕對是固定的，或必得手動輸入調整新資訊，因為我們可以創造一個介面去處理看出即時數據的靜態快照。

你可以使用每分鐘、每天或每個月做間隔來更新報告。這類例子經常會用於企業內的分析型報告，它能說明目標進展和解釋如（網站）高低流量與客戶轉換率的公司業務。你不需要花費太多勞力（取決於你的分析平台為何）就可以按月更新此類報告，並當作老闆或自己的參考依據。

這裡我們要提供一個重要觀念：儘管隱含的數據不會永久固定，但輸出的數據得是某一特定時間點的「靜態數據快照」。這類報告的好處是你可以述說一個故事（無論作為內、外部使用），顯示在某特定日期或在你想要的日期範圍內的數據。

至於靜態資訊圖的缺點，是觀看者不見得能收到即時最新的資訊，而且可能無法得知「可取得的最新資訊」。如此一來，它便無法滿足要求即時資訊的廣大群眾。有這類訴求的人，應該要建立一種介面，讓所有人可以處理與輸出最新的資訊製作報告，或者至少要建立一套系統，確保人們知道找到最新資訊的途徑。

做為內部使用、以品牌為核心的靜態資訊圖比較像是視覺敘事而非研究，要先確定資訊的傳遞必須合邏輯地進行，才能述說你的故事（如前面的圖 2.4）。這類報告也最好是橫向呈現，以便做為簡報檔使用，雖然你也可以製作一份縱向佈局的 PDF 檔。這種事聽起來好像很基本，但確實是很重要的優先考量。

你也可以將一些資訊圖報告濃縮成一張頁面，但為了因應製作多頁面資訊的設計，一般最好用橫向製作，這樣你才能在簡報檔中列印與使用。比起縱向呈現的資訊圖（例如那些發表於網誌的內容，需要觀看者上下移動觀看的資訊圖），橫向的內容比較具多樣性。有一點值得記住，你不需要將「資訊圖簡報」裡所有的資訊變成資訊圖格式，有些特徵性內容絕對可以用純文字來組成。

靜態資訊圖範例：
用於網誌與社群／公關發布的新聞式內容

現在我們要拋開向老闆或投資人報告的那種季度數據，請集中精神針對網路上的友善群眾建立訊息！除了那些你與大眾分享的個人專屬資訊，與你的公司相關的廣泛行業內容，其實也很適合作為建立個人專業性與提升品牌意識的有效媒介。讓我們思考以下兩則個案，以求更加瞭解靜態資訊圖如何廣泛地在網路上利用。

視覺新聞稿

首先，我們就針對這種產品「多數人以為想要與需要的部分」討論：如何製作企業官網上的「關於我們」單元！

假設你是個幫助企業以視覺說故事的新手，也已經做了第三次的調整，並有了超越「臉書」層次的網站規劃。所以，該是時候向全世界述說你的故事了吧？可是要說出適合這類故事的語氣真的很困難。沒有人會喜歡派對裡總是在談論自己的人。問題在於，人們總是被自言自語的公司所轟炸，就算我們會忠於自己喜愛的品牌，但大部分情況下，人們並不在乎你的公司。這聽起來很刺耳，但這就是網路世界。

——最好的辦法就是克制想要不斷談論自己或公司的慾望，並且讓數據裡的有趣故事發揮魅力。雖然以靜態型式資訊圖來述說品牌的特徵內容有很多可能性，但我們這裡要說明的是由獨家的量化數據所組成的範例。

我們發現，視覺新聞稿最適合幫助企業分享他們的彙整數據。很多對外呈現、以品牌為核心的內容，其製作方法都不對（例如把商標放大！），所以有時你得體驗成長的痛苦，才能找到吸引大眾的說故事方式。這一點我們會在第 6 章進一步討論。舉個例子來說，我們曾與「預感網站」（Hunch，由拍賣網站 eBay 收購，註 1）密切合作過如何呈現「自稱為麥金塔電腦（Mac）與個人電腦（PC）使用者相比較」的品味與偏好（如圖 2.5）視覺專案。由於其隱含主題是述說比預感網站本身還重要的故事，它比起「純粹談論預感網站及其相關產品」所能吸引的觀眾，更有機會瞭解更廣大群眾的想法。

魅力之處則在於這資訊圖上所有數據來自於預感網站的用戶，我們能夠與他們緊密合作，設計出娛樂廣大觀眾的故事。如你所見，這張圖像為了能在網路上完整呈現而進行了優化處理，每個具有圖表的單獨表格，可以讓媒體記者剪裁使用或是讓部落客當作傳播的圖像。

PROFILE OF A SELF-DESCRIBED

MAC PERSON VS. PC PERSON

World market share (Q4 2010) in personal computer sales, by operating system:

PC / WINDOWS 89.2%

APPLE / MAC 10.8%

*Source: Canalys

A LITTLE INTRODUCTION

The following is one of 2,000 "Teach Hunch About You" questions that Hunch users can answer at their leisure as they use Hunch.com.

ARE YOU A MAC PERSON OR A PC PERSON?

Among 388,315 Hunch users answering this question, responses are as follows:

*or don't define themselves this way

DIFFERENCES IN SELF-IDENTIFIED PC & MAC PEOPLE

AMONG HUNCH USERS,

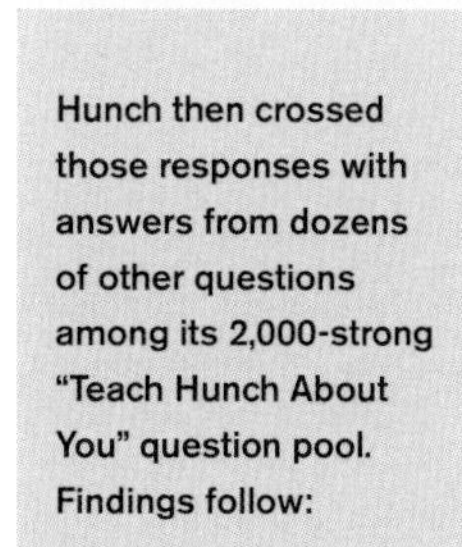

圖 2.5

用於社群／公關新聞稿發佈的靜態資訊圖範例。預感網站委託 Column Five 製作。以下幾頁一系列的資訊圖說明：自稱為「麥金塔」與「個人電腦使用者」的各種習性與比例調查，而數據是由預感網站的用戶而來。

PC people are 22% more likely than Mac people to be ages 35-49.

22% more likely than PC people to be ages 18-34.

36% of PC people are liberal.

58% of Mac people are liberal.

PC people are 18% more likely to live in the suburbs and 21% live in a rural area.

52% of Mac people live in a city.

54% of PC people have completed a four-year college degree or higher.

The same can be said for 67% of Mac people.

PC people are 26% more likely to prefer fitting in with others.

Mac people are 13% more likely than PC people to say they want to be "perceived as unique and different to make my own mark."

PC people are 23% more likely to say they seldom throw parties.

Mac people are 50% more likely than PC people to say they frequently throw parties.

PC people are 33% more likely than Mac people to say that two random people are more different than alike.

Mac people are 21% more likely than PC people to say that two random people are more alike than different.

PC people are 38% more likely than Mac people to say they have a stronger aptitude for mathematical concepts.

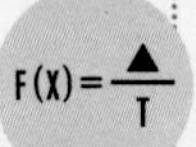

Mac people are 12% more likely than PC people to say they have a stronger verbal (vs. math) aptitude.

圖 2.5（續）

上圖：「麥金塔」與「個人電腦使用者」的 人口特性。下圖：「麥金塔」與「個人電腦使用者」的個性分析。

PC people are 21% more likely than Mac people to prefer impressionist art.

Mac people prefer modern art and are design enthusiasts.

71% of PC people identify their styles as casual and trending toward jeans.

18% and 14% of Mac people describe their style as designer/chic/upscale and unique/retro, respectively.

69% of PC people would rather ride a Harley than a Vespa.

52% of Mac users would go for the Vespa.

PC people are 10% more likely than Mac people to snack on something sweet.

Mac people are 7% more likely than PC people to snack on salty chips and the like.

Mac people are 80% more likely than PC people to be vegetarian.

PC people most prefer McDonald's fries (34%) followed by steak fries (22%).

Mac people most prefer bistro-type fries (40%) followed by McDonald's fries (24%).

	PC	Mac
SOFT DRINKS	Pepsi | Jolt Cola | Orange Crush	San Pellegrino Limonata | Boylan's Root Beer
SANDWICHES	Tuna Fish | Hero | Patty Melt	Hummus | Bánh Mì | Shawarma
COCKTAILS	Strawberry Daiquiri | Irish Coffee | Screaming Orgasm	Hot Toddy | Gimlet | Moscow Mule
WINES	California-Style Chardonnay | White Zinfandel | Pinot Grigio	Chianti | Côtes du Rhône | Cabernet Sauvignon

圖 2.5（續）

上圖：「麥金塔」與「個人電腦使用者」的流行、品味與美感的比較。下圖：「麥金塔」與「個人電腦使用者」的飲食習性比較。

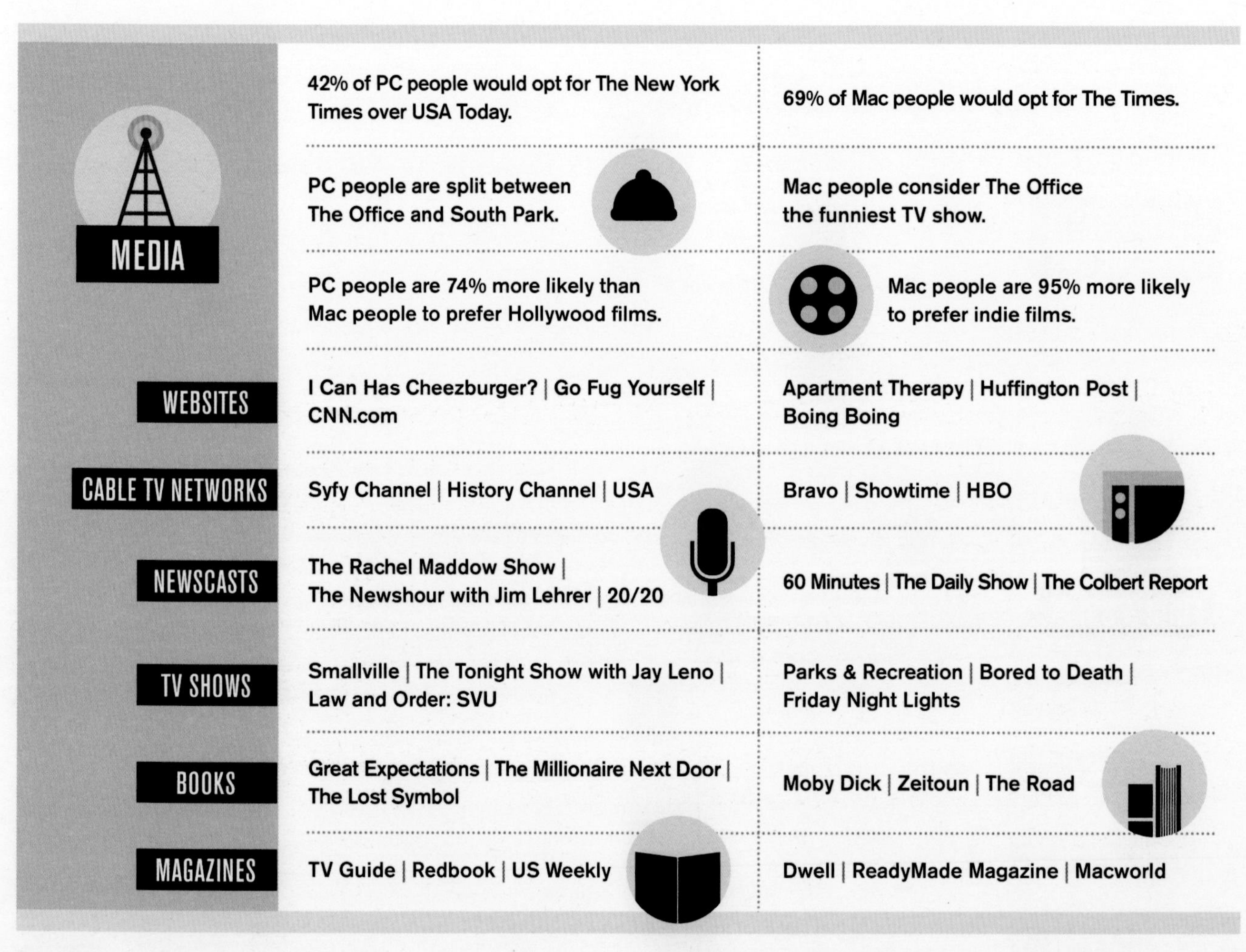

圖 2.5（續）

「麥金塔」與「個人電腦使用者」的媒體使用偏好（分為：網站、有線電視網絡、新聞報導、電視節目、書籍、雜誌）。

視覺化的新聞應用

過去幾年來，靜態資訊圖在新聞編輯上的使用（如圖 2.6）已呈現倍數成長。長形、拖曳式縱向格式的流行，是多數部落格嚴格的寬度限制下所形成的附加產物。

此外，使用 550 至 600 像素範圍的寬度，也讓部落客和出版業者更容易選取與轉貼資訊圖。後來它更成為資訊圖媒介的經典流行形式，並能作為新聞稿、塑造品牌與搜索引擎最佳化（SEO）、建立連結與社交媒體行銷的使用。這類資訊圖應用的普遍性已經引起許多人的不滿，許多記者更錯將憤怒指向資訊圖在這類媒體的濫用過度。

但隨著更多人的使用，數位世界裡的資訊圖已經逐漸不再是多新穎的事了；然而各類媒體本身的功能卻前所未有的增強。資訊圖應該根據溝通資訊的價值與設計品質分別做出評價，而非以媒體上所有內容做詳細評估。我們會在第 8 章（什麼是好的資訊圖？）對於判斷資訊圖品質的部分討論。

不過有一個爭議仍然存在，這類資訊視覺圖像的內容會在某些情況下無法觀看——特別是針對以智慧型手機瀏覽或有視覺障礙的網路用戶。克服這個限制的最好辦法就是讓包含的資訊能以文字格式取得，不論是替換文字（ALT text）（當隱含的圖像無法讓網站的訪客觀看時所取代的訊息），或是在呈現資訊圖網頁上，置放補充說明的文字或頁面。這種方法也有助於你的網站提供更多資訊讓搜尋引擎檢索，也進一步幫助你的內容能讓搜尋引擎更容易找到。我們在第 4 章（新聞性資訊圖）將深入檢視有關此類新聞性資訊圖的內容塑造策略。

結合藝術媒介的視覺資訊

靜態資訊圖是你視覺軍火庫裡的有利武器，因為它既能省錢又可迅速創作（相較於互動與動畫式資訊圖），而且能有效地將結果調整為你的內容行銷目標。

一個可分享的圖像能讓你能快速地傳播具體的新訊息內容，而大部分為了網頁所創作的資訊圖圖像，在印刷時也很容易做點修改即輸出。請記得資訊圖可以使用多種藝術的表達方式。比方說，我們一直都很喜歡在圖表和每個成分層次中使用照片（如圖 2.6 顯示漢堡產業的經濟狀況）。舉另一例子來說，我們幫一家基因檢測公司 23andME（如圖 2.7）做了一個可調整的版型，它可以動態填入每位個別顧客的基因資訊。這就是將動態資訊輸出到平面圖像報告的好示範，我們在接下來幾頁談及互動式資訊圖時將進一步探討。

這類手法的吸引力，有部分來自於每一件作品用上了不

HAMBURGERS

AMERICA'S FAVORITE, BY THE NUMBERS

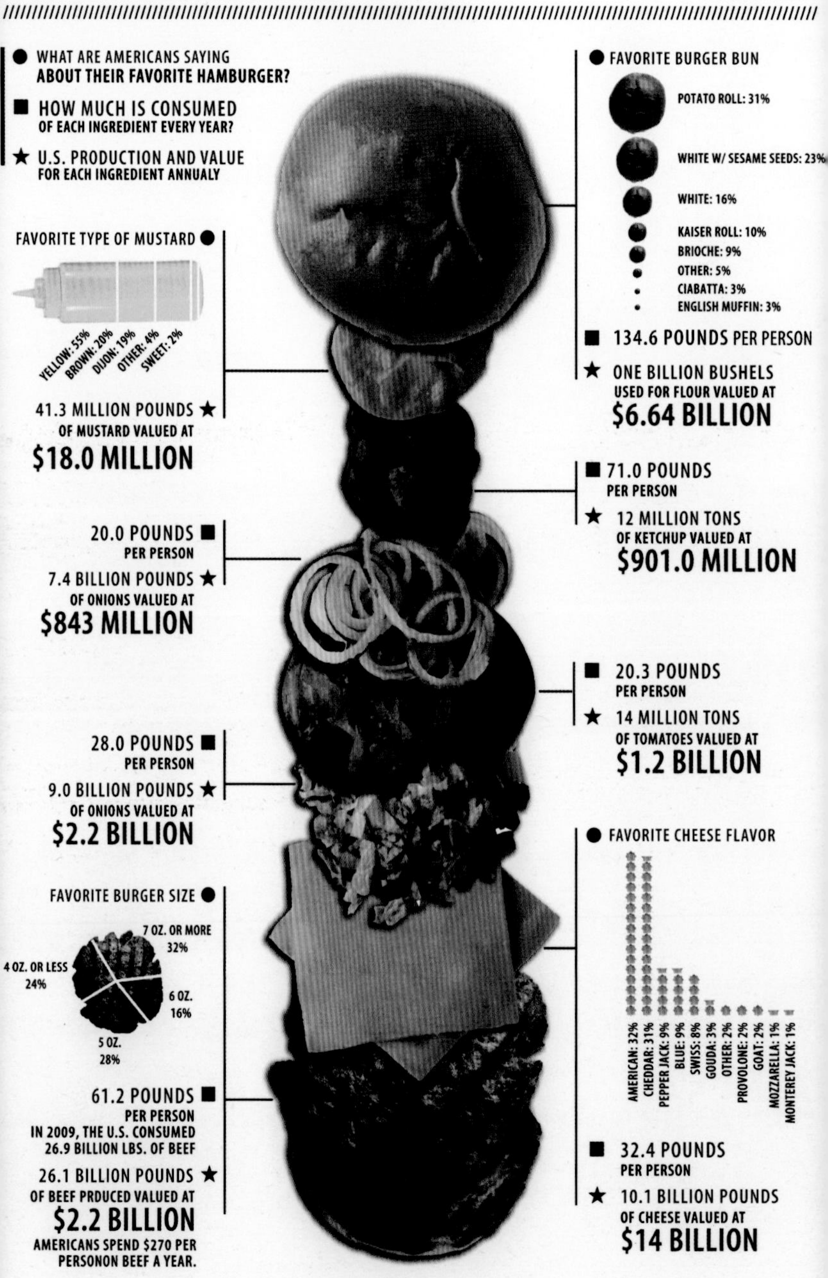

SOURCES: AHT.SERIOUSEATS.COM ● AGMRC.ORG ■ ERS.USDA.GOV ★ USDA.MANNLIB.CORNELL.EDU

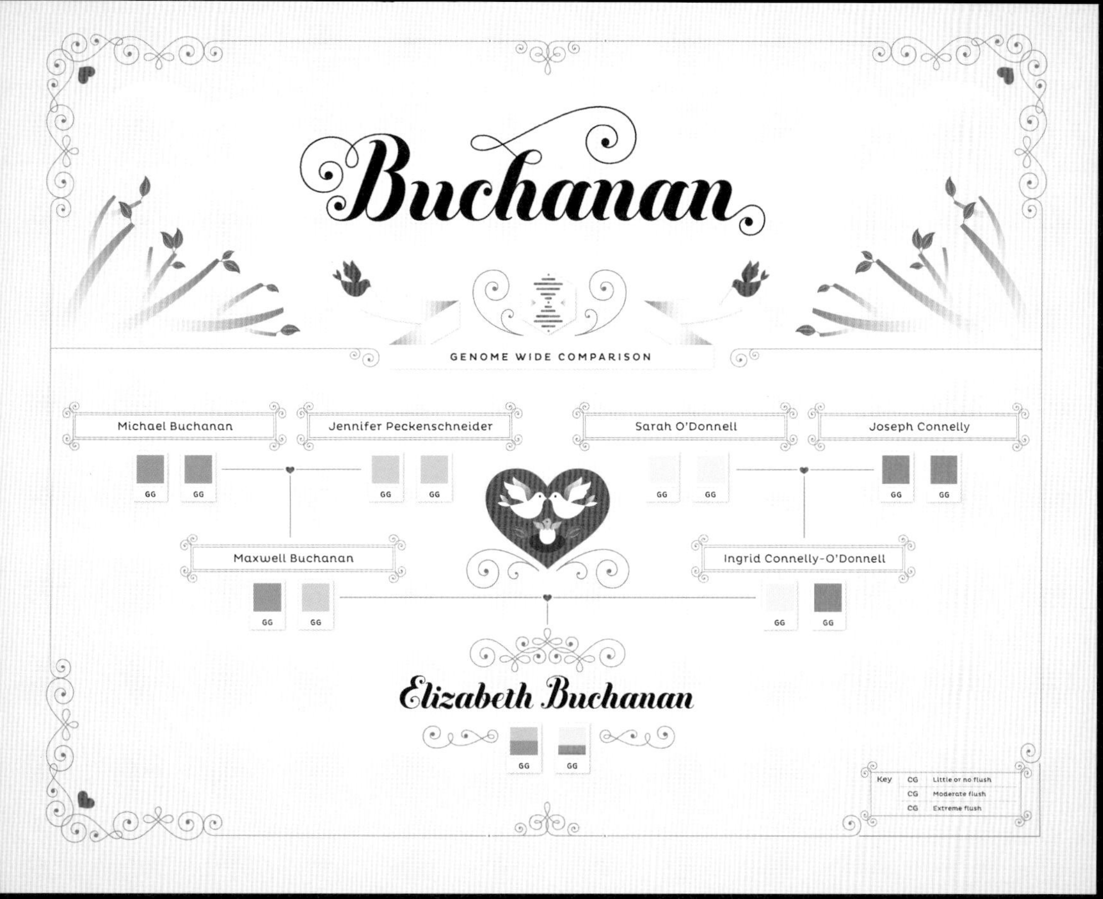

圖 2.7
互動式更新基因資訊的版型設計。23andMe 委託 Column Five 製作。希許（Jessica Hische）繪製。

同的藝術媒介，例如手繪插圖、自訂字體，以及復古照片掃瞄等等。我們與來自全球的知名藝術家合作，協助很多顧客製作資訊圖標題部位的藝術作品，就如同在圖 2.7 中，那個大型樹狀圖樣環繞在「個人基因資訊」周圍的裝飾元素一樣，它以近似族譜的圖呈現一個人基因的組成比例是由父母和祖父母遺傳得來。

只要你願意嘗試將證實可用的媒介當成資訊圖的視覺輔助，都有助於產生新鮮有趣的內容。在資訊圖內使用獨特的藝術元素，可以協助你製作出美麗的內容，誘使觀看者注意、甚至是關注後續的故事發展。

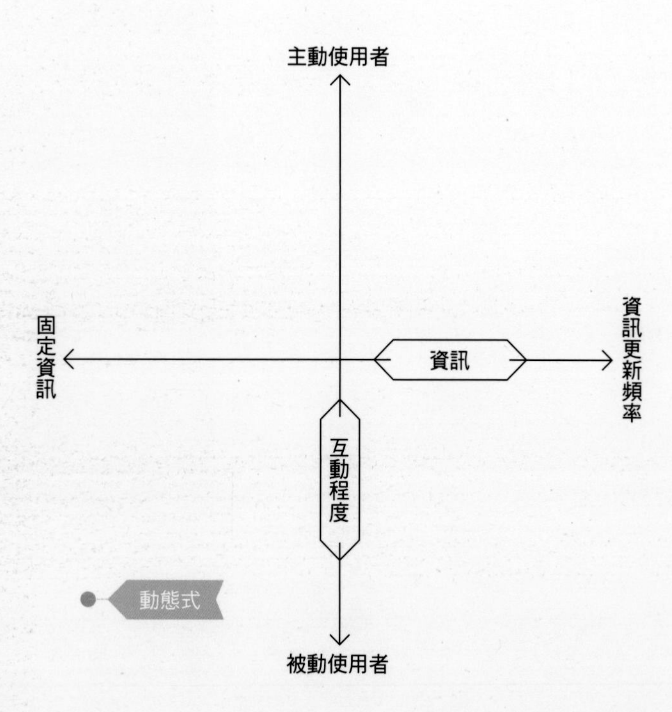

圖 2.8
典型含有「被動使用者互動」情況的固定資訊靜態資訊圖。

動態資訊圖

你也可以使用動態圖像讓你的資訊圖內容動起來。比起靜態和互動式資訊圖，動態資訊圖利用其特別的功能，並以不同的方式吸引群眾。基本上它如果有旁白，觀眾可以安心坐著觀看以線性方式進行的敘述內容。他們不需要像觀看靜態資訊圖一樣，時時刻刻主動地選擇要注意的資訊。

動態資訊圖也能夠透過音樂引發觀看者的情感，同時透過聲音和移動的影像傳達資訊，讓你有機會強力放送其品牌資訊。不過製作動畫影像的後製修改十分費時和昂貴，通常需要使用固定資訊（如圖 2.8），至少針對採用影像播放常用格式，以及在影像平台諸如 YouTube 和 Vimeo（如圖 2.9）傳播的動畫而言更是如此。

動態內容與靜態內容另一個根本上的差異是時間。根據定義，靜態內容存在固定的時間，其中的視覺內容不會更動。但是動態內容卻是橫跨時間的存在。雖然靜態內容作品是「快照」型式（仍有其本身的價值），而動態作品則具有生命與動作。動態資訊圖傳統上作為敘事使用，包含有限與幾乎被動的使用者互動（只能按播放 / 暫停，倒帶，快轉等等）。如我們在下一部分所要提到的，互動式內容一般來說更適合展示動態資訊，並有探索的功能，因為使用者可以客製化自己的經驗，繼而找到具有個人意義與重要的資訊。

隨著HTML5、CSS3，以及進階的程式語言架構（JavaScript libraries）更加地廣為應用，在網頁上加入互動式內容的動態資訊圖正逐漸地流行起來，也因此大家更有能力在影片上使用「擴增實境」（augmented reality）的風格（如圖 2.10）。有些前衛的動態內容應用方式，光是因為其製作的新奇手法，就可能造成強大的傳播效應。不過對於一般的企業，動態資訊圖最好應用在傳達「單一線性發展的故事」，以求達到發揮視覺與情感魅力的效果，吸引不同族群的觀看者（如圖 2.11）。

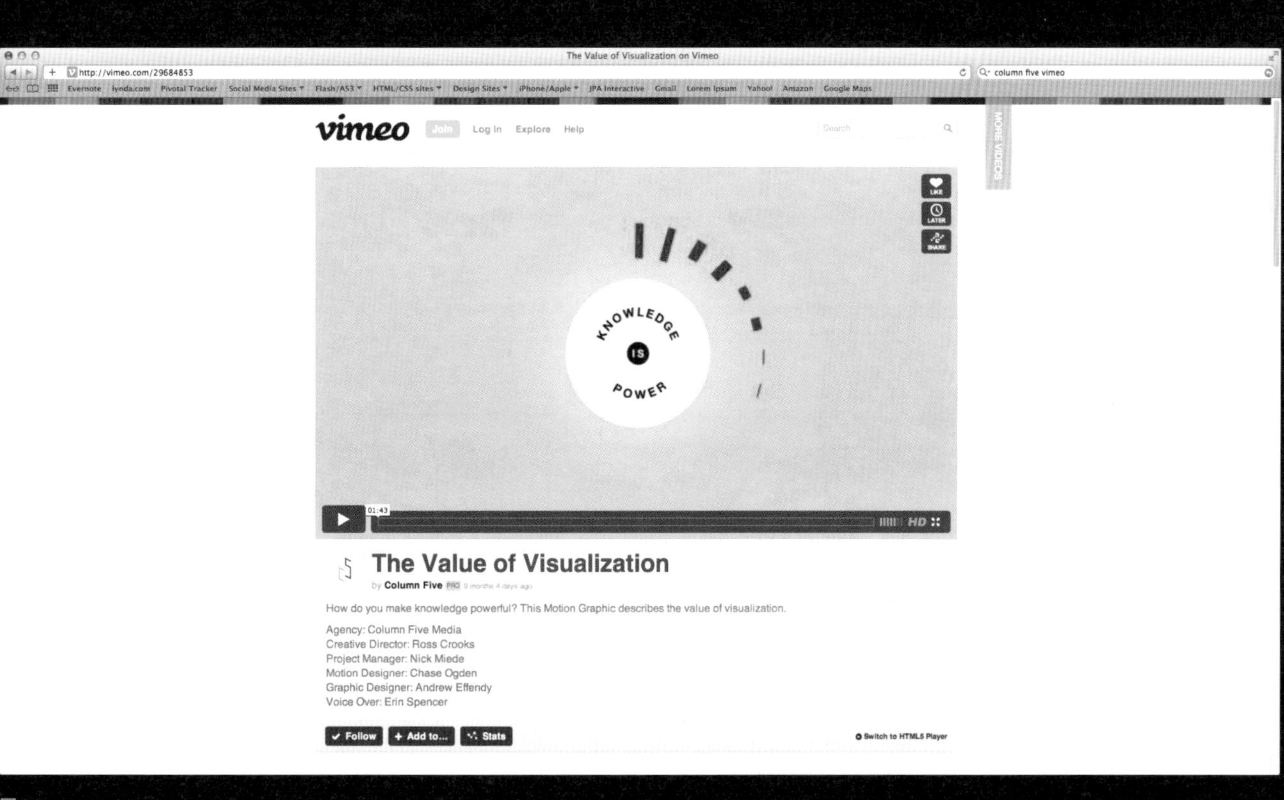

圖 2.9

圖 2.10
為不同使用者以在地資訊客製化製作的動畫範例。Google ＋加拿大獨立樂團《拱廊之火》（Arcade Fire）製作。

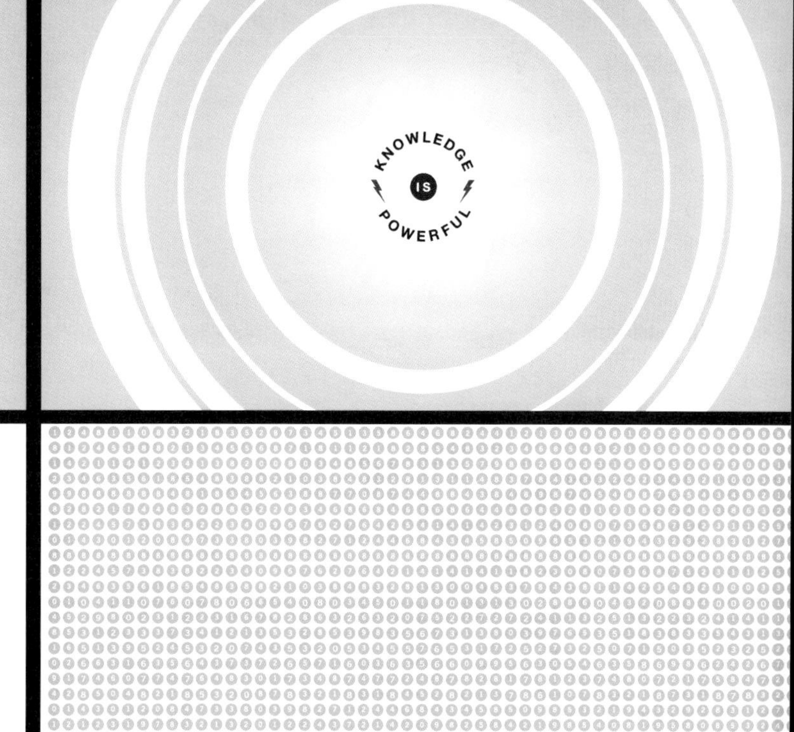

圖 2.11

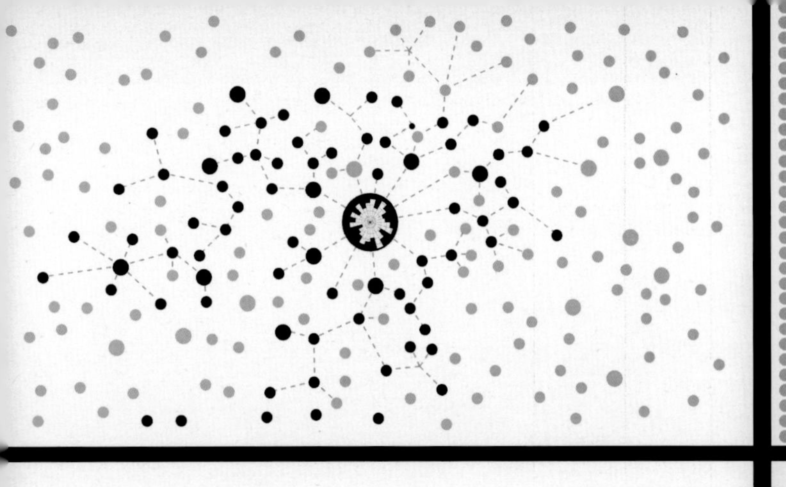

G DATA ● ● DESIGN D

2 1 4 3 9 5 6 7 8 2 3 6 5 9 4 0 1
6 7 9 3 4 9 0 5 6 2 5 8 4 0 5 2 6
9 8 2 6 3 5 9 3 2 9 3 7 2 6 3 4 8
8 1 6 2 3 8 7 9 5 0 2 3 9 2 8 4 3
0 9 1 8 5 4 2 9 4 7 4 6 8 4 0 2 9
3 9 2 7 3 6 6 5 2 9 4 0 4 9 4 8 6
5 2 4 3 6 4 8 1 0 3 9 4 8 4 7 3 2
8 6 2 3 0 8 7 3 6 2 5 4 4 8 3 5 0

2 1 4 3 9 5 6 7 8 2 3 6 5 9 4 0
6 7 9 3 4 9 0 5 6 2 5 8 4 0 5 2
9 8 2 6 3 5 9 3 2 9 3 7 2 6 3 4
8 1 6 2 3 8 7 9 5 0 2 3 9 2 8 4
0 9 1 8 5 4 2 9 4 7 4 6 8 4 0 2
3 9 2 7 3 6 6 5 2 9 4 0 4 9 4 8
5 2 4 3 6 4 8 1 0 3 9 4 8 4 7 3
8 6 2 3 0 8 7 3 6 2 5 4 4 8 3 5

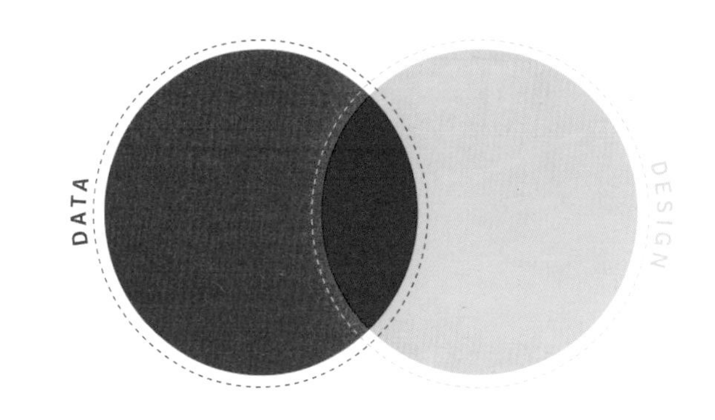

2 1 4 3 9 5 6 7 8 2 3 6 5 9 4 0 1
6 7 9 3 4 9 0 5 6 2 5 8 4 0 5 2 6
9 8 2 6 3 5 9 3 2 9 3 7 2 6 3 4 8
8 1 6 2 3 8 7 9 5 0 2 3 9 2 8 4 3
0 9 1 8 5 4 2 9 4 7 4 6 8 4 0 2 9
3 9 2 7 3 6 6 5 2 9 4 0 4 9 4 8 6
5 2 4 3 6 4 8 1 0 3 9 4 8 4 7 3 2
8 6 2 3 0 8 7 3 6 2 5 4 4 8 3 5 0

2 1 4 3 9 5 6 7 8 2 3 6 5 9 4 0 1
6 7 9 3 4 9 0 5 6 2 5 8 4 0 5 2 6
9 8 2 6 3 5 9 3 2 9 3 7 2 6 3 4 8
8 1 6 2 3 8 7 9 5 0 2 3 9 2 8 4 3
0 9 1 8 5 4 2 9 4 7 4 6 8 4 0 2 9
3 9 2 7 3 6 6 5 2 9 4 0 4 9 4 8 6
5 2 4 3 6 4 8 1 0 3 9 4 8 4 7 3 2
8 6 2 3 0 8 7 3 6 2 5 4 4 8 3 5 0

2 1 4 3 9 5 6 7 8 2 3 6 5 9 4 0 1
6 7 9 3 4 9 0 5 6 2 5 8 4 0 5 2 6
9 8 2 6 3 5 9 3 2 9 3 7 2 6 3 4 8
8 1 6 2 3 8 7 9 5 0 2 3 9 2 8 4 3
0 9 1 8 5 4 2 9 4 7 4 6 8 4 0 2 9
3 9 2 7 3 6 6 5 2 9 4 0 4 9 4 8 6
5 2 4 3 6 4 8 1 0 3 9 4 8 4 7 3 2
8 6 2 3 0 8 7 3 6 2 5 4 4 8 3 5 0

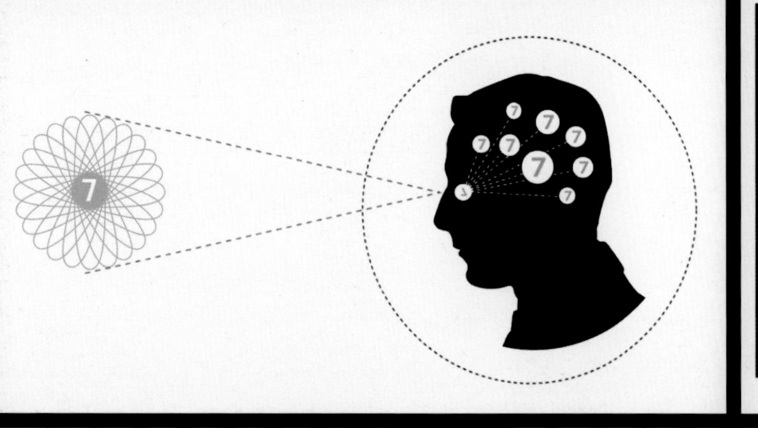

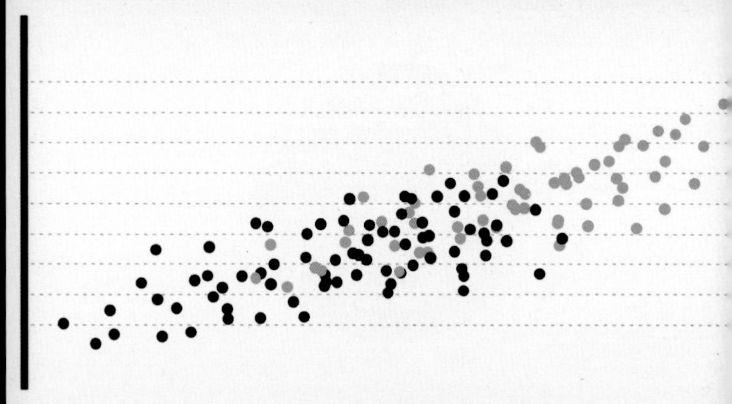

DATA

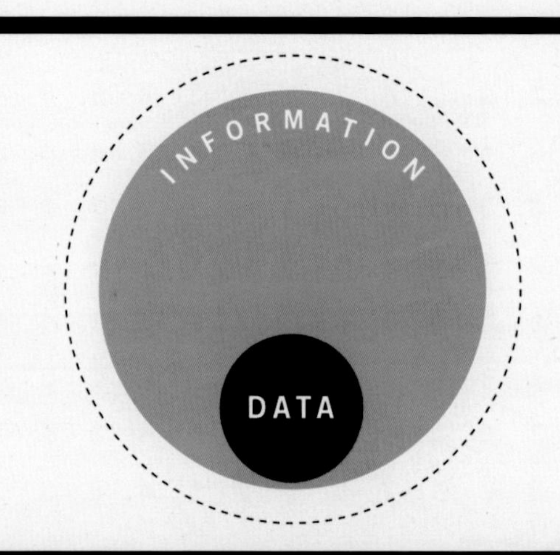
INFORMATION
DATA

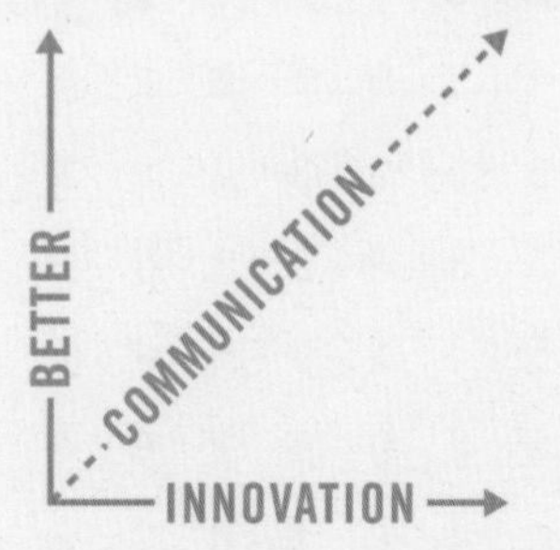
BETTER
COMMUNICATION
INNOVATION

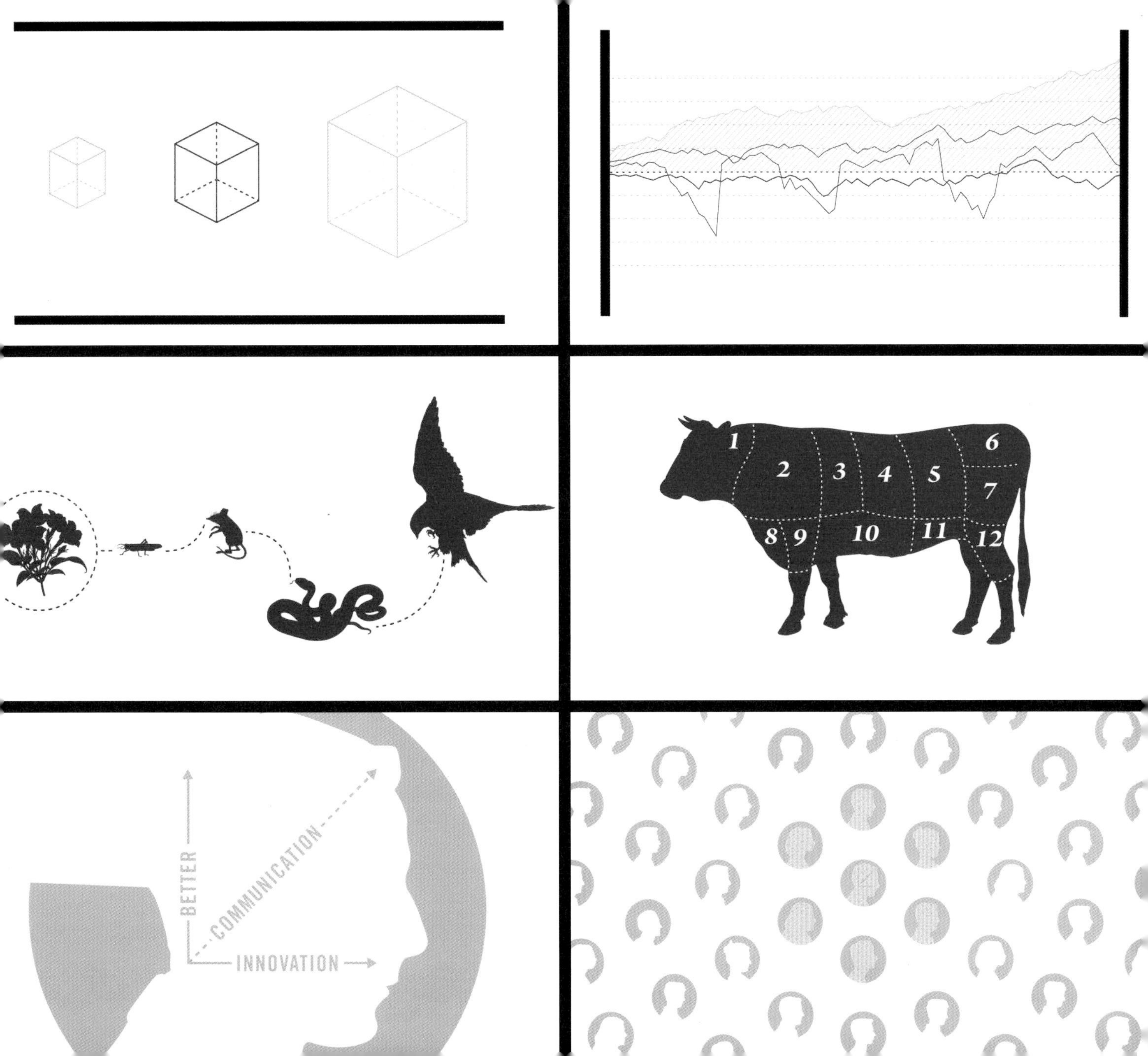
1
2
3
4
5
6
7
8
9
10
11
12
BETTER
COMMUNICATION
INNOVATION

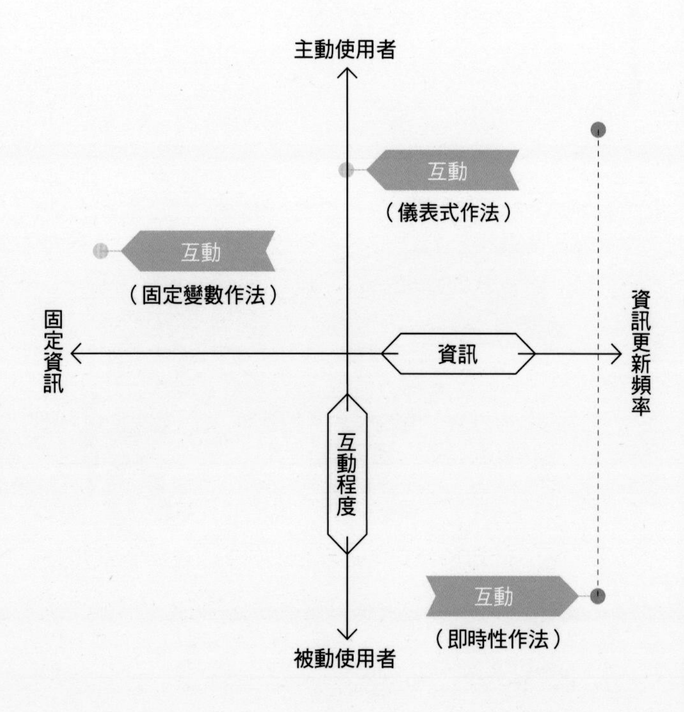

圖 2.12
需要手動更新、含有固定資訊的互動資訊圖，也可以刺激主動使用者的互動。

互動式資訊圖

在這個部分，我們要檢視互動式資訊介面的範疇，從最基礎的功能到最動態的格式都有。如果你有大量的數據，並且想要創造互動內容吸引使用者做深入的探索，這類格式會特別實用。如圖 2.12 裡的幾種互動性資訊圖，顯示了不同程度的使用者互動。

有時你可能想要使用者瀏覽你的資訊，以便找出與他們相關或吸引他們的資訊。或是你想利用互動式資訊圖去引導某人吸收以線性發展的特定敘事，如此他們可以瞭解你想說的具體故事。請記得這不是二擇一的決定；你可以運用敘事 / 編輯角度告訴人們你認為重要、有趣或好玩的事，吸引他們去觀看內容，然後鼓勵他們進一步探索數據，找到與他們相關的資訊。

我們發現「細分種類」對理解什麼是互動資訊圖很有幫助，當然不是每一種互動資訊圖都剛好可以歸類。但是分類可以讓使用者在過程中，迅速決定與視覺化的具體內容最有關聯與最有效的應用方法。製作互動式數據視覺化的首要任務是考慮你的目標，並且讓目標成為決定「是否維持簡單風格」或「投資大量時間與資源做出大製作」的首要指標。

包含固定資訊的互動式圖表（需要手動更新）

有些故事比較適合以互動格式呈現，並作為長形、縱向資訊圖的良好替代方案。如果你有具體的順序要引導觀眾，你可以創作等同於互動式資訊圖投影播放的圖像，功能簡單如「點選觀看故事的下一步」發展即可。而如果你限制互動功能，讓人們只能在一組靜態資訊圖的圖像中點選，你應該使用 SlideShare 之類的簡報分享平台去傳播你的內容。

在其他許多例子中，你可以利用「顯示多層次的數據」來述說故事。有一種常用的互動式資訊圖是呈現資訊中包含許多變數的地圖。舉美國地圖為例，如果你將每個州的說明文字鉅細靡遺地做成靜態圖像，那麼「每一州含有 20 種資訊」的網頁看起來就會很嚇人。但你可以使用互動式地圖輕易地解決這個問題，讓使用者停留在或點擊某個州時，才會出現該州的彈出窗口。這些彈出窗口也可讓人們連結至該地區更多的相關資訊。

無論你是在內部或委託代理研發你的計畫，最好要瞭解互動式類別中各類獨特的格式，以及每個格式會面臨的困難。

將含有固定資訊的互動內容就當成製作工具有幾點好處。首先，因為你只需要含有基本功能的程式，這可能是互動式資訊圖媒介中最便宜的方法，而且你仍然可以用吸引人的方式推廣自己的品牌。

如果你想要將互動式資訊圖當作是內容行銷策略的一部分，這個層次的互動通常是最好的選擇，因為它的速度可以比更複雜的數據圖快。

比方說，一張含有各州數據的美國互動地圖，一般最多比靜態圖多至兩至三倍的製作費，端視你是否使用如動畫軟體 Flash（用更快速的時間軸呈現）或者加入程式語言 JavaScript/CSS/HTML 等（它們可能因為要符合各種網路瀏覽器的支援需求而得花更久時間）。再以美國地圖為例，你可以在限定的範圍內顯示多層次的資訊，也可以引導使用者以一種特定的順序瞭解故事，如果你選擇的是更趨向敘事而非研究類的視覺呈現。

問題是，使用這個方法之後，你必須以手動方式修正任何資訊變動，因為那裡面含有的資訊已是互動檔案中的固定編碼。比方說，如果一張互動資訊圖你只需一年更新一次，用這個做法並在需要時再進行手動更新資訊就還算合理。手動方式的好處是，你也可以在更新資訊時也更新設計，呈現新鮮風格。不過長期來說，要維持這樣的計畫可能要花更多的經費，還不如執行我們接下來介紹的其中一種互動類別。總之，「資訊需要更新的頻率」通常是我們選擇何種互動式資訊圖應用的關鍵因素。

包含固定資料組的互動式介面

（手動更新資訊時，會顯示動態更新資訊）

這種資訊圖介面對於比較前端的工作與金融投資產業，你只需使用「與前面版本相同的格式載入新的數據」，就能更新動態的介面。例如，線上房地產數據庫 Zillow 公司擁有依照美國郵遞區號和縣級分類的實際房地產交易數據。他們獨到的分析讓他們創造出「Zillow 住房價值指數」，並可在每個月更新數據。我們與該公司合作創造一個動態介面，讓使用者可以探索某一個地、州或全美國過去十年以來的房地產故事。比起你得每個月自虐地手動為許多資訊圖上的數據更新，這種做法有點不同。

有個具體的例子最適合用「分區著色」來顯示數據：應用套色的主題地圖去視覺化呈現美國地圖上的房產價值範圍。要先強調的是，因為 Zillow 公司很少有用戶還在使用過時的舊版瀏覽器，這裡我們選擇能與現代網頁瀏覽器相容的方式製作。這樣我們才能使用理想的可縮放向量繪圖格式（簡稱 SVG），將包含在 XML 編碼裡的數據做成動態式的向量圖形。SVG 確實是發展互動式圖像作品的最佳方案，特別是當你需要作品在大部分的行動裝置網頁瀏覽器都能運用時。你可以繪製或操縱複雜的形狀，然後藉由人們使用點擊、拖曳或停留在某一個形狀的方式，讓它們觸動附加編碼而產生互動。

我們大部分執行的方案都是利用 D3（JavaScript 程式語言架構中用製作「數據驅動文件」的方法），它能讓我們在瀏覽互動的前端介面時（如圖 2.13），流暢地以動態形式轉換圖像。D3 是進階的 JavaScript 程式語言架構，用於創造大量數據集的視覺呈現，能夠以更快、更多反應和互動的方式展現圖像。D3 也有助於 SVG 文件的製造與操作，讓使用者能體驗數據更迷人與最新的呈現。當數據變動時，無論是以這個例子中採用的手動方式，或是透過如下一節所談的自動儲存方式更新；只要使用者與頁面的互動，數據在前端介面呈現出來的就是更新過的資訊。這種技術的靈活性讓使用者能輕易地探索複雜的數據集，挖掘出更重要的數據核心，過濾掉沒有立即重要性的資訊。

我們選擇不顯示以全美角度來看屬於地區層次的當地數據，因為我們想在「展示最精細的數據」與「超載資訊」之間求取平衡。由全美國層級採取任何有意義的郵政編號數據非常困難，因為任何單一郵政編號數據所涵蓋的地區都太小了。但是房地產是區域性產業，而我們有郵政編號數據，所以我們盡可能讓人以「州別」搜尋資訊，找出個別的 SVG 州地圖。

這個計畫的目標是為人們建立一個搜尋豐富數據的中心，觀察美國房地產市場在過去十年來起落興衰——然後掙扎著趨於穩定。這種視覺資訊同時也能符合公關目的，可吸引記者注意，如此一來他們可以利用搜尋的介面發現當地、各州與全美國的房產故事。尤其重要的是，我們是以未來的考量建造這項工具。如果每個月新的 Zillow 住房價值指數（Zillow Home Value Index，以下簡稱 ZHVI）增加了，我們可以立即在前端的介面將新的數據併入歷史的觀點。我們提供 Zillow 公司將 ZHVI 數據轉換成「資料交換語言檔」（JavaScript Object Notation，簡稱 JSON）的工具。JSON 是種不龐大、以文字為主的儲存數據格式。或許，描述數據「如何儲存為 JSON 檔」的最佳比喻，是想像一連串逗號分隔檔案，其中一個檔案可以包在另一個檔案裡。而為了達到正確呈現數據的要求，它可能會產生多層次的堆疊。

呈現資訊最困難的部份在於必須限制「需要放在瀏覽器的數據量」（特別是現在有更多的人使用行動裝置連結到數據時），以讓這張房產資訊圖能夠運作。為了縮小數據檔案和減少下載時間，使用者第一次造訪該頁面時會下載一張全美國地圖——而當使用者指定瀏覽某一州或地區時，我們不會下載第二張地圖。相反地，我們利用同一張全美國地圖，放大所選的區域。如此使用者可以避免下載更多的數據，他們的瀏覽器也不需再重新製圖。我們只是轉移他們觀看數據的觀點而已。既然地圖是 SVG 格式，放大並不會折損圖像品質，因為這是在瀏覽器繪製的向量圖像，也不受平面印刷像素限制。

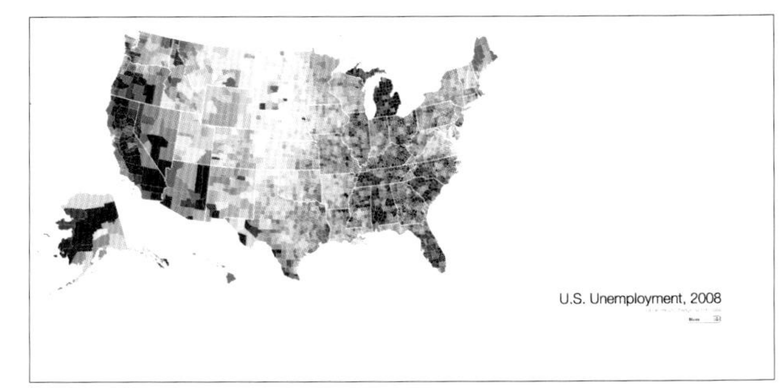

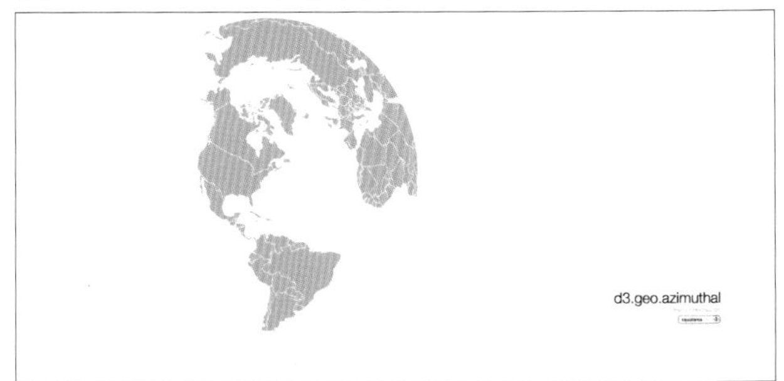

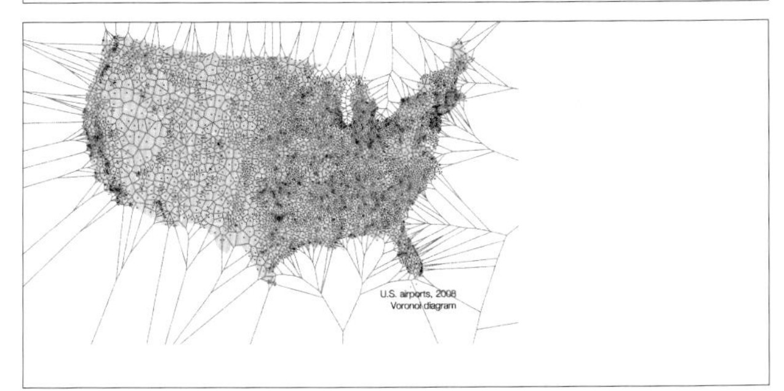

圖 2.13
以 D3 JavaScript 程式語言導入資訊圖設計的範例：www.d3js.org

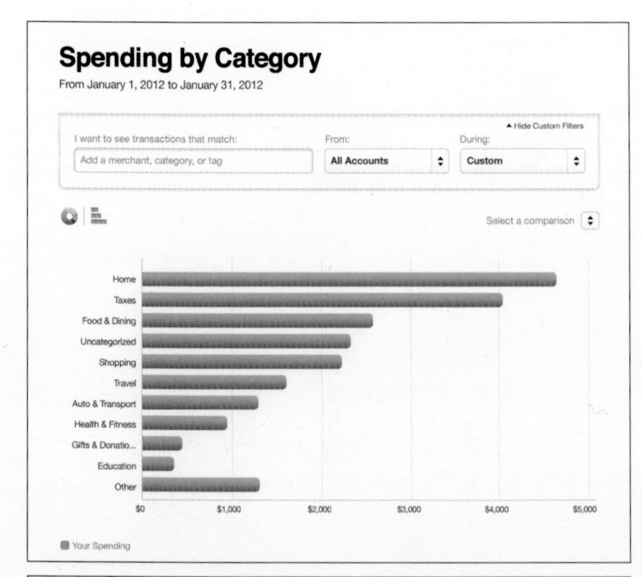

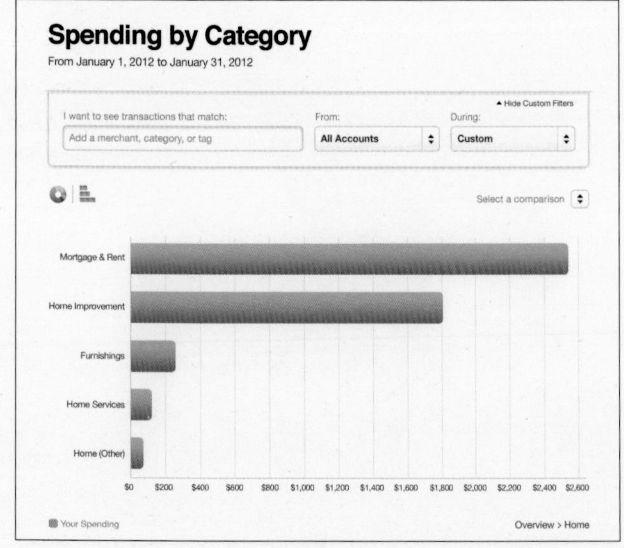

動態互動（自動更新展示內容與隱含資訊的資訊圖）

如果你想在自訂時間範圍內將所需的資訊視覺化，最好也將「載入最新數據至動態介面的過程」自動化。我們在那些分析性程式的「儀表板」（dashboard），或是客製化的顧客關係管理軟體中，經常可見這類視覺化的做法。

有一個好例子是美國財務管理網站 Mint.com 的使用者介面，這家公司免費提供網路個人理財服務。也許你的公司不需要建立如此龐大的介面，但這真是個以視覺化呈現動態數據的實用參考個案。在這個介面中，使用者的銀行交易自動會上傳至他們在 Mint.com 的帳號，他們可以搜尋和研究特定的趨勢和預算類別（如圖 2.14）。這些報告介面也很實用，你可以在此自行重新載入數據來源，不必等誰幫你更新上面的資料。

假如你也在替自己或自家組織的網頁建立介面，你可以使用我們剛參考過的 Zillow 案例技術方法，充分利用進階的 JavaScript 程式語言架構和 SVG 格式創造的互動優點。

要找出一個「整合所有來源資訊」的方法可能很令你挫折。你需要的是一個管理所有數據的聚合器。既然許多現存的「解決方案」都無法集中你所需的一切資訊，那

圖 2.14
財務網站 Mint.com 為客戶分析支出的動態式介面報告

麼你可能需要建立一些獨有的設備——但這實在是所費不貲。不過至少你現在應該瞭解了可以利用前端動態介面來呈現最新數據，而且不需要手動輸入重新整理最新的數據。雖然這類互動的內容大部分都是研究型圖表，但是你也可以以此製作敘事型的內容。

這類圖表除了針對品牌推廣目的與品牌優勢的展示計畫，也有許多可能的組織內部應用，例如它來監控網路活動。誠如提供網址縮短服務的 bitly 網站首席數據科學家梅森（Hilary Mason）所言：「最重要的即時數據應用，適用於那些『立即的分析就會改變結果的情況。』更實際一點地說，如果它能讓你在『忘記為何你要提出問題』之前就得送出答案的話，（這種應用）會使你獲益良多。」

更多的互動資訊圖未來可能性

從以往來看，網路上以互動介面呈現複雜數據的最簡易方式通常是利用多媒體播放器 Adobe Flash。不過有鑑於現今不支援 Flash 的蘋果產品使用量增加（特別是 iPhone 和 iPad），因此我們有必要重新考量。而這事在 2011 年 11 月顯得更加迫切，因為網路程式語言 HTML5 確定即將在行動服務上，加速瀏覽器的互動和應用，這使得 Adobe 公司因此停止行動產品瀏覽器的 Flash 研發。不論你用的是固定資訊，或是需要有動態數據的資訊圖，建立互動能讓你和觀眾以更深入的方式瞭解資訊，發現新的獨到見解。更棒的是在互動時，你不限於只能選擇只呈現研究或敘事性的視覺內容。你可以用敘事類圖表吸引觀眾，畫出最有趣的基本數據資訊來述說故事，並且只要建立另一個標籤讓人們可以自行探索數據，尋找他們自己的故事與對他們最具意義的資訊。

為你的視覺專案應用正確的格式

本章提及多樣的資訊圖格式（靜態、動態，以及互動式），也會是我們在後面章節會涵蓋的眾多實際商業應用的核心格式。某些情況下，你可能會使用這些格式中任何一種，而你要根據某一特定計畫最適合的預算來做選擇。在對每一種資訊圖格式的根本原理有了基本認識，也知悉它們各自的優缺點後，你就可以開始檢視思考哪種作法最利於你應用在實際商業情境中溝通或行銷的目標。

本章註解

預感網站（Hunch）：2009 年由費克（Caterina Fake）等人創建，目的在於幫網友解決問題或做出決定，方法是藉由提出與一個主題相關的幾個問題，在收集網友們的問答資料庫裡整合出一個解答趨勢，然後建議提問者做出合適的決定。

E BUSH
N’T CARE
KA
THIRD

chapter

用視覺說故事：先搞懂傳播目標，才能製造吸引力

●瞭解視覺敘事圖譜

資訊圖應用的品質端視它如何幫助我們達成具體的目標。

每個企業品牌都有其獨特性。所以你的品牌的視覺溝通方式（不論對內或對外），應該也是獨特的，並應該取決於你的溝通目的或目標。

這些目標包含兩個清楚的訊息：

⊙ **誰是你的觀眾？**

⊙ **你要跟他們溝通什麼？**

瞭解視覺敘事圖譜

現在我們假設一個與格式無關的方法，只要利用插圖解釋上述的觀念（如圖 3.1）。為了更加瞭解這個觀念，讓我們將「誰」當作 X 軸的標記，將「溝通內容」當作 Y 軸的標記。

觀眾（x 軸）—軸的兩端以觀眾目標族群和廣泛大眾表示。
內容（y 軸）—軸的兩端以品牌核心內容和新聞性內容表示。

圖 3.1
視覺敘事圖譜

資訊圖應用的品質端視它如何幫助我們達成具體的目標。

簡單來說，「普遍性」——或是「廣泛的觀眾」對此反應如何，就不應被誤列為為資訊圖品質的測試指標，因為擁有廣大的觀眾不見得是設計某張資訊圖的溝通目的。舉個例子，假如你在建立一份供股東使用的企業內部報告（以品牌為核心的資訊），那麼這份報告最多只能吸引一群特定的觀眾：股東。然而，如果有人企圖要建立一份有趣的內容作品，並且自以為會引起廣泛的關注，結果卻被忽視了，那麼這位朋友就失敗了。

你應該把視覺敘事圖譜的每種應用想成是某個領域或範圍，而不是個單一的點。對每個品牌而言，這些範圍都有不同層面的重疊之處。例如使用一張完全以品牌為核心的圖表，臉書會比歡樂甜甜圈公司產生更廣泛的吸引力。

新聞性內容越多，觀眾群傾向更為廣泛。相反地，越以品牌為核心，它的觀眾通常越具有目標性。這是大部分品牌的例子，如我們之前所提，它們重疊的範圍和程度會因公司而異。基本上，目標觀眾的數量範圍可從最小至最大都有。雖然這個圖譜並非完美無缺，但不失為實用的視覺指南，可幫助我們挑選應用方式，以及瞭解其效果。

目標觀眾

「目標族群觀眾」大致與「廣泛的觀眾群」有所區分。例如所有的網路用戶組成了廣泛觀眾，而所有美國介於18至25歲的男性網路用戶仍然可以是廣泛的次集合，但更具目標性；而任何意圖要爭取這類觀眾的品牌，即能依此傳達他們的訊息，而不必太介意65歲以上的女性非網路用戶。

一般而言，比起較廣泛的觀眾，更具目標性的觀眾會覺得具體的資訊更有趣或更加實用。所以，你與他們溝通的方式與內容應該要有所不同。基本上，你要使用以品牌為核心的內容與目標觀眾溝通，特別是如果這類目標觀眾的共同點是建立於與你的品牌的共同關係上。

廣泛觀眾

「廣泛觀眾」是不需區別觀眾群的。他們反而要將觀眾一視同仁，無論他們是否為既定客戶，或是以前從未聽聞你的品牌的人。

既然這群人比起目標觀眾要多，就會有更多這類觀眾覺得有趣或實用的資訊。因此，你在他們之間溝通的方法與目標觀眾溝通的型式要有所不同。一般而言你會利用新聞性內容與更廣泛的觀眾進行溝通，因為「與品牌的關係」不可能是群眾之間的共同思考。

以品牌為核心的內容

「以品牌為核心的內容」也可以這樣定義：它說明了你的企業是什麼，與／或是溝通你的企業價值為何。這類內容常見於應用在：

- （如官方網站上）「關於我們」頁面
- 視覺新聞稿
- 產品說明書
- 簡報
- 年度報告

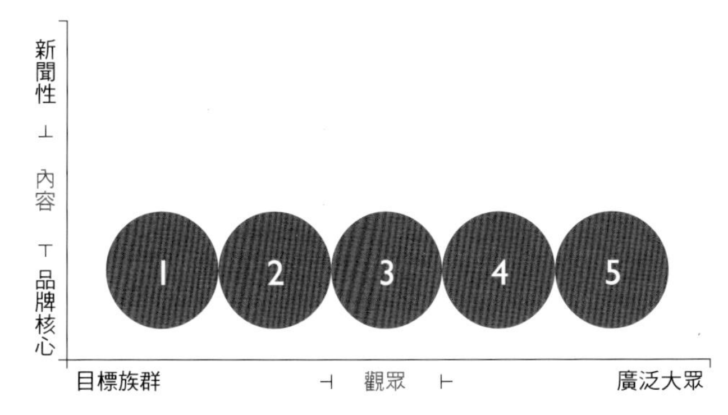

圖 3.2
「以品牌為核心」的視覺敘事

如前所述，視覺敘事圖譜內的各種應用，各會有些重疊。有些應用比如「產品說明書」或是官網「關於我們」頁面這類內容的視覺敘事，它們比較具有實際目的，因此也經常用上更多視覺化設計。可想而知，設計與分享這類的資訊通常是針對已對品牌有興趣的讀者，或甚至是企業既定客戶。

但也有的時候，因為設計形態的關係，或是因為公司的規模較大，這些選定的應用方式會吸引到比原先預期更廣泛的觀眾。

有些以品牌為核心的應用特別具有深遠的魅力。在視覺敘事圖譜上，「簡報」與「企業年報」這兩種內容就很有趣，因為它們本身就具有新聞價值。當內容裡包含了對商業或私人備受矚目的資訊時，記者也會對這種資訊有報導的動機。

舉例來說，如果一家大型社群網站即將宣布加入「民營太空旅遊產業」，那麼就會有很多觀眾覺得這項資訊很有趣。捕捉到這類新聞的記者則可依此編織故事。

一般而言，「視覺新聞稿」比起其他以品牌為核心的資訊圖內容應用方式，更具有廣大的群眾魅力。它天生的特色就不同，畢竟新聞稿正是一家公司想引起人們對於自家品牌某種報導價值的注意。很多企業新聞稿經常顯得有點乏味，它們宣揚那種「本公司發展嶄新一頁」內容會讓公司外部的人覺得很無聊，再不然就是公司本身很無趣，或只是因為大部分的讀者覺得企業新聞稿的內容太具有目的性。其實，有時候這樣的內容也可以讓它變得很受歡迎。

視覺新聞稿仍能引起大眾關注的最常見例子，就是當品牌選擇在他們**獨有的數據中視覺化他們的成果。**本書之前提過的「Mint 網站以匿名追蹤用戶們的數據」就是個好例子，他們在自己公司蒐集到的數據中，找出具有報導價值的故事。在諸如此類的情況下，視覺新聞稿通常都可以用這種方式獲得廣泛大眾的注意。

新聞性內容

新聞性內容代表視覺敘事圖譜上縱軸的上半部，也可被定義為「使用於述說故事的材料」，它一般是透過被視為「品牌出版物」的企業網誌發表。這跟新聞媒體出版的製作類型很相似。

新聞性內容不包含傳達與品牌有關的訊息，但會包含品牌企業所在產業中，該品牌運作方式的訊息（如圖 3.3）。在這範圍內，雖然內容類型是新聞性的，但它具有兩種目標：建立思考前瞻地位和追求傳播力。當企業想建立「思考前瞻」地位的視覺內容，目的是想要被認可為某一產業內的專家，會傾向使用較低的新聞性內容，因此會設定更明確的目標觀眾。而追求傳播力的視覺內容，目的是要盡可能地擴大觀眾範圍，傾向發揮最大的魅力，所以鎖定的目標族群較不限制。

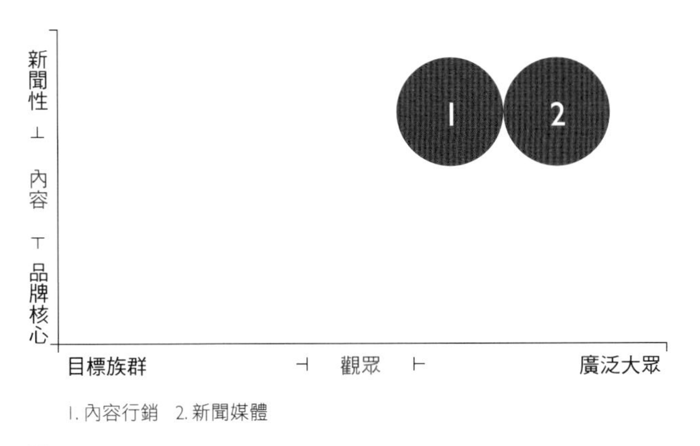

圖 3.3
「新聞性內容」的資訊圖應用

當使用新聞性內容程度高的視覺敘事時，要讓你的品牌同時服務以上兩種目標是不太可能的。因為，如果你想鎖定更準確的目標觀眾，那些有思考前瞻地位的內容被傳播出去的能力卻又不太強。

坦白說，如果你的目標仍是儘可能地擴大觀眾群，就得重新創造更好的內容。想想你有多少次參加派對的經驗，派對上的許多人都只想談論自己或他們的工作，然後你只得假裝自己需要補充啤酒，並以這種藉口逃脫以換個人聊？同樣的，你不會希望人們也想迫不及待逃離你的品牌網誌或內容。

再說一次吧，這類想占據「思想前瞻」地位的資訊圖應用，也會因為觀眾注意力、品牌規模、相關企業和內容本質產生極大的結果差異。

我們為「推薦搜尋引擎」預感網站（Hunch）所創造的資訊圖，是個「應用專有數據的新聞性資訊圖」好範例。這種資訊圖的數據（如圖 3.4）收集來自顧客的資訊；他們使用這類的數據去敘述美國的自由派和保守派支持者似乎傾向於偏愛某種食物類型。這張資訊圖的內容本身與預感網站或他們的企業無關；但是個能夠利用預感網站自己的數據敘述出的有趣故事。

很多品牌想製作思想前瞻性的內容來吸引讀者，並提供他們某些價值。這類型內容也經常透過某個代表公司發言的人，透過評論分享他們的專業，或是提供有關該公司企業的高層次主題分析。以預感網站圖表為例，它吸引了比原先預想更多的觀眾。

更多其他企圖建立思想前瞻地位的視覺敘事範例，則可見圖 3.5、3.6 和 3.7。（文接 100 頁）

FOOD PROFILES OF SELF-DESCRIBED

LIBERALS VS. CONSERVATIVES

A LITTLE INTRODUCTION

The following is one of 2,000 "Teach Hunch About You" questions which Hunch users can answer at their leisure as they use Hunch.com. Answers to these questions help Hunch personalize the recommendations and predictions given to each user:

DO YOU TEND TO SUPPORT LIBERAL OR CONSERVATIVE POLITICIANS?

Among 347,949 Hunch users answering this question, responses are as follows:

Almost without exception and true to their label, "Middle of the Road"people responded to subsequent questions somewhere in between the way self-identified liberals and conservatives answered. So while we acknowledge this large and important group, we've highlighted only the preferences of those on the more definitive left and right.

Hunch then crossed those responses with answers from dozens of other questions among its 2,000-strong "Teach Hunch About You" question pool, comprised of 80 million+ total responses. While liberals and conservatives skew towards different preferences, there's also plenty of common ground where everybody can agree.

圖 3.4（續）

自由派與保守派的飲食習慣（本頁）與點餐偏好（下三頁）

FRENCH FRIES

Liberals are 64% more likely than conservatives to prefer bistro-type fries, making these fries their favorite.

An almost equal percentage of liberals and conservatives (9% and 8%, respectively) pass on fries altogether.

Conservatives consider McDonald's fries #1 (they're 38% more likely than liberals to prefer them). They're also 22% more likely to prefer thicker steak fries.

SEAFOOD

Most liberals say they either love seafood and couldn't live without it (38%) or that they enjoy it from time to time (40%).

4% of both political persuasions are fine with seafood, as long as it's deep-fried and covered in a mayonnaise-based sauce.

Conservatives are 10% more likely to say that they enjoy seafood from time to time.

Liberals are 3% more likely to prefer their vegetables fresh.

Both liberals and conservatives prefer fresh vegetables over cooked vegetables.

Conservatives are 3% more likely to prefer their vegetables cooked.

FRESH FRUITS

Liberals are 28% more likely to eat fresh fruit daily.

Most liberals and conservatives eat fresh fruit at least once per week.

Conservatives are 35% more likely to eat fresh fruit less often than weekly.

BREAKFAST

Liberals are 17% more likely to eat toast or a bagel in the morning.

Liberals and conservatives (21% and 22%, respectively) enjoy cold breakfast cereal.

Conservatives prefer something else for breakfast. They're also 20% more likely not to eat breakfast at all.

PEANUT BUTTER AND JELLY SANDWICHES

Liberals are 7% more likely to prefer strawberry jelly on their peanut butter and jelly sandwich.

But both liberals and conservatives prefer strawberry jelly. (They also both prefer their sandwiches cut diagonally, though conservatives are 9% more likely to cut them vertically.)

Conservatives are 19% more likely to choose grape jelly.

TACOS

Liberals are 13% more likely to prefer crunchy tacos.

Both liberals and conservatives (57% and 62%, respectively) prefer a soft tortilla over a crunchy corn taco shell.

Conservatives are 9% more likely to prefer soft tacos.

PIZZA CRUST

Liberals prefer thin crust pizza. They're 21% more likely to order it.

Liberals and conservatives are equally likely (35%) to enjoy normal crust.

Conservatives are 33% more likely to prefer deep dish pizza or a thicker crust.

Liberals are more than 100% more likely to cook a coconut curry with lamb and rice at home.

Both liberals and conservatives prefer grilling burgers when they cook at home.

Conservatives are 49% more likely to cook burgers on the grill and 10% more likely to cook comfort food, like tuna casserole or meatloaf.

PASTA SHAPES

Liberals are more likely to prefer hard-to-pronounce pastas, like gnocchi, fusilli, and radiatore.

Everybody loves lasagne.

Conservatives stick to classic pastas, like linguine, rotini, and spaghetti.

DRINK PREFERENCES

DRINK WITH DINNER AT HOME

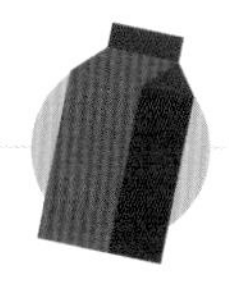

Liberals are 57% more likely to drink wine with dinner at home.

When dining at home, the top drink choice for both liberals and conservatives is water.

Conservatives are 57% more likely to drink milk and 17% more likely to drink a soft drink or juice.

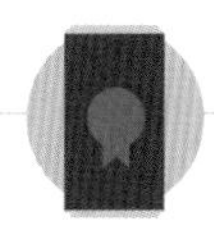

BEER

60% of liberals (28% more often than conservatives) enjoy beer.

Liberals and conservatives who drink beer prefer a brew that's pale and refreshing.

Conservatives are 27% more likely to not like the taste. Most on Hunch don't like beer.

SOFT DRINKS

Liberals are 29% more likely to not drink soda, but when they do they're as likely (27%) to drink diet as they are regular.

Both political persuasions enjoy the big brands of Coke and Pepsi when it comes to soda.

Conservatives are not only more likely to drink soda. They're also 26% more likely to drink regular instead of diet.

TAP WATER

Liberals are 6% more likely to drink tap water.

The majority of both groups do drink tap water, and 21% of both liberals and conservative drink only filtered tap water.

Conservatives are 57% more likely to not drink tap water.

ATTITUDES

 WHAT'S YOUR IDEA OF EXOTIC ETHNIC FOOD? 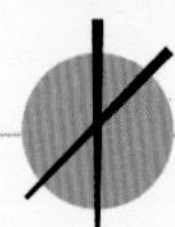

Liberals are 31% more likely to consider Pan-Asian/French fusion cuisine to be exotic ethnic food.

Both groups consider Pan-Asian/French fusion cuisine the more exotic ethnic food.

Conservatives are 94% more likely to consider occasional Chinese takeout to be exotic ethnic food.

FAST FOOD

Liberals are 92% more likely to eat fast food rarely or never.

Most liberals and conservatives eat fast food a few times per month.

Conservatives are 64% more likely to eat fast food a few times per week.

 VEGETARIANISM 

Liberals are 29% more likely to describe a bacon cheeseburger as "disgusting". 10% of them are vegetarians.

Overall, both groups tend to think bacon cheeseburgers are delicious.

3% of conservatives are vegetarians, but conservatives as a whole are 14% more likely to describe a bacon cheeseburger as "delicious."

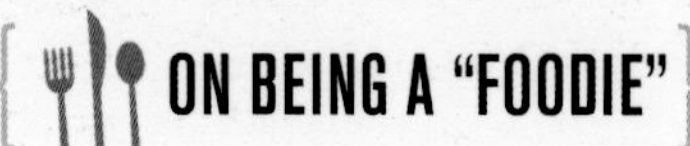

ON BEING A "FOODIE"

Most liberals on Hunch considers themselves "foodies." Liberals are 39% more likely to consider themselves "foodies."

Hey, we all have to eat!

Conservatives overall aren't really sure what a "foodie" is. They're 52% more likely to claim not to know what makes a person a "foodie."

ORGANIC VS. PROCESSED FOOD 

Liberals are 28% more likely to say that there's a significant difference between organic and processed food.

The majority of both liberals and conservatives agree that there's a significant nutritional difference between organic and processed food.

Conservatives are 50% more likely to say that there's not a significant difference between organic and processed food.

FINE DINING

Liberals are 20% more likely to enjoy fine dining.

Liberals and conservatives overall enjoy fine dining as an occasional splurge.

Conservatives are 39% more likely to say fine dining is too fancy for their tastes.

Stats are based on more than 80 million aggregated & anonymized responses to "Teach Hunch About You" questions answered between March 2009 and May 2011 by about 700,000 users of Hunch.com. Yes, Poindexter, we know that correlation does not necessarily imply causation. Legalese: There are brands listed above that belong to their respective owners, not to Hunch. Find more cool data stuff at hunch.com/info/reports. Tips from your mom: Eat your turnips, vote in the next election, and If you haven't tried Hunch yet, go do that now.

5 Strange Signs The Economy Is Improving

Men are buying new underwear . 1
A weird favorite of economists is doing better . 2
More couples are splitting up . 3
There are more fresh faces . 4
Utilities are losing their best customers . 5

Forget the housing market and consumer confidence index. Instead of sifting through the glut of economic data out there, look around! Unexpected signs of economic recovery are popping up everywhere.

1. Men are buying new underwear

Even former Federal Reserve Chairman Alan Greenspan subscribed to this one. During tough times, men tend to skip out on buying new underwear. When the economy tanked in 2009, sales on boxers and briefs fell 2.5 percent. But today, underwear sales are up.

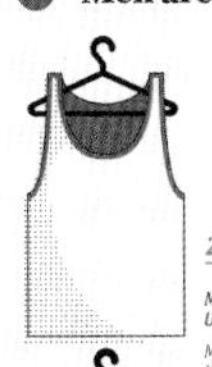

2011

+4.8% Compared to Year Prior

Men's Under Tops Sales: $1.6 billion

Men's Underwear Sales: $2.58 billion

+5.2% Compared to Year Prior

(In the 12 months ending in **August 2011**)

2. A weird favorite of economists is doing better

In 2007, RV manufacturers accurately predicted the U.S. economy was headed for recession when they noted RV shipments had fallen for the first time in six years. RV sale declines also preceded recessions in the early 80s, early 90s, and 2001, which has cemented this $14.5 billion industry's reputation as an economic bellwether. Despite high gas prices now, RV sales have been better of late, partly because people are traveling shorter distances and with less planning—a trend being reinforced by rising airfare.

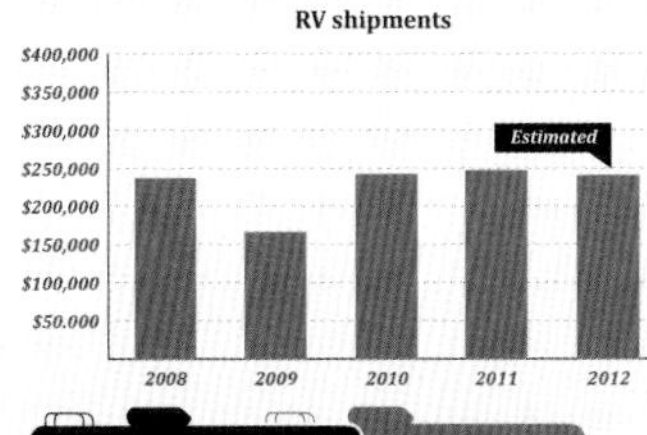

3. More couples are splitting up

Simply put, divorce is expensive. So when the economy took a turn for the worst, unhappy couples ended up putting up with each other for a little longer. Fed data is slow to come out, but some are already suggesting that more people are seeking divorces now that the economy's looking up.

Matrimonial lawyers who saw a drop in the number of divorce filings
(2008 to 2009)

57%

Change in divorce rate during economic downturn
From 2006 to 2009 -7%

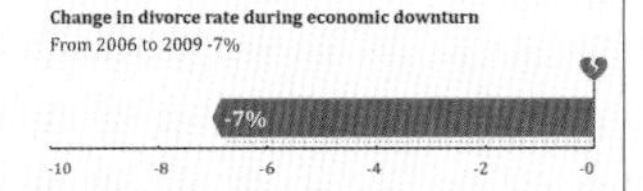

Hopeful signs of failed marriages:
"Over the last six months [leading into Feb. 2011], the activity in our firm has probably picked up by 20, 25 percent." — Sandy Ain, a divorce lawyer in Washington, DC.

4. Face lifts are seeing a lift

No one really needs a face lift, so we can count this as an elective cosmetic procedure. And when times are tough, fewer people opt to go under the knife. However, if more re-sculpted noses and wrinkle-free faces are a sign of an improving economy, we're headed in the right direction.

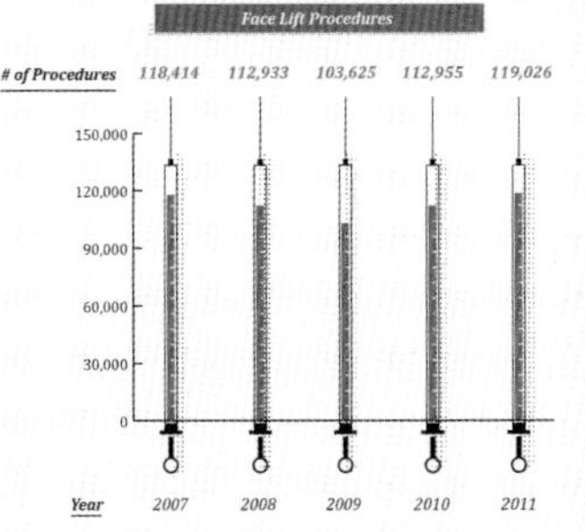

5. Utilities are losing their best customers

Although analysts predict most utilities will see record profit increases in 2012 due to rate hikes, a record number of U.S. homeowners and businesses installed solar systems in 2011 and were more likely to do so if they had higher-than-average electricity bills. And while solar manufacturing struggled in 2011 due to Solyndra's failure and an oversupply of solar parts worldwide, it was good news for U.S. consumers who benefited from lowered overall installation costs.

Number of States Installing Over 50 Megawatts of Solar

2009: 2 2010: 5 2011: 8

In 2011 the number of U.S. solar installations grew by 109 percent and the average price of a solar system fell 20 percent, making it a historic year for solar.

PV Installations

2010 887 MW

2011 1,855 MW

(109% growth)

01 SOURCES: BUSINESS INSIDER, NPD GROUP, CBS NEWS, NPR, SLATE, AMERICAN SOCIETY OF PLASTIC SURGEONS, AMERICAN ACADEMY OF MATRIMONIAL LAWYERS, IBIS WORLD, RVIA.ORG, CNBC, SEIA.ORG

One Block Off the Grid
THE SMART, NEW WAY TO GO SOLAR
HTTP://1BOG.ORG

圖 3.5
「五個代表經濟改善的奇怪訊號」。
（網路公司 One Block Off the Grid 委託 Column F

THE INDEPENDENT WORKFORCE

THE NEW WORKFORCE

THE RISE OF THE NEW ECONOMY

THE GROWING WORKFORCE

Many workers today do not work for organizations on a permanent basis. These independent workers, both solopreneurs and independent service firms, known collectively as the contingent workforce, are present in many different fields. But who are they? We examine this unique section of the labor force.

From 1995 through 2012, the total workforce of contingent workers (self-employed and solopreneurs) grew by an estimated 4.3 million workers. Despite economic downturn, the overall contingent workforce has held steady, averaging around 31 percent of the total workforce, and is projected to continue at this rate.

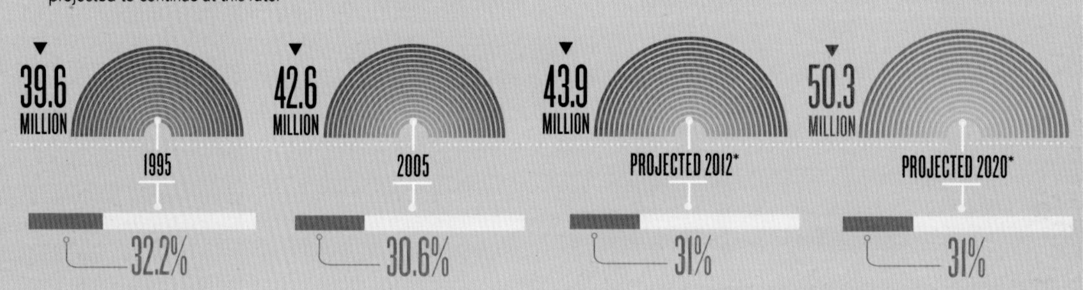

*BASED ON JAN 2012 BLS EMPLOYMENT RATES AND 2020 PROJECTION DATA FOR CONTINGENT WORKFORCE WAS NO LONGER COLLECTED BY GAO OR BLS POST 2005.

And despite the economic recession, this workforce holds strong, bringing in more workers and providing jobs. In 2010, 27 percent of those surveyed in the Freelancers Union Annual Worker Survey had hired other workers.

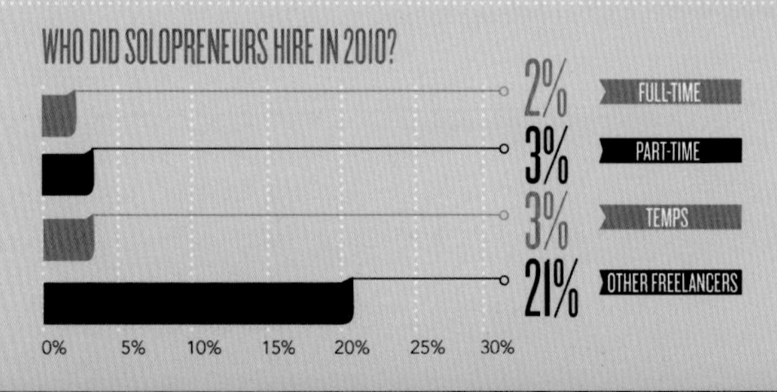

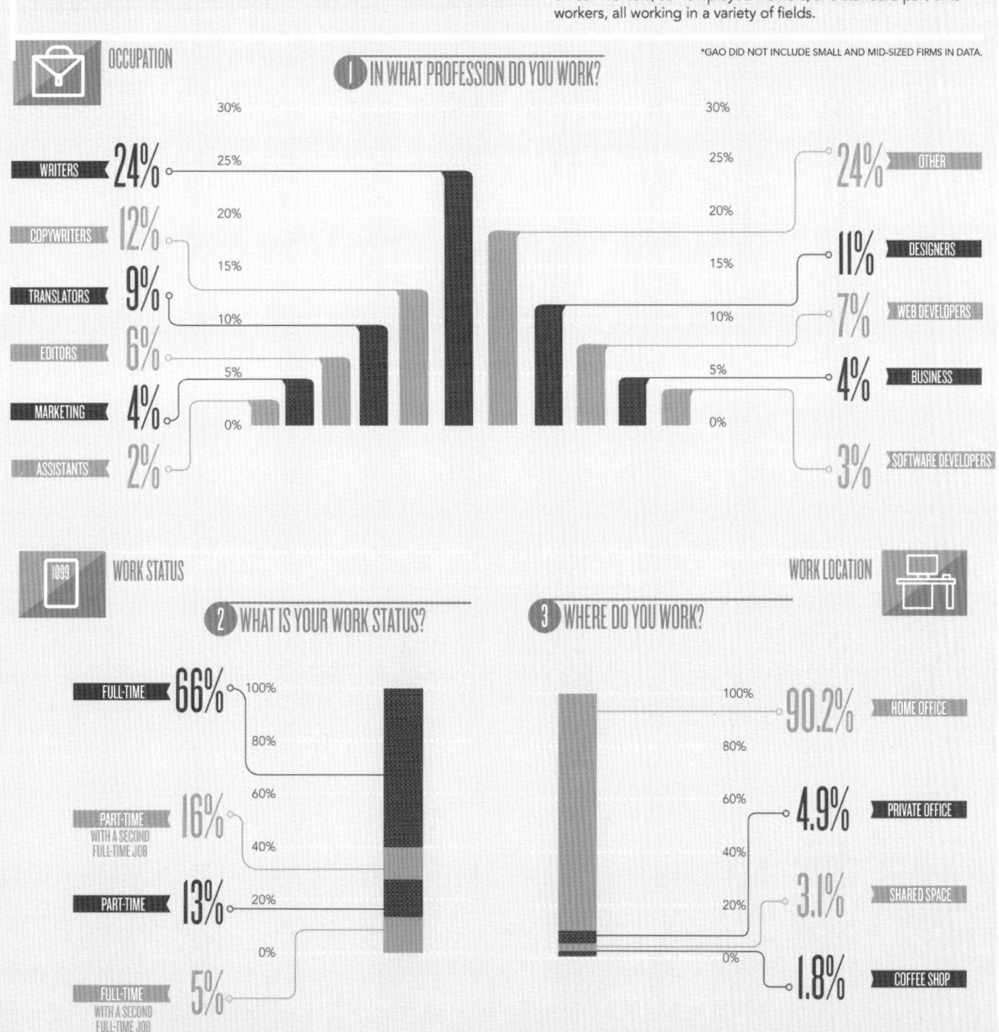

圖 3.6（續）
分析新興獨立工作者的工作型態：進一步探討自由工作者興起的原因與情況，以及造成的社會效應。

WHY FREELANCE?

It is a misconception that most solopreneurs enter the independent workforce solely due to layoffs. Below we examine some of the reasons why this type of employment has become so alluring.

WHY DID YOU CHOOSE TO WORK INDEPENDENTLY?

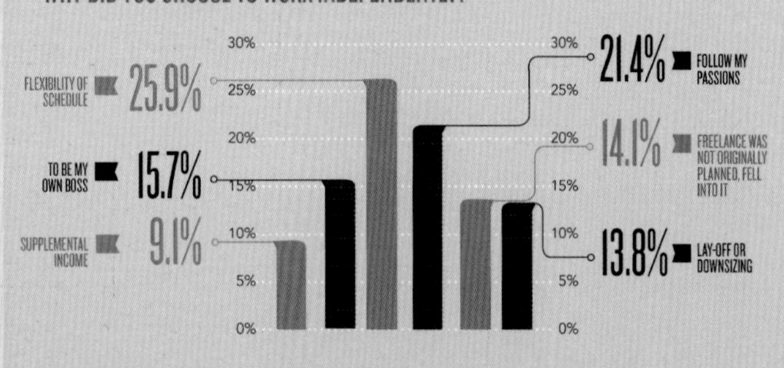

Even through the economic recession, the contingent workforce has held strong, sustaining lower unemployment rates than the national average.

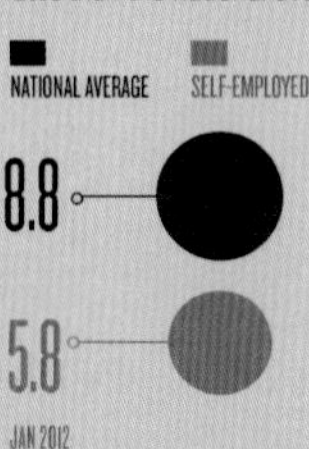

THE BUSINESS OF CONTINGENCE

The contingent workforce continues to thrive as more and more businesses utilize this segment.

INTEREST FROM THE BUSINESS SECTOR

Savvy businesses are taking advantage of this new shift and turning to independent workers.

90% percent of firms have used freelance or contracted talent.

This trend is only expected to continue.

61% A 2010 Economist Intelligence Unit report found 61 percent of senior executives expect a growing proportion of functions to be outsourced to this labor force.

Tech giant Oracle predicts use of this contingent workforce will increase

over the next 10 years.

And spending on this workforce is only growing, expanding to incorporate small independent firms as well as solopreneurs. American businesses spend more than $425 billion per year on contingent labor, according to a 2009 Staffing Industry Analysts Contingent Workforce Estimate.

The strong contingent workforce is evidence of a shift in current employment models. Businesses are pulling resources from the labor force when and where needed, creating a new, more fluid dynamic in the overall workforce.

SOURCES: CNBC.COM | BLS.GOV | 2006 GOA REPORT | 2011 FREELANCE INDUSTRY REPORT | 2011 COUNTING THE INDEPENDENT WORKFORCE | 2010 ECONOMIST INTELLIGENCE UNIT REPORT | ORACLE | STAFFING INDUSTRY ANALYSTS |

ONE NATION, UNDER HOPS

THE U.S. INDEPENDENT BEER MOVEMENT

Over the last few decades, small, independent breweries in the U.S. have been quietly growing. And though large breweries outpace smaller ones in annual production, craft beers are using their local roots, small scale, and unique offerings to attract devout followers and loyal customers. We take a closer look at the rising tide of craft beer in the U.S.

THREE QUALITIES OF A CRAFT BREWERY

Small

The brewery produces fewer than 6 million barrels of beer per year.

Independent

Less than 25 percent of the brewery is owned or controlled by a member of the alcoholic beverage industry who is not a craft brewer himself.

Traditional

The brewery's flagship (the beer with the greatest volume produced) is either all malt, or at least half the brewery's volume is in all-malt beers—or in beers that use adjuncts to enhance flavor.

THE CRAFT BEER FAMILY TREE

Brewpub: Produces primarily for sale in restaurants and bars and sells 25 percent or more on-site.

Microbrewery: Produces less than 15,000 barrels per year with up to 25 percent sold on-site.

Regional Craft Brewery: Produces between 15,000 and 6 million barrels per year.

Contract Brewing Company: Handles marketing, sales, and distribution of a beer that's been produced by a hired brewery.

圖 3.7
「啤酒花的國度」：本系列資訊圖分析了美國各獨立啤酒品牌的特色與崛起原因。（財務軟體公司 Intuit 委託 Column Five 製作）

★ ★ ★ U.S. BREWERIES BREAKDOWN ★ ★ ★

Today, independent craft breweries make up the lion's share of all operating breweries but only produce a small amount of all U.S. beer sold.

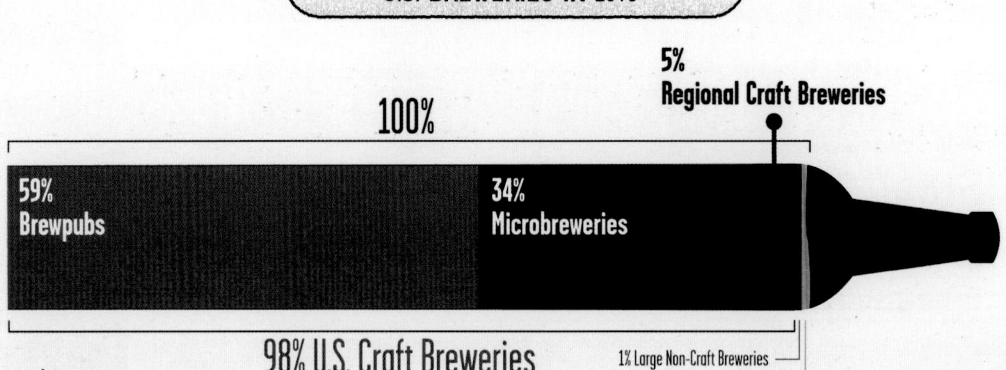

Barrels of Beer Sold in 2010 (203,576,450 Total)

5% Domestic Craft Breweries

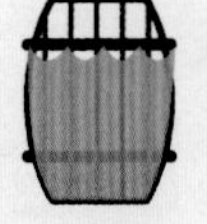

95% All Other Beer Sales

SMALL BREWERIES DRIVE INDUSTRY GROWTH

OVER THE LAST FEW DECADES, THE GROWTH OF INDEPENDENT BREWERIES HAS BEEN ECLIPSING OVERALL INDUSTRY GROWTH. HERE'S A GLIMPSE.

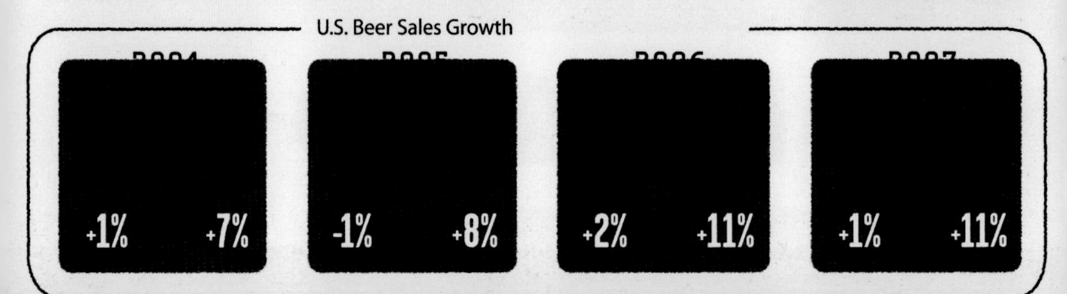

THE RISING TIDE OF INDEPENDENT BREWERS

The number of operating independent brewers in the U.S. is growing.
As of November 2011, there were 1,927 craft breweries that operated during the year—the most since 1900.

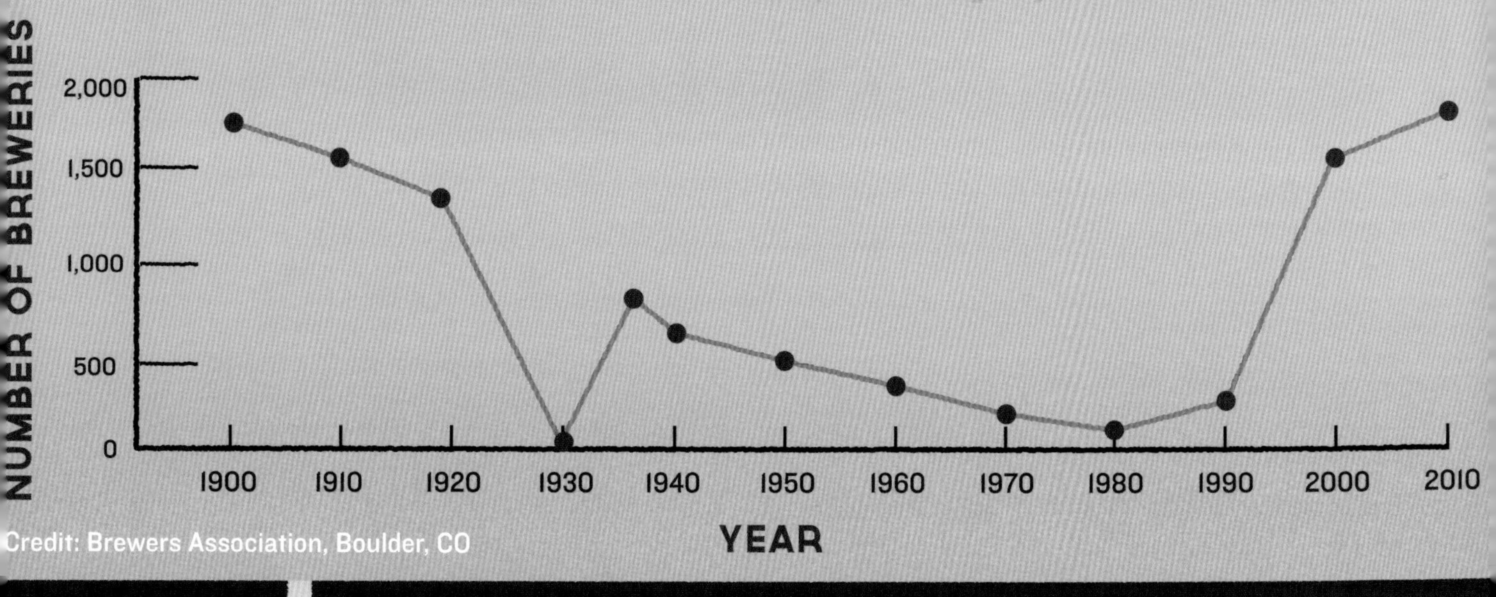

TOP CHALLENGES FACING TODAY'S SMALL BREWERS

Though independent brewers have enjoyed significant growth these last few decades, they face unique challenges as small businesses in a big industry.

ACCESS TO MARKET • COST OF RAW INGREDIENTS & MATERIALS • REGULATIONS & TAXES

SOURCES: BREWERS ASSOCIATION / CRAFTBEER.COM / BEERAPPRECIATION.COM / CHICAGO TRIBUNE

我們為社群媒體行銷公司 Flowtown 製作了一份名為《如果社群媒體是間高中》的資訊圖，圖 3.8 就是展示這種傳播內容的好例子。我們執行的理念是盡可能地製作具有廣泛吸引力的資訊圖。這個作品的有些關鍵指標包含了近四千個推文和七千多個臉書分享。很感謝此案的客戶委託我們實現他們的目標，讓我們可以依此來創造內容。最後完成備受歡迎的資訊圖表，引起客戶廣泛的關注。

如你想像，新聞性內容的範圍有些資訊操作空間，有時候結果會很有趣，或是出人意料之外。更多有趣的新聞性視覺敘事的內容佳例，請參考圖 3.9 及 3.10。

SOCIAL MEDIA HIGH SCHOOL YEARBOOK 2011

CLASS *of* 2011

What if social media were a highschool?

FROM THE JOCKS TO THE GEEKS, EVEN THE VAST WORLD OF SOCIAL MEDIA COMES WITH ITS OWN STEREOTYPES AND TEENAGE ANGST.

TWITTER

Clubs: President of Gossip Girl, Celebrity Awareness Club, Homepage Queen

Quote: "Everyone is entitled to my opinion."
-@madonna

GOOGLE

Clubs: Future Investors of America, Yacht Club, International Billionaires Club

Quote: "Money makes the world go round"
-Liza Minnelli

FACEBOOK

Clubs: Varsity Football, Varsity Angel Funding, Homepage King

Quote: "Veni, Vidi, Vici."
-Some Italian Dude

WIKIPEDIA

Clubs: Science Club, Math Club, History Club, Computer Club, Star Trek Club, IQ Above 180 Club

Quote: "Better know nothing than half-know many things."
-Friedrich Nietzsche

LAST.FM

Clubs: Band Pep Club, Battle of the Garage Bands Founder

Quote: "If it's illegal to rock and roll, throw my ass in jail!"
-Kurt Cobain

YOUTUBE

Clubs: A/V Club, President of the 10 Minute Movie Club, Talking Cats Video Club

Quote: Please follow link for video quote: www.youtube.com/quote

圖 3.8
「如果社群媒體是間高中！」。（Flowtown 委託 Column Five 製作）

FLICKR

Clubs: Art Club, Photography Club, Creative Commons Club, Hipster Club

Quote: "Look, I'm not an intellectual - I just take pictures."
-Helmut Newton

REDDIT

Clubs: Editor of School Newspaper, Rock the Vote Club

Quote: "I can't prove it, but I can say it."
-Stephen Colbert

MYSPACE

Clubs: Former Member of: Band Club, Photography Club, Pep Club

Quote: "The only thing worse than being talked about is not being talked about."
-Oscar Wilde

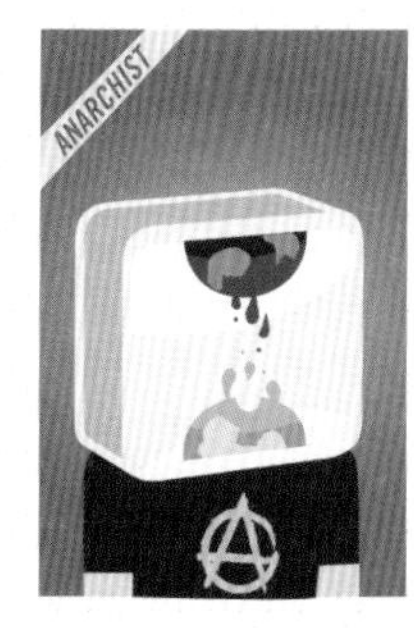

WIKILEAKS

Clubs: Lenin Love Club, Freedom of Information Club,Youth Anarchists League

Quote: "I feel your scorn and I accept it."
-Jon Stewart

YELP

Clubs: President of the Debate Club, Culinary Club, Future Better Business Bureau Club

Quote: "There has never been a statue erected to honor a critic."
-Zig Ziglar

ORKUT

Clubs: ESL Club, Foreigners in a Foreign Land Club

Quote: そこに行くあなたは関係なく、覚えておいてください。
-孔子

LIVE JOURNAL

Clubs: Evanescence Fan Club

Quote: "I hurt myself, so I can feel alive."
-Bill Kaulitz

LINKEDIN

Clubs: Class President, President of the 2010 Alumni Club

Quote: "It's not what you know but who you know that makes the difference."
-Anonymous

QUORA

Clubs: Q&A Club, Knowledge Seekers United

Quote: "He who asks a question is a fool for five minutes; he who does not ask remains a fool forever."
-Chinese Proverb

TUMBLR

Clubs: Photoshop Club, Shiny Objects Lovers Club

Quote: "I sometimes worry about my short attention span, but not for long."
-Herb Caen

FOURSQUARE

Clubs: Mayor's Council, Frequent Diner's Club

Quote: "The shortest distance between two points is often unbearable."
-Charles Bukowski

WORDPRESS

Clubs: Creative Writing Club, How To Write and Sell a Novel On The Internet In Ten Days Club

Quote: "If you can't annoy somebody, there's little point in writing."
-Kingsley Amis

STUMBLEUPON

Clubs: Content Discovery Team, Jack of all Trades Club, Time-wasters Anonymous

Quote: "I have not told half of what I saw."
- James Joyce

DIGG

Clubs: How To Win Friends (Back) And Influence People (Again) Club

Quote: "There are three faithful friends: an old wife, an old dog, and ready money."
- Benjamin Franklin

FORMSPRING.ME

Clubs: Askers Anonymous, Teens For The Ethical Treatment of Answers

Quote: "Never hesitate to ask a lesser person."
- Confucius

INSTAGR.AM

Clubs: The Ministry of Pretentious Photographers, The Vanity Club, My Life Rules Club

Quote: "There are no rules for good photographs, there are only good photographs."
- Ansel Adams

圖 3.8（續）
各類網路重要社群媒體能提供的學習可能性。

圖 3.9
如何尋找餐廳評鑑網站 Yelp! 用戶。
（Flowtown 委託 Column Five 製作）

圖 3.10
「世界上要求最嚴苛的音樂廳設施」：它該具備哪些設施與準備的飲食？（音響製造商 Sonos 委託 Column Five 製作）

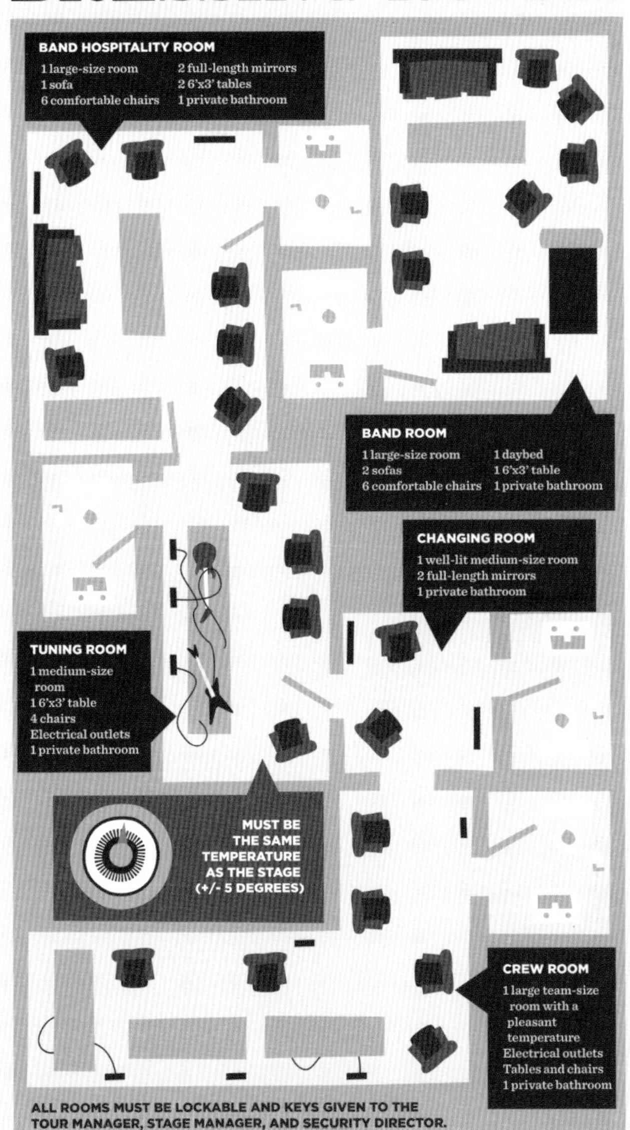
DRESSING ROOMS
BAND HOSPITALITY ROOM
1 large-size room
1 sofa
6 comfortable chairs
2 full-length mirrors
2 6'x3' tables
1 private bathroom
BAND ROOM
1 large-size room
2 sofas
6 comfortable chairs
1 daybed
1 6'x3' table
1 private bathroom
CHANGING ROOM
1 well-lit medium-size room
2 full-length mirrors
1 private bathroom
TUNING ROOM
1 medium-size room
1 6'x3' table
4 chairs
Electrical outlets
1 private bathroom
MUST BE THE SAME TEMPERATURE AS THE STAGE (+/- 5 DEGREES)
CREW ROOM
1 large team-size room with a pleasant temperature
Electrical outlets
Tables and chairs
1 private bathroom
ALL ROOMS MUST BE LOCKABLE AND KEYS GIVEN TO THE TOUR MANAGER, STAGE MANAGER, AND SECURITY DIRECTOR.

Cheese Tray
Assorted fresh, natural cheeses, including:
Brie
Cheddar
Muenster
Mozzarella
Pepper Jack
Vegetables
Fresh, cut vegetable platter, including:
Carrots
Scallions
Broccoli
Cauliflower
Tomatoes
Celery
Assorted dips
Fruit
Fresh, cut fruit platter, including:
Bananas (whole)
Apples
Oranges
Grapes
Pears
Melons
Kiwi
Hot Drinks
Hot coffee (brewed, not instant)
Hot water (for tea)
Natural and herbal tea bags (Celestial Seasonings)
1 lb. Tupelo honey
Sugar
Lipton tea bags
Cream
12 fresh lemons with knife and cutting board
Munchies
Potato chips and assorted dips
M&Ms
WARNING: ABSOLUTELY — NO — BROWN ONES
Nuts
Pretzels
12 Reese's Peanut Butter Cups
12 assorted Dannon yogurt (on ice)

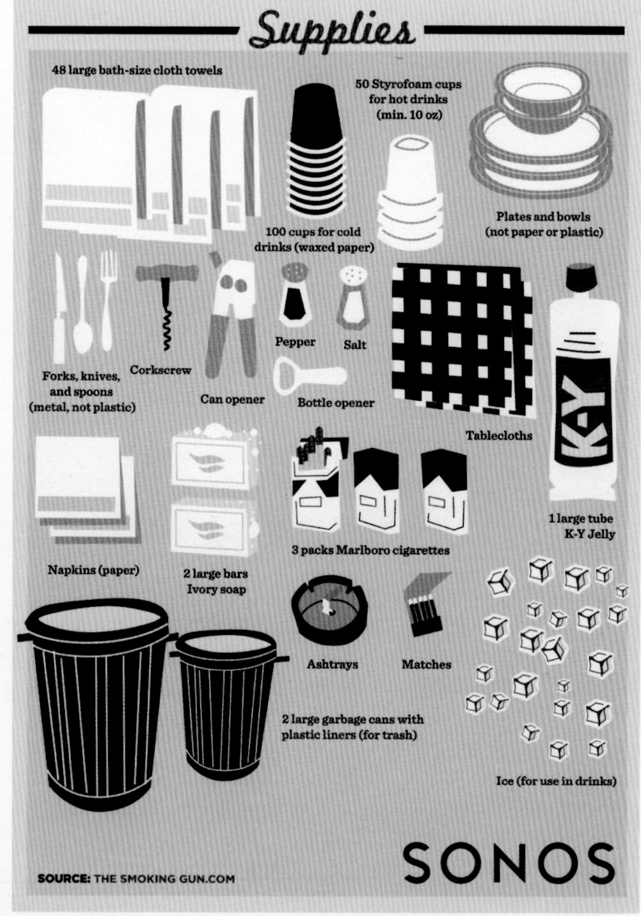

圖 3.10（續）
這種音樂廳體驗裡，又有什麼餐點可供選擇？

圖 3.11
「威斯特（Kanye West）的腦海思緒」。
（社群服務網站 Myspace 委託 Column Five 製作）

值得注意的是，各種視覺敘事圖譜上的溝通方式都有其限制，有時某些方式很難吸引那些其實想尋找與品牌有關內容，或甚至是專家層級內容的目標觀眾。所以，不管你要採用那種視覺敘事法，你都必須在決定以前，設定好你的目標。

本章我們説明了「以品牌為核心」與「大眾新聞性」內容的差異，以及解釋了每種視覺應用類型各自的重要性及其限制。我們必須瞭解每種類型吸引的觀眾類型和數量，以及應用的方法。到此你應該更清楚達到視覺溝通目的的方法。

接下來的四個章節，我們要深入探討這些內容類型的應用，以及如何藉由它們與世界分享你的故事。

11%
19%
10%
10
1
2
2009

chapter

4 新聞性資訊圖

●何謂新聞性資訊圖？
●新聞性資訊圖的起源
●新聞性資訊圖的製作

新聞性資訊圖如果操作得當，不論是透過資訊告知或娛樂觀眾的方式，對於讀者生活有加分作用。但如果操作失當，讀起來則像是拙劣地嘗試將東西賣給可能什麼都不想要的人。

何謂新聞性資訊圖？

新聞性資訊圖（editorial infographic）是一種視覺敘事的類型。我們在本書前面部分討論過如何設計出具有群眾魅力的新聞性資訊圖，並將這類圖表內容的製造者（在此我們是指品企業牌）定位成「某個產業或特定主題的資訊來源供應者」。

大致上來說，新聞性資訊圖具有廣泛的傳播潛力；人們習慣經常性地上網分享最好的事物，並會因為這些分享伴隨而來網路流量、連結，以及品牌曝光率等。

儘管各種品牌的產業與主題不同，但一般來說新聞性資訊圖通常比起品牌核心的視內容更有群眾魅力。當然，與越多人有關的內容（例如「大麻合法化」vs.「真人角色扮演」）會得到更多群眾的關注。《快速企業》（Fast Company）雜誌旗下的設計類網站 Co.Design 編輯克里夫・鄺（Cliff Kuang）曾說，新聞性資訊圖設計之所以效果不彰，最常見的錯誤就是「他們（資訊圖製造者）認為自己感興趣的事物，別人也會感興趣。」

克里夫解釋道：「大家（設計參與者）在過程中做出結論，但他們誤將自己必須接受的細節多寡，與其他人願意為了取得資訊所願意接受的細節多寡混為一談。」

切記，新聞性資訊圖最重要的規則是「不要將自己的公司引薦到內容裡」。如果是網路分享內容，你可以在圖表下方放上公司的標誌，讓讀者知道資料來源，但你絕不可直接將品牌硬塞進別人懷中。

新聞性資訊圖應該要包含「隱約與你的產業相關」的有趣話題。舉例來說，一家金融服務企業可以展示美國「聯邦儲備銀行」運作的細節，或是以製圖法報導地區金融服務公司的簡史。只要主題越廣泛與有趣，新聞資訊圖的傳播潛力就越強，可能被散布的範圍會更廣。

很多企業品牌很容易急於在新聞性內容上自我推銷。我們堅決反對此事。你有很多機會可以在其他地方談論你的品牌，此點我們會在第 6 章討論。然而在新聞性資訊圖中採用這種方式會顯得有點俗氣；以新聞性資訊圖做包裝，設法將品牌敲進讀者腦袋的企業是很容易別識破的，因為它們聽起來就像在做廣告。如果你想成功設計好新聞性資訊圖，你必須盡可能避免這種運作方式。

新聞性資訊圖如果操作得當，不論是透過告知或娛樂觀眾的方式，對於讀者生活有加分作用。但如果操作失當，讀起來則像是拙劣地嘗試將東西賣給可能什麼都不想要的人。所以一個品牌想要提供何種體驗給現有的觀眾（客戶）和可能的新觀眾（潛力客戶）變成一個重要的問題。

我們先在以下的圖 4.1、 4.2 和 4.3 提供一些新聞性資訊圖範例。

圖 4.1

「我是『推特』萬人迷」(「艾美獎」委託 Column Five 設計。)本資訊圖說明：利用社群網站「推特」瞭解第 63 屆「艾美獎」入圍者的詳細資訊。

MOST POPULAR NOMINEES IN TWITTERSPHERE

(BY TWITTER FOLLOWERS)

ACTORS AND HOSTS

Comedy and reality T.V. genres are hitting it big on Twitter this year, with all of the top ten most popular nominees belonging to one of these two categories.

Ryan Seacrest
4,851,993

Jimmy Fallon, who was nominated along with the rest of his team for *Late Night With Jimmy Fallon*, boasts the most amount of fans on Twitter among late night hosts, even beating out redheaded funnyman Conan O'Brien.

Jimmy Fallon
3,848,883

Chris Colfer
911,238

Bill Maher
650,307

Conan O'Brien
3,451,071

Stephen Colbert
2,482,739

Sofia Vergara
637,329

Elizabeth Banks
472,511

Louis C.K.
506,646

Kristin Chenoweth
360,142

Even though Betty White doesn't have her own official Twitter handle, the former Golden Girl is one of the most talked about celebrities on the microblogging site.

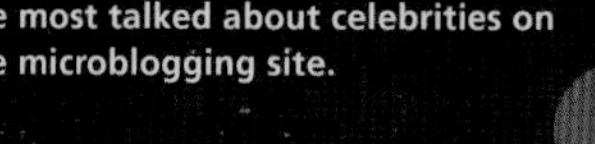

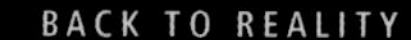

BACK TO REALITY

If Ryan Seacrest's Twitter success proves anything, reality T.V. hosts are quickly seeing their Twitter fan base rise. Here are other notable nominees in the category, along with their followers:

Cat Deeley
138,065

Tom Bergeron

Jeff Probst
131,585

圖 4.1（續）
本系列資訊圖說明：推特最受歡迎的入圍者、電視節目與好萊塢明星推特留言

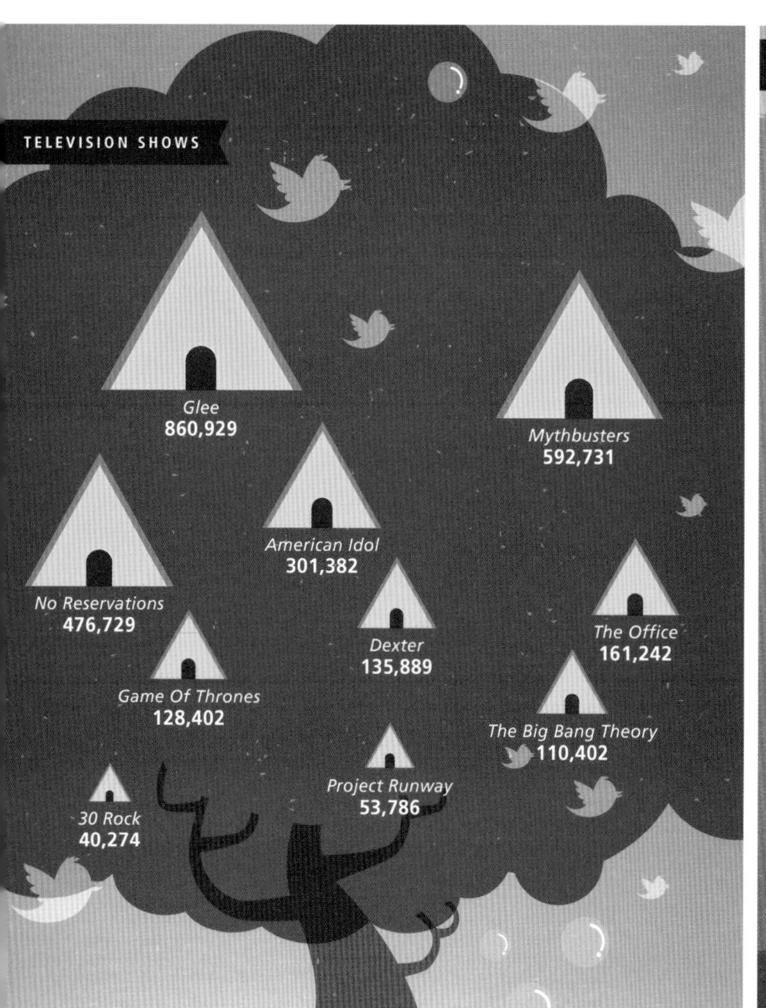
TELEVISION SHOWS
Glee
860,929
Mythbusters
592,731
American Idol
301,382
No Reservations
476,729
Dexter
135,889
The Office
161,242
Game Of Thrones
128,402
The Big Bang Theory
110,402
Project Runway
53,786
30 Rock
40,274

HOLLYWOOD ATWITTER
Martha Plimpton
Nominated for: Outstanding Lead Actress in a Comedy Series, Raising Hope
Wow. Woke up to an Emmy nom and a shower full of dog sh** . Dog has explosive D. Life, am I right, people? Thank you
Alec Baldwin
Nominated for: Outstanding Lead Actor in a Comedy Series, 30 Rock
Thank you for the congratulations re: the Emmys. My one wish....I want Jane Krakowski to win.
Conan O'Brien
Nominated for: Outstanding Variety, Music or Comedy Series, Conan
Thanks to everyone who made our multiple Emmy nominations possible. If this doesn't end the budget bickering in Washington, nothing will.
Jane Lynch
Nominated for: Outstanding Supporting Actress in a Comedy Series, Glee
Glee, Chris and me! Emmy noms. My birthday today as well. Imploding a bit here in Atlanta!
INFOGRAPHIC BY COLUMN FIVE
*DATA COLLECTED JULY 22, 2011
SOURCES: TWITTER.COM | MOBILE.TWITTER.COM

圖 4.2
「飲食組合」的結果。（大眾健康〔Massive Health〕公司委託 Column Five 製作）
本資訊圖片說明：介紹含有碳水化合物的食物與對健康的壞處，並指出「含有蛋白質的培根與雞蛋」，比起「含糖的冰沙和美式鬆餅」是更好的選擇。

PROTEIN-PACKED BACON AND EGGS ARE A BETTER CHOICE THAN SUGARY SMOOTHIES AND PANCAKES.

Pancakes with *Syrup*

91g CARBS

SMOOTHIE and **BAGEL** with *Cream Cheese*

119g CARBS

BACON, Eggs, and ***Whole-Wheat Toast***

16g CARBS

Note: Values represent total carbohydrates for 16 oz. bottled strawberry-banana smoothie, plain bagel with 2 oz. reduced fat cream cheese; 2 pancakes with syrup; 2 slices of bacon, 2 eggs scrambled, 1 slice of whole wheat toast.

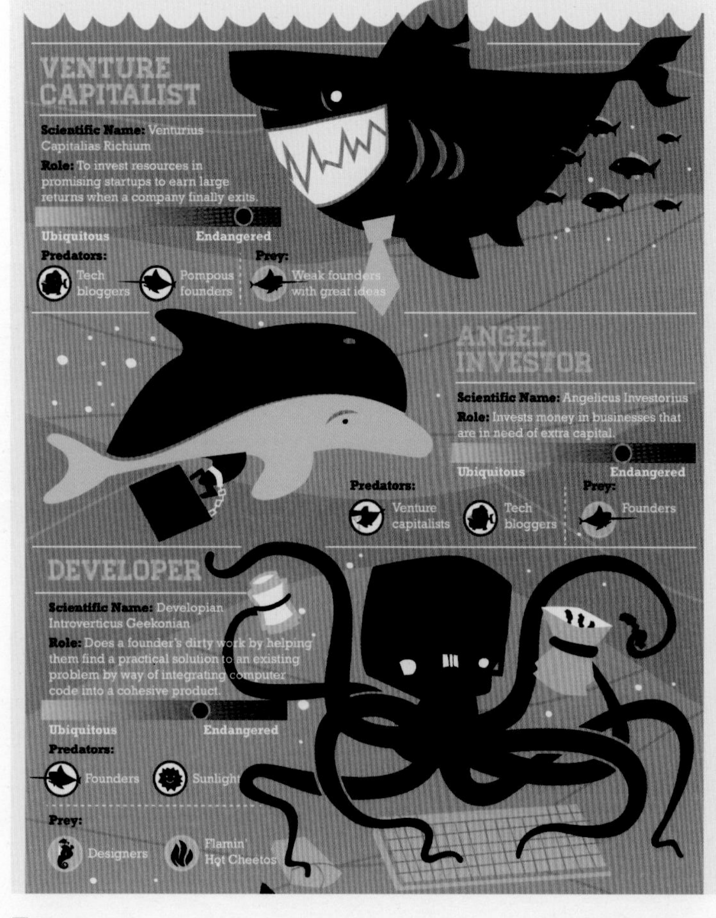

圖 4.3

「創業生態系統」。（線上學習平台 Udemy 公司委託 Column Five 製作）本系列資訊圖說明：科技業創業生態系統中有各種優劣，你的利基點在哪裡？

CHIEF EXECUTIVE OFFICER
Scientific Name: Executivium Maximus
Role: Makes sure their company is running like a well-oiled machine.
Ubiquitous
Endangered
Predators:
Venture capitalists
Tech bloggers
Prey:
Business development
VP of Marketing
SOCIAL MARKETER
Scientific Name: Socialitus Strategicus
Role: Provides social strategy and support to marketers by executing social marketing campaigns.
Ubiquitous
Endangered
Predators:
VP of Marketing
Internet trolls
Prey:
Facebook fans
SALES/ BUSINESS DEVELOPMENT
Scientific Name: Talkius Nonstopical
Role: Sells a product and acquire new clientele.
Ubiquitous
Endangered
Predators:
CEOs
Prey:
Consumers

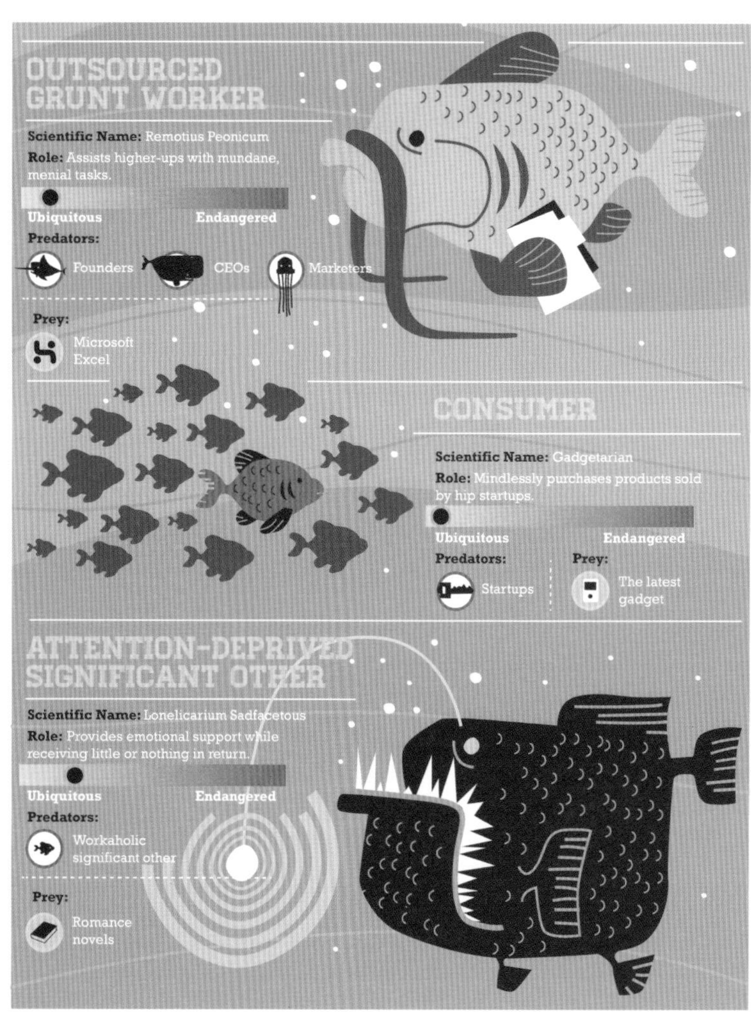
OUTSOURCED GRUNT WORKER
Scientific Name: Remotius Peonicum
Role: Assists higher-ups with mundane, menial tasks.
Ubiquitous
Endangered
Predators:
Founders
CEOs
Marketers
Prey:
Microsoft Excel
CONSUMER
Scientific Name: Gadgetarian
Role: Mindlessly purchases products sold by hip startups.
Ubiquitous
Endangered
Predators:
Startups
Prey:
The latest gadget
ATTENTION-DEPRIVED SIGNIFICANT OTHER
Scientific Name: Lonelicarium Sadfacetous
Role: Provides emotional support while receiving little or nothing in return.
Ubiquitous
Endangered
Predators:
Workaholic significant other
Prey:
Romance novels

udemy

你可以看出以上這些圖表正確的敘事方式——他們提供了實用的資訊以及 / 或者娛樂給讀者，並且圖表上的品牌標示也不多（只有位於上方或下方的公司小標誌）。

新聞性資訊圖的起源

印刷媒體業

截至目前，大部分的人在網路和印刷出版物上都看過許多的資訊圖。事實上為了達成新聞目的使用資訊圖並非新鮮事，但這個趨勢直到最近才在各類媒體中急遽竄升。儘管這類視覺資訊的成長大部分來自網路，但是全球出版業龍頭的頁面上也漸漸滿佈著資訊圖。這個現象非常顯著，你可以隨手選個幾本印刷紙本雜誌皆可證明，例如《GOOD》雜誌、《快速企業》雜誌、《財星》雜誌、《連線》雜誌（Wired），或甚至是老字號、傳統的報紙如《華爾街日報》和《紐約時報》等。

現代資訊圖較著名的最早形式出現在 19 世紀，不過採用目前形式的新聞性資訊圖則可回溯至20世紀的晚期。新聞性資訊圖的先鋒——我們也稱為「數據新聞」（data journalism）——在 1970 年代大量地增加。霍姆斯為《時代》雜誌編輯的「解釋性圖表」被公認為首次在資訊圖中採用更多插圖的重要與主流的使用方式。另一位促成這個領域主流的設計師是蘇利文（Peter Sullivan），他在《週日泰晤士報》（The Sunday Times）的作品自 1970 年代促成了此領域的發展，直到他不幸過世為止。

這個領域還有另一位先驅是已故的阿根廷設計師馬羅菲艾吉（Alejandro Malofiej），他素以製作地圖聞名。馬羅菲艾吉在七〇和八〇年代很活躍，當時被視為最優秀的資訊圖設計師之一。實際上，現今的馬羅菲艾吉獎（等同視覺新聞的奧斯卡獎）就是以紀念他為名。無獨有偶，馬羅菲艾吉獎的最高獎項就是「彼得蘇立文獎」——基本上它就是新聞性資訊圖的「最佳導演獎」。

網路

在過去五年左右，以圖像內容取代傳統以文字為主的網路或印刷出版物數量急遽地增加。這個趨勢在網路上蔓延實在不稀奇，因為比起看報紙，現在更多人喜歡用網路看新聞。我們也不難預期得到新聞性資訊圖的傳統印刷出版業者，也會想想在網路範疇佔有一席之地。

《GOOD》雜誌就是積極採取行動的一家，也被許多人認可是該領域的佼佼者；幾年來他們讓資訊圖成為自家網路與印刷出版物中非常重要的特色，並且每週在網站發表資訊圖。其他印刷媒體如《快速企業》、《財星》和《連線》雜誌都有使用資訊圖的類似視覺溝通方式，也很重視他們內容的設計與圖像。最好的新聞性資訊圖通常來自於尊重設計、擁有一致的品牌標識和堅守最高新聞標準的出版業者。

不過最具盛名、為新聞性資訊圖內容設定標竿的出版商是屢獲殊榮的《紐約時報》視覺設計部門。他們是公認以數據為導向的視覺內容最佳設計者，他們有著超過 30 位記者、設計師與程式設計師的團隊，負責任何地方或時期所出現的最優良新聞性資訊圖內容。這也使他們的作品變得更有互動性和探索性，你可以期待上述許多出版業者即將帶起的一股風潮。

我們在以下圖 4.4 至 4.6 提供《GOOD》雜誌一系列的新聞性資訊圖佳作。

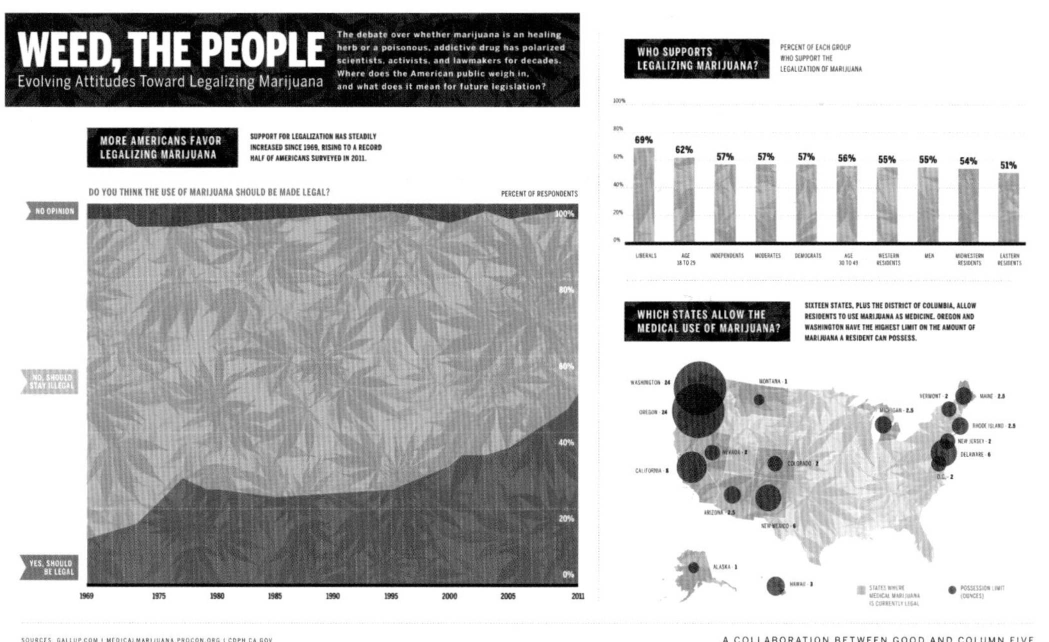

圖 4.4
「大麻與人類」：對於大麻合法化的態度調查與支持群眾分析（《GOOD》雜誌委託 Column Five 製作）

The Recession Paradox

The Growing Disconnect Between Economic Disparity and Perception

The wealth gap between white and non-white Americans is wider than it's ever been in the 25 years since the government began tracking the data. Conventiona wisdom suggests that the people hit the hardest by the economic downturn sho have a more negative view of the economy, but the figures show that's not the ca

Minorities Have Been Hit Harder

MEDIAN HOUSEHOLD NET WEALTH*

2005 VS 2009

The recession that began in 2007 has taken a far greater toll on black, Hispanic, and Asian Americans than on whites. All three non-white groups saw their median household net wealth plummet by more than 50 percent between 2005 and 2009, while white families' net wealth fell just 16 percent.

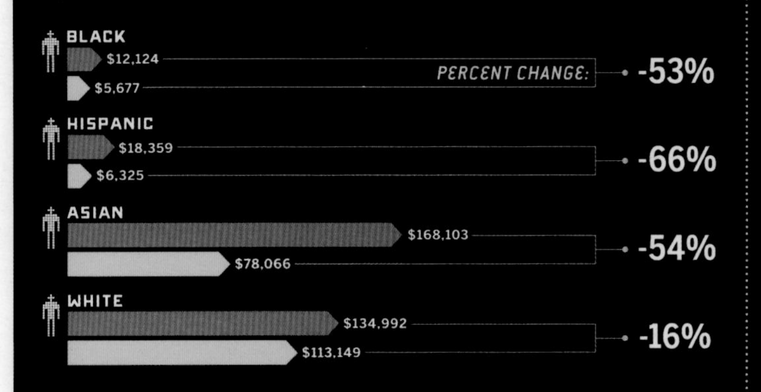

*Inflation adjusted to 2009 dollars.

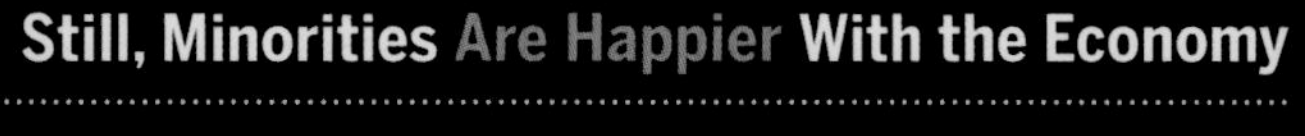

SATISFACTION WITH THE U.S. ECONOMY

PERCENT WHO RESPONDED "GOOD" OR "EXCELLENT"

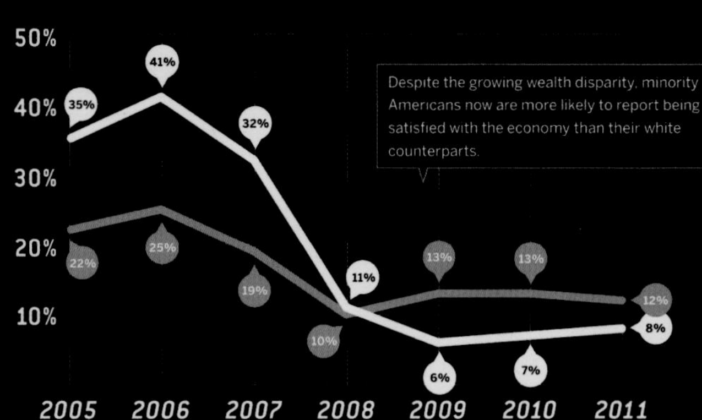

SOURCES: | PEW RESEARCH | U.S. CENSUS BUREAU

A COLLABORATION BETWEEN GOOD AND COLUMN

圖 4.5

「景氣蕭條的矛盾」：分析美國白人與非白人的貧富差距對於經濟滿意度的影響。數據顯示受到較大景氣衝擊的少數族群，反而對經濟情況比較滿意。

（《GOOD》雜誌委託 Column Five 製作）

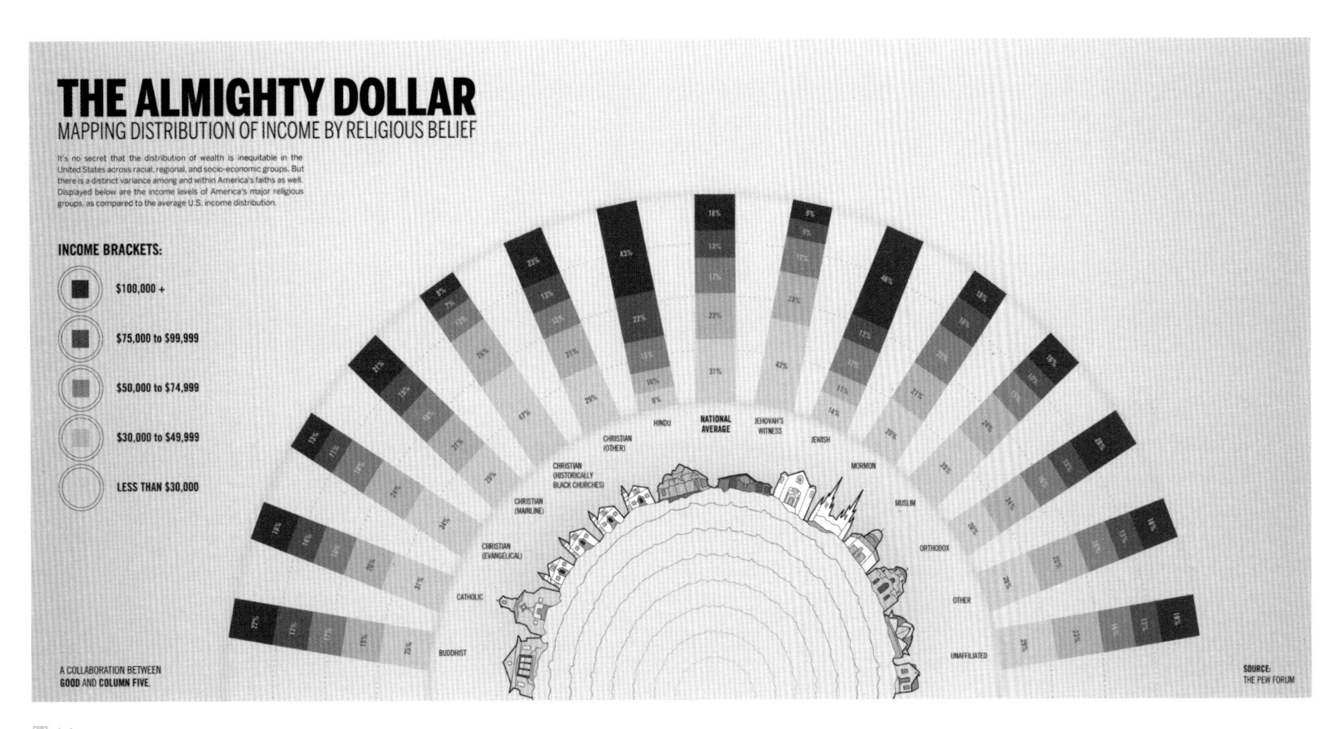

圖 4.6
「全能的美元」：依照宗教信仰所分佈的收入地圖。（《GOOD》雜誌委託 Column Five 製作）

為內容行銷製作的新聞性資訊圖

還有一件有趣的事跟資訊圖近期的流行有關，那就是另一股潮流也不約而同地興起：「內容行銷」（content marketing）的成長。內容行銷背後的想法應該是很直觀的；你創造的內容要觸及現存與新興的觀眾群。好的內容行銷業者知道消費者很可能來自於前來參與的觀眾。這些人不會是從未聽過他們品牌的群眾。如果讀者或觀看者發現內容實用，他們就會傾向偏好該品牌。

這個手法的背後目的是吸引讀者參與，之後並假設任何品牌會因此取得優勢，因為消費者認可他們是該領域的專家，或是該領域比較複雜或具爭議性問題的資訊來源提供者。

很多行銷人員將這種參與品牌的認同感視為「將廣泛的觀眾轉變成顧客」的最重要步驟。即使觀眾最後不買任何東西，依然有其重要價值，即建立非顧客類的推崇者基本群——他們可能有一天會推薦該品牌給朋友或家庭成員、或甚至在網路上以個人身份分享該品牌內容。由此，一個好的內容行銷策略會稱這類型行銷為雙贏情境。

追求廣泛觀眾吸引力的新聞性資訊圖手法，正能夠促成有效的內容行銷策略。這也是為何商業機構理所當然地大量採用新聞性資訊圖。最近幾年，無數的品牌從新興公司到大型企業，都學會將新聞性資訊圖提升成為他們內容行銷策略組成的一部份。他們通常將這些資訊圖發表在公司部落——品牌會將這類媒體視為「品牌化出版物」，企業部落格要營造出固定的品牌特色，但過去這點不見得能在實際內容上突顯出來。

現在隨著「吸引人們注意」的成本不斷增加，企業發現資訊圖是引起讀者興趣的最佳工具。一方面好的新聞性資訊圖能誘使讀者關心表達的內容。同時也讓訊息更快速的傳遞。不過最大的原因或許是人們很容易地透過不同的網路社交管道分享資訊。而且資訊圖很容易在網路上利用、回收、重新刊登和發佈——隨你怎麼稱呼它都行。

誘惑讀者

也許以下觀點聽來有點主觀——而且是冒著主張任何內容要「特色至上」的風險——但對大多數人而言，這種說法還算可行。通常一張設計漂亮的資訊圖在視覺上比起 250 至 500 字的文章更具吸引力，至少在第一眼的印象是這樣。

這跟純文字媒介與資訊圖內容的不同功效沒有很大的關係，反而與個人每天消耗的內容量有關。在資訊爆炸的時代，我們相信資訊圖更有機會在人們每天必須接觸的眾多不同媒介中脫穎而出。

迅速傳達訊息

人們也經常使用內容行銷之類的資訊圖，因為它能讓視覺溝通能夠十分快速與方便地進行。這不只是因為資訊圖在視覺上似乎較有吸引力；如我們在第 1 章所提（重要性與功效），它也比單獨使用文字更能迅速並有效地溝通訊息。大多數的人每天要消耗大量的內容，每當他們看到一篇文章或一張圖片，他們必須從中做選擇；接著他們要前往下一個內容，或是與別人分享這個媒介。

共享性

資訊圖比起大致以文字為重心的文章，絕對更具有共享性。一個正確架構的部落格，不僅能讓讀者透過社群工具「按鍵」分享事物，也可以在他們的社交網絡中展示其視覺內容。此外，資訊圖通常以PNG或JPG格式運作，所以很容易重複發送到別的網誌（reblogging）。當然產業界的最佳建議是，重複刊登資訊圖內容的人，應該要包含一個歸屬連結到原始的資料來源，並且寫下自己的分析或簡短的說明該資訊圖的重要性。

品牌與出版品理應鼓勵別人重複刊登他們的內容，因為大部分的資訊圖通常包含了原始內容擁有人的商標。當你的品牌新聞性資訊圖被重複刊登，對你其他的行銷手段也會有所幫助，因為你吸引了連結、刺激網路流量，以及建立了思想前瞻地位，最終有利於需求的轉換。

新聞性資訊圖的製作

這個部分會帶你走過新聞性資訊圖一般的製作過程—由想法到設計，還有其中的種種。圖 4.7 簡要地說明其運作過程。

想法從何而來？

資訊圖設計的整體過程從美好的創意開始。你的品牌目標是決定資訊圖如何製作的關鍵因素。在此我們想將你的目標分成各種不同的類型，讓每個類型具有特定的功能，但彼此之間不代表互相抵觸。

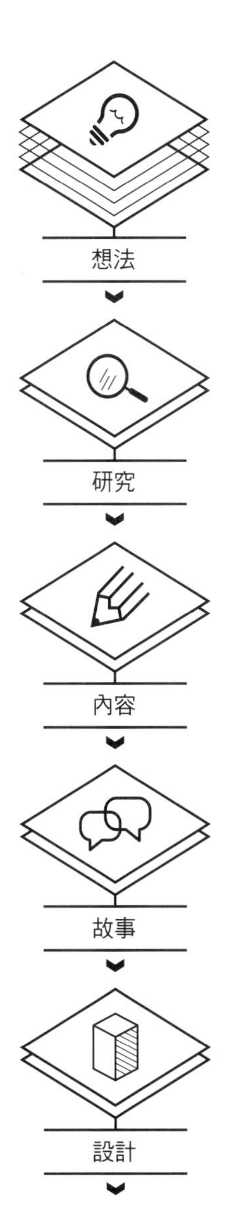

圖 4.7
新聞性資訊圖的製作過程

舉例來說，如果想幫一家企業塑造成「某一特定主題或產業的思想領導者角色」，與「希望（因為資訊圖）和人們產生一些交流」或「只是要藉此增加網路流量」的客戶，他們使用的資訊圖語氣將會有所不同。

這些目標跟品牌想觸及的觀眾，以及吸引他們注意力以後想要做的事息息相關。他們想讓觀眾笑嗎？還是想教育他們？雖然你兩者都可兼顧；但總是沒那麼容易。提到目標，少總比多好處理，既然它們彼此的路線不同，那保持目標明確與一致是必要的。

以此推論，你應該依照腦海中的具體目標，挑選包含在資訊圖裡的資訊。我們發現人們通常由幾個來源汲取資訊圖的靈感。舉例來說，「來自媒體產物的靈感」就包含了許多可能來源，例如十年前聽過的電台廣告、或是幾分鐘前才看過的網路惡搞畫面（Internet meme）——這些議題可以讓企業利用數字類資訊來解答問題。或者是一個品牌可以利用數據拆解或甚至從中發現故事，然後發表個人評論。有時候是合併進行。

Column Five 設計公司大部分的資訊圖設計想法則來自於內部成員的腦力激盪，一開始我們會問「誰是預期觀眾？」以及「我們想說什麼？」。最終我們會讓自己站在品牌目標觀眾的立場來思考，並且找出我們認為他們會感興趣的想法。這些過程會花費許多時間（幾乎是每天）而且是必須的，因為我們不見得會一直想到有趣的故事。我們也很看重隨機觸發的價值，不輕易放棄另類的主題。事實上，這些隨機似的想法最後會變得可行，也奠定我們做出某些傑出資訊圖的基礎。

什麼是好的想法？

我們知道這個問題意味深長，應該要給予適當的解釋。我們判斷新聞性資訊圖是否是「好的想法」的標準，在於我們希望達到的目標以及所使用的方法。我們非常強調好想法的價值，並且公司會花很多時間為客戶進行想法的腦力激盪。儘管想法可能來自任何地方，但形成「好想法」的原因可能更主觀一點。找到人們想要使用的內容類型的能力，其實是一門藝術，而非科學。話雖如此，我們還是可以使用以下簡單的確認標準來檢驗我們的想法：

- 這對你的目標觀眾重要嗎？
- 它如何幫你達到溝通的目標？
- 它具有意義嗎？
- 別人會覺得這個有趣嗎？
- 它的原創性如何？

這些問題的解答會形成我們的方法，幫助我們決定要捕捉哪一類想法。一旦我們決定值得思考的想法，我們會

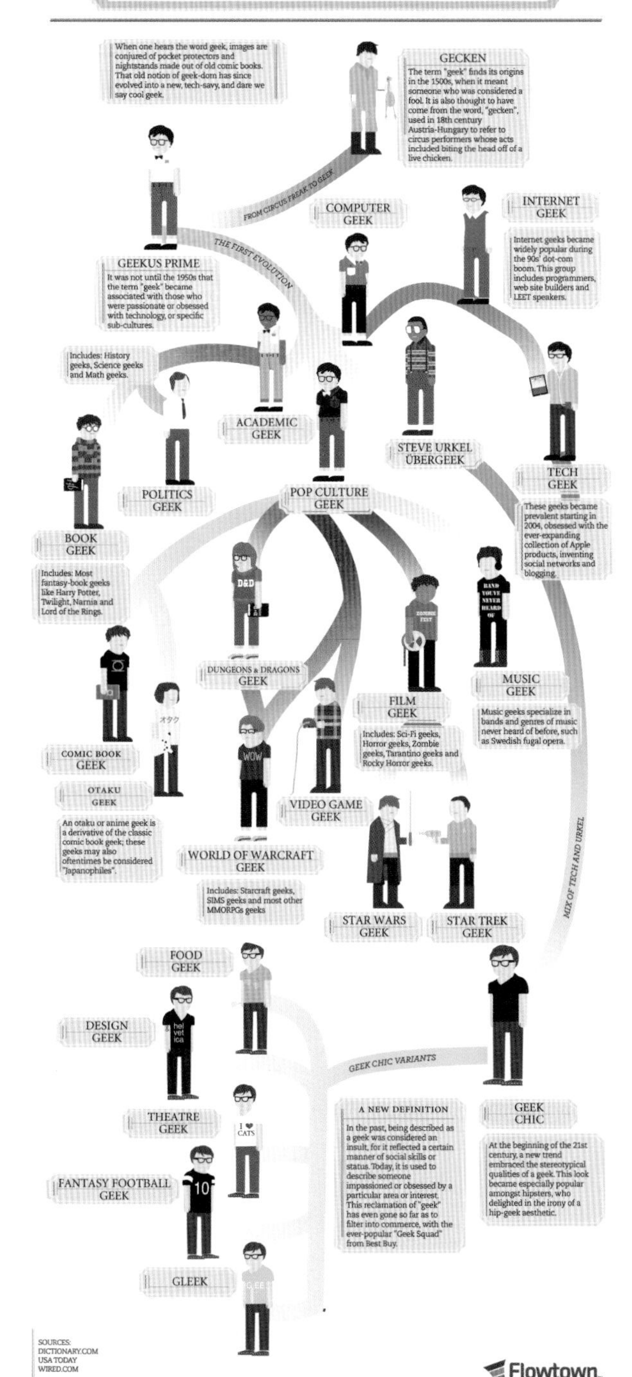

移到一個同等重要的階段：決定我們是否將這個想法變成資訊圖。

好想法如何變得可行？

這個過程接下來的步驟是決定一個想法如何變得可行。通常我們解決這個問題的方式是在網路上做一些搜尋，看看有關主題是否有些做過的研究。

我們經常會因為無法想出完整的執行方法而被迫放棄一個好想法。這幾乎跟能否找到正確資源有關。尤其這對想法與數據有許多關聯的資訊圖非常重要。我們好多次發展出自認為可以創造故事的好想法，但因為沒有找到有價值、可信賴的資源，只能被迫放棄，繼續另起爐灶。

當然，如果是那種不是以數據為主要內容的資訊圖，我們會採取不同的作法。舉例來說，社群媒體行銷公司 Flowtown（如圖 4.8）或是顧客學習平台 Get Satisfaction（如圖 4.9）採用的就不是以數據為主要內容的圖像。這些圖純粹只為娛樂大眾使用。

圖 4.8
「書呆子的進化史」
（Flowtown 委託 Column Five 製作）

圖 4.9
「超級小玩意」。
（Get Satisfaction 公司委託 Column Five 製作）本系列資訊圖宣傳最新款平版電腦的上市。圖中分析平版電腦品牌的各項優點：自動連結、四通八達、高速連結、環保材質、新式飛航模式、遠距、免持、延伸裝置功能等。

AUTO CONNECTION

The new SuperWidget© not only allows you to connect to all of your favorite social networks, but it will auto-connect without ever asking for your password or permission. In fact, if you tweet something on your Twitter account, the SuperWidget© will bounce that status update to all of your other social networks and e-mail contacts, and tag it with Google AdWords. The built-in microphone will transcribe your daily conversations and condense them down to appropriate status update-length.

WHEREVER YOU ARE

It is hard to believe how you ever got around without the SuperWidget's Wherever You Are© feature. Not only is your location constantly tracked—in case you get lost—but all of your destinations and pit stops are automatically checked in via Gowalla or Foursquare™.

5G SPEED*

Breathe in the freedom that 5G connectivity offers your tablet experience. This technology will work anywhere—be it city, desert or the stratosphere. Download movies, music and data at lightning-fast speeds!

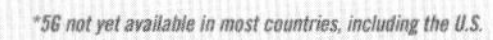

*5G not yet available in most countries, including the U.S.

GOING GREEN

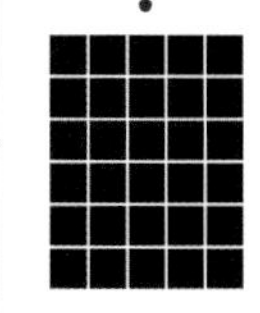

The greenest tablet on the market, the SuperWidget© runs completely on solar power. The patented micro solar panels on the back of your device will soak up all of the natural energy it needs, so you don't ever have to charge it externally.

Initial charge may take 72 hours. Battery life: 35 minutes.

NEW AIRPLANE MODE

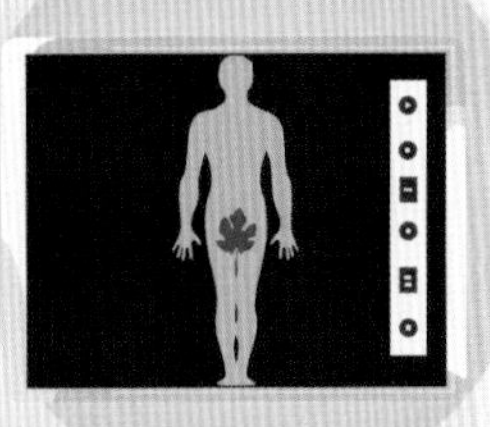

You'll be the TSA's favorite traveling citizen with your SuperWidget's© airplane mode. Simply tap on the airplane icon and the AIT scan mode will permit the TSA agent to scan your possessions and person. This way, you can just skip the line!

This statement has not been reviewed by the FDA, TSA, FBI or PETA. Discontinue use if sores, welts or cancerous tumors develop on skin.

REMOTE

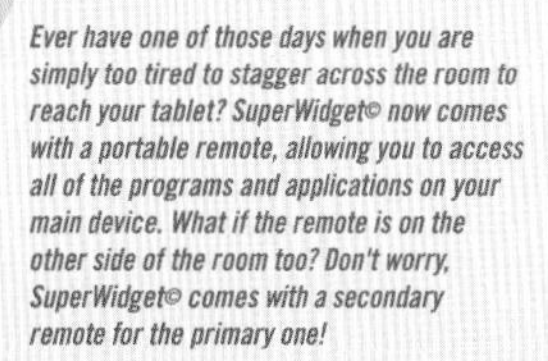

Ever have one of those days when you are simply too tired to stagger across the room to reach your tablet? SuperWidget© now comes with a portable remote, allowing you to access all of the programs and applications on your main device. What if the remote is on the other side of the room too? Don't worry, SuperWidget© comes with a secondary remote for the primary one!

HANDSFREE

Walking and using the SuperWidget© requires quite a bit of upper body strength. Luckily, the SuperWidget© comes with a handsfree holster and harness, making it the most portable tablet on the market. The front-mounted camera also allows for the SuperWidget© to watch where you are going, so your YouTubing can go uninterrupted when walking down busy streets or across highways.

DOUBLE MOUNT

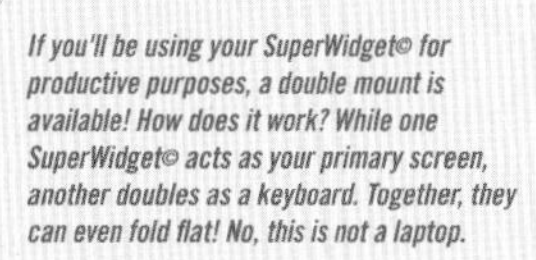

If you'll be using your SuperWidget© for productive purposes, a double mount is available! How does it work? While one SuperWidget© acts as your primary screen, another doubles as a keyboard. Together, they can even fold flat! No, this is not a laptop.

有時你能感覺到有一組數據在呼喚你幫它們做設計，因而產生了製作資訊圖的靈感。其他時候如果數據不方便取得，或已經不在手邊，你得再尋找符合目的的數據。很多人都可能都看過那種設計完美但資料來源卻值得懷疑的資訊圖。

如果我們利用設計去協助表達想法或資訊，但要是顯示的資訊不正確又有何意義呢？很多人以為資訊圖一定都經過仔細研究——因為花費時間設計含有錯誤資訊的東西是蠢人才會做的事。

設計可以有說服力，但永遠不能誤導。資訊圖設計師或是形塑設計內容的人（編輯、計畫管理者、創意總監等）對此必須肩負重責。這些人應該以發現真相與述說故事為目標展開研究工作。執行研究最好的方式就是自問「《紐約時報》是否會滿意你所應用的研究方法，以及研究所得出的內容品質」。

執行資訊圖研究時，人們可能最常犯的錯誤是無法適當地建構資訊。遺憾的是，資訊圖日益普及卻也造成劣質資訊圖的充斥。這些圖表通常有幾乎佔滿螢幕的「資訊來源」，一般都列在左下方，往往由零星的隨機事實和名人語錄拼湊而成，以平鋪直敘的方式述說故事。然而讀者對於消息來源與哪個素材相關或彼此如何相關，並沒有正確的情報。實際上，現在已經越來越容易看到某些資訊圖使用的數據來源來自不同的年代，並且還傳達不同的訊息，這會造成很大的問題。

最理想的情境是採用同一資訊來源的研究。比方說，像是設計「使用指南」、「小秘訣」這類東西的視覺，雖然它們本身數據量較少，也找得到有利於其設計的資訊，但為了保持其一致性與連貫性，我們還是會盡量減少資訊來源的數量。另外，資訊來源的品質也同樣重要。自問你是否能在大學高年級課程中使用該資訊來源；如果不行，你不應該將它放在資訊圖裡。

數據與資訊來源品質

近來可取得的好數據源源不絕。其實我們逐年在製造更多的數據。找到適合的研究通常就是在重要出版物看到一篇文章，然後去尋找原始的出處。其他時候，很多權威的資訊來源往往就回答了資訊圖所要求的答案——或至少能說明相關的題材。以下是研究規則的基本要點：

（1）確定資料來源可以述說故事

如果你無法使用資訊圖「述說故事」（解釋一件事或深入探究一件事），那麼你就走錯了方向。基本上那段故事必須來自於你決定採用的資訊來源。人們想閱讀的是「述說他們所關心的故事」的資訊圖。簡單而言，這通常不是「缺乏數據」的問題，而是並非所有的數據都很有趣，即便你把它的視覺化效果做得很吸引人也一樣。

（2）確定資料來源的可靠性

並非所有的數據製作者都生而平等。盡可能要使用沒有偏見的人所製造的數據集。好的資訊來源包含由政府機關所製造或收集的數據，例如由美國人口普查局或勞工局所匯集的統計數據。其他高層次的數據來源還有像產業白皮書、信譽良好的研究機構所做的調查，或是由學術出版機關所公布的發現。

切記，由民調機構或智庫所做的調查雖然可以利用，但那通常含有政治議題，必須謹慎使用。另一主要數據來源是非公開、私人機構的數據。我們在很多資訊圖裡使用這類數據，如果你選擇利用這類數據，你應該讓人可以輕易地找到相關數據的出處背景，例如數據收集來源，這是多久以前的數據，以及有多少人接受調查等。

（3）確定資料來源的重要性

世界瞬息萬變，變化的步調不斷地加快。確認你使用正確的方法收集資訊圖的消息來源，採用你決定使用的數據的最新公布版本。有些數據製作者，例如勞工局，每年或甚至每月都會修改數據，但不是每一個數據製作者都會這麼做。

根據經驗法則，盡量不要使用超過一年的數據。某些情況下，兩年還算可以接受——如果那是你盡力找到的最好資料。除此以外，請謹慎使用。在所有狀況下，資訊圖上務必要使用最新的數據年份；因為你對別人的期望也是如此。永遠要在出處或圖表副本上列出來源數據年份。這能提供研究脈絡與清晰度，就跟撰寫大學研究報告沒有兩樣。

如果你使用許多出處，確認他們是可以互相補充。即使你只使用兩個數據來源，他們還是會產生很多變異。要是你使用了互相矛盾的數據集，例如是民調機構在政治版圖相異的兩端所收集的數據，則會讓視覺敘事變得困難許多。為了避免散播矛盾或偏頗的資訊，請確認你使用的不同資訊來源具有彼此互相補足的功能。

能夠「互補」的資訊來源會包含同類型的數據、或是在相同時期收集並使用類似的問卷設計。否則你很難相信由「善待動物組織」（PETA）和探討國際關係的「布魯金斯研究所」（the Brookings Institution）所製作的數據能建立起什麼連貫的訊息。

（4）限制資料來源以保持一致性

在同一個主題上，由多個消息來源尋找多種數據集雖然刺激，卻無法讓你往前進行。你不可能利用 15 個不同的消息來源建立連貫的敘事。每種你所使用的額外來源也是增加將原始來源的錯誤或偏見放入資訊圖的機會。

所以使用越少的消息來源越好。根據經驗，如果有所選擇，只要使用一組數據集。二到三個可以接受。但你增加越多，你越容易因為不同方法、不同的上下文與數據製作者的不同優先順序產生更多的變數。

資訊圖的文案及設計準備事項

我們總希望文案撰寫（copywriting）能如同研究報告一樣：具有可靠性。那你應該要力求文案能隨著視覺故事的發展，解釋這份資訊圖的重要性。

數字類／以數據為導向的資訊圖

並非所有的資訊圖都需要撰寫文案。以數據為主的新聞性資訊圖（它本質上就更具敘事性）也能述說故事，並幫助觀看者由圖像來擷取含意（如圖4.10）。在某些情況下，極端研究型的資訊圖甚至只包含了標題、圖表和「說明如何閱讀圖表」的「圖例」（如圖4.11），並讓讀者自行找尋有意義的資訊，它不需要敘事性的上下文。不過，我們首要的重大規則仍舊是力求真實。簡單說，別寫出你會不好意思給媽媽看的文案。

如果你的數據為主圖像仍需要一些文案，自然會在資訊的研究組織階段以後產生。只有在你瞭解了要說什麼話以後，你才能決定你要怎麼說。這可能是過程中最重要的步驟，並極有可能在此時塑造出設計方向。

資訊圖的製作者必須做出重要的決定，例如是否要使用「實際的數字」或是改成「百分比」來描述故事。而且雖然他們也要負責組織資訊，他們主要的任務還是要「證明故事值得一提」。

特徵性／娛樂性資訊圖

有些資訊圖像並非以數據為主要根據（如本章末的圖4.12和4.13）。我們對這類的內容發展採取較巧妙的手段。如果你的目標是製作一種娛樂與吸引觀眾的另類資訊圖，我們會依此撰寫文案。我們的方法通常是盡可能地展現創意——只要於此同時我們還是記得品牌的總體訊息即可。

先用簡報觀看

這是我們團隊基於設計目標與內容，共同打造設計概念的步驟。為了完成任務，我們得在此決定什麼需要設計；然後應該如何設計。雖然要溝通的資訊總是最重要的，但並非資訊圖上的所有資訊都同等重要。我們應該要建立資訊的重要性層級，資訊圖設計中「最多的空間理應分配給最重要的資訊」。相反地，最次要的資訊理應佔有資訊圖最小的空間。

WHAT AMERICANS REALLY THINK ABOUT CLIMATE CHANGE

THE EVER-CONTROVERSIAL TOPIC HAS BECOME INCREASINGLY POLITICIZED IN RECENT YEARS, WITH THOUSANDS OF DIFFERENT THEORIES AND STATISTICS CIRCULATING AT ANY GIVEN MOMENT. IT IS IN THIS CLIMATE THAT AMERICANS FORM THEIR OPINIONS OF CLIMATE CHANGE, AND ITS IMPORTANCE AS A LEGITIMATE THREAT TO THE FUTURE OF LIFE ON OUR PLANET. HERE WE LOOK AT HOW THESE VIEWS HAVE SHIFTED OVER THE LAST DECADE, AND WHERE AMERICANS STAND TODAY ON THE ISSUE OF CLIMATE CHANGE.

★ IS CLIMATE CHANGE OCCURRING?

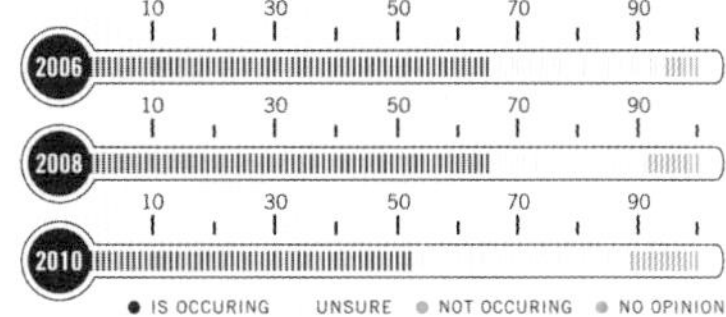

★ WILL CLIMATE CHANGE POSE A SERIOUS THREAT IN YOUR LIFETIME?

2008: 40% 58% THREAT LEVEL

2009: 38% 60% THREAT LEVEL

2010: 32% 67% THREAT LEVEL

YES ▶ NO ▶ NO OPINION ▶

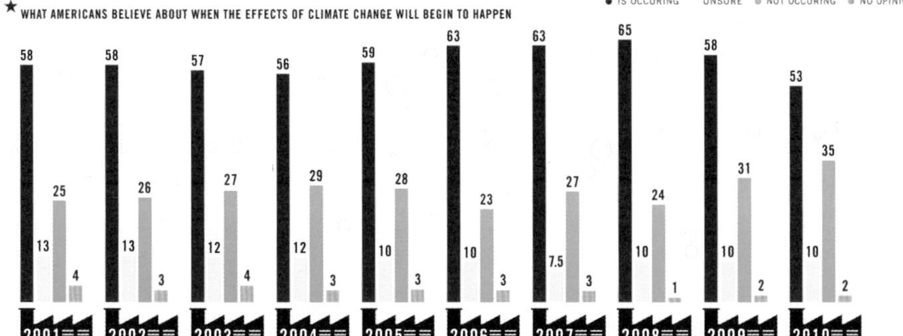

ALREADY BEGUN/WITHIN A FEW YEARS   WITHIN LIFETIME   NOT WITHIN LIFETIME/NEVER   NO OPINION

★ PERCENTAGE OF AMERICANS WHO FEEL THAT WHAT IS SAID IN THE NEWS ABOUT GLOBAL WARMING IS GENERALLY EXAGGERATED?

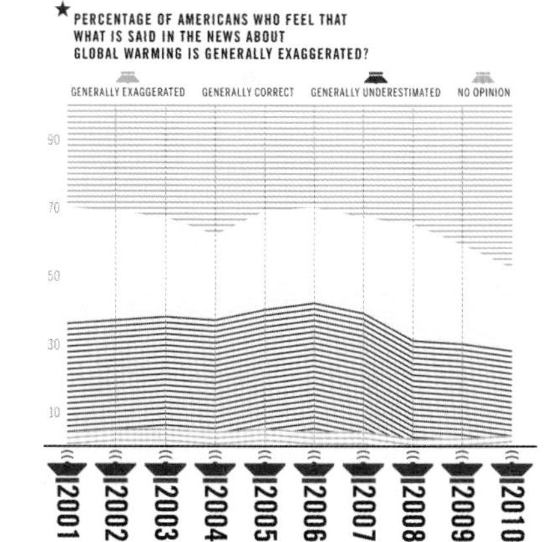

★ HOW IMPORTANT IS THE ISSUE OF CLIMATE CHANGE?

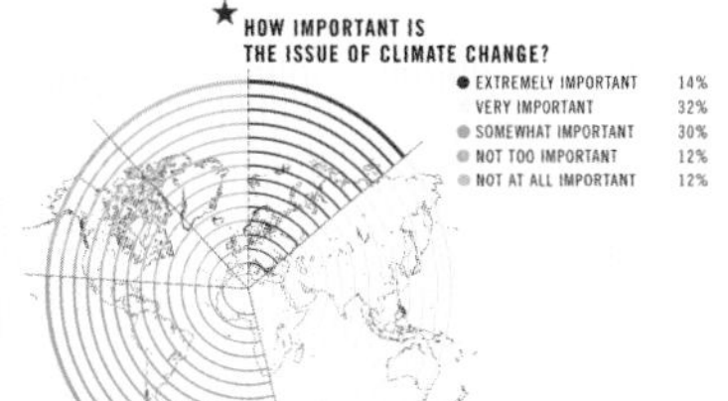

● EXTREMELY IMPORTANT	14%
VERY IMPORTANT	32%
● SOMEWHAT IMPORTANT	30%
● NOT TOO IMPORTANT	12%
● NOT AT ALL IMPORTANT	12%

★ THE UNITED STATES'S ACTIONS TO REDUCE CLIMATE CHANGE IN THE FUTURE WOULD:

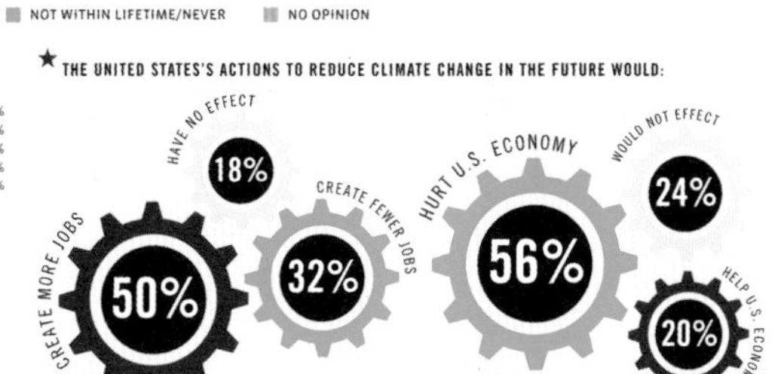

★ WHAT AMERICANS BELIEVE ABOUT U.S. GOVERNMENT ACTION REGARDING CLIMATE CHANGE

86% WANT THE FEDERAL GOVERNMENT TO LIMIT THE AMOUNT OF AIR POLLUTION BUSINESSES EMIT.

14% SAY THE UNITED STATES SHOULD TAKE NO ACTION TO COMBAT CLIMATE CHANGE UNLESS OTHER COUNTRIES SUCH AS

DO AS WELL.

SOURCES:)) WOODS.STANFORD.EDU)) LIVESCIENCE.COM)) RASMUSSENREPORTS.COM

SURVEY WAS CONDUCTED IN: ★ 2007 ★ 2010

A COLLABORATION BETWEEN GOOD AND COLUMN FIVE

圖 4.10
數字類資訊圖範例。（《GOOD》雜誌委託 Column Five 製作）本資訊圖說明：美國人對於氣候變化真正的看法。

Hospital Clinical Decision Support System Adoption

The clinical decision support system, or CDSS, is an interactive system which assists physicians and other health professionals with tasks, such as analyzing patient data. Since the enactment of the American Recovery and Reinvestment Act of 2009, there has been a strong push for hospitals to adopt health information technologies to advance the quality of patient care.

Adoption by State

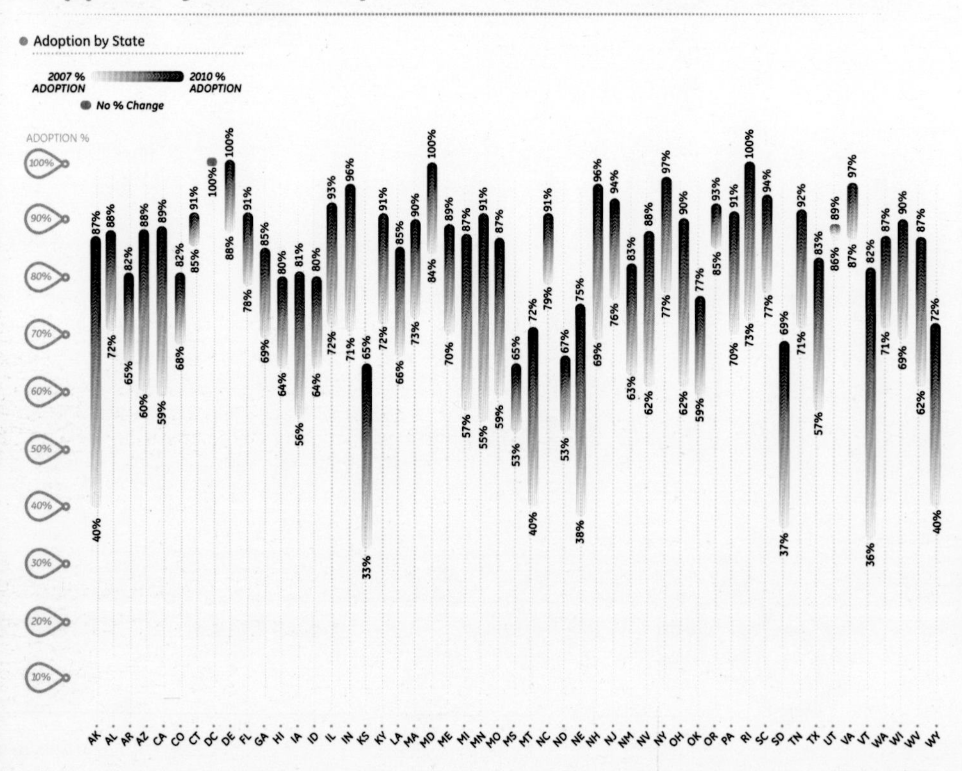

CDSS Adoption by State in 2007

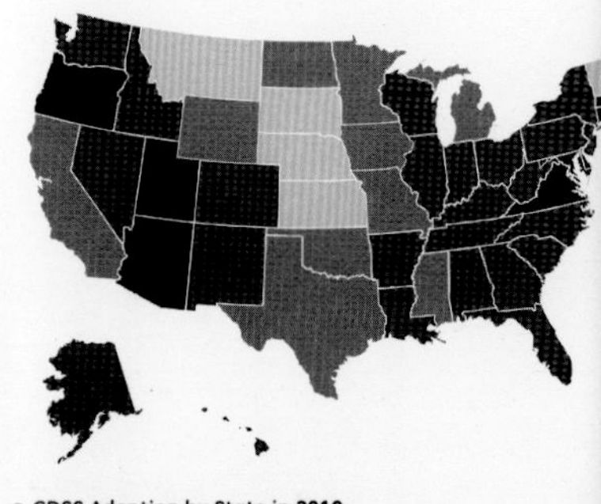

CDSS Adoption by State in 2010

0% 20% 40% 60% 80% 100%

Source: HIMSS

於此階段，我們也要決定設計方向的方案。包含找出數據視覺化的方式，或是增加插圖，或兩者皆是。比方說，你絕不想要在具有高度研究性的題材上不斷地應用卡通插圖來惹怒觀眾。反之，你也不想在敘事性強的故事裡加入枯燥乏味的設計讓觀眾失去興趣。我們將在第 9 章對此做更深入的探討。總之，**簡報的步驟是作為設計故事到視覺化過程的橋樑。**

開始設計

如果不是為了推進到設計階段，我們也不會有資訊圖。我們自己的團隊裡就有各類型的專家——在數據充斥的年代，我們處理每種資訊圖的手法都很獨特。沒有內容會因「所有人適用」的作法而得到好處；好的資訊圖設計永遠需要靈活性與創意。個人設計師或是設計團隊一定要能夠以創意和正確的方式傳達資訊，以達到完成品牌目標的任務。這整本書都在說明最好的設計範例所包含的各種元素，特別在第 9 章（資訊設計的最佳典範）你會見到。

我們深信所有的資訊圖設計應該都有些相關的觀念成分。它可能很幽微，也可能顯而易見，但資訊圖的讀者應該不必熟讀全圖文即能理解主題。我們也傾向主張採用「**形式跟隨功能**」的設計手法——也就是資訊圖的設計應根據我們所要表達的訊息與溝通的目的來決定。

排版＋層次

西方語言是由上而下、由左而右閱讀，我們在設計時要將此規則銘記於心。我們傾向根據重要性編排資訊，最重要的先編排，接著再放入補充材料。這樣的做法才能永遠優先傳達最重要的資訊。

插圖＋設計美學

既然資訊圖設計是根據我們所要傳達的訊息來決定，我們的手法通常根據不同的計畫與應用而變化。舉例來說，我們不建議你使用「可愛的字體」去製作發給股東的年度報告。同樣地，如果你要製作「關於多少人利用手機在辦公室廁所看網路影片」的資訊圖（如圖 4.14），你不應該懷抱極簡主義精神去執行。

當資訊圖為品牌創作

我們深信資訊圖——特別是它當成行銷工具時——應該是一個品牌的延伸。其目的是希望人們瞭解他們在閱讀資訊圖時，其內容代表的就是他們的品牌。如我們之前所言，你想用無形的方式達到這個目的。好的品牌規劃與行銷是合作進行的，所以資訊圖上使用品牌的字體與顏色永遠不該出錯，而且要保持插圖與整體設計美學的一致性。

數據視覺化的最佳典範

資訊圖的設計師必須能察覺資訊設計與數據視覺化的規則與最佳典範。像有些圖表類型的規則就沒有任何調整彈性——無論它應用於何種情境。所以，設計師在選擇用何種視覺化的圖像前，也必須在「它與數據有何關係」這件事上多加思考與體察。我們在第 9 章談論資訊設計的最佳示範時，會進一步做討論。

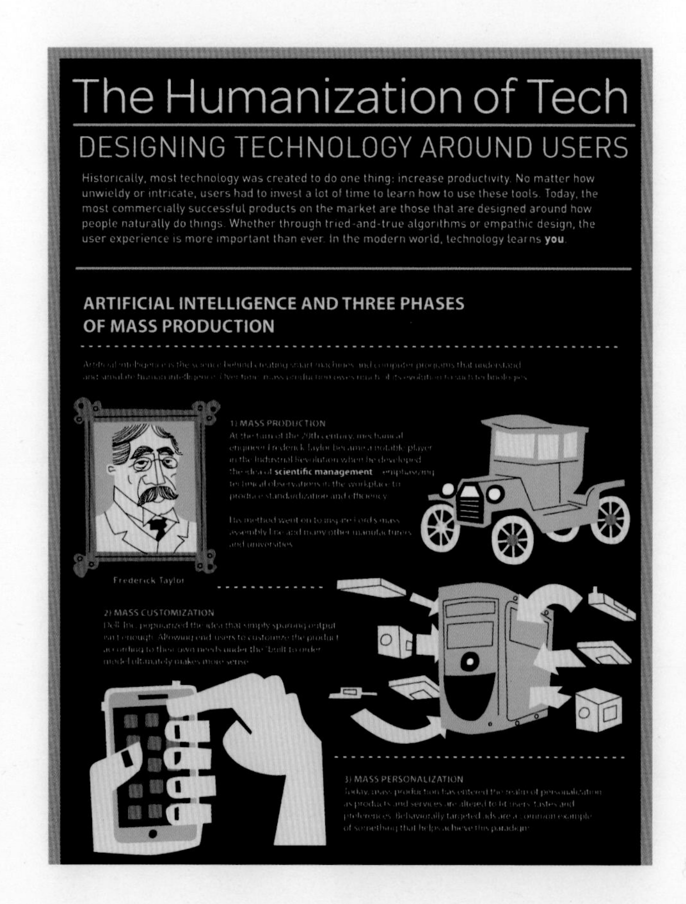

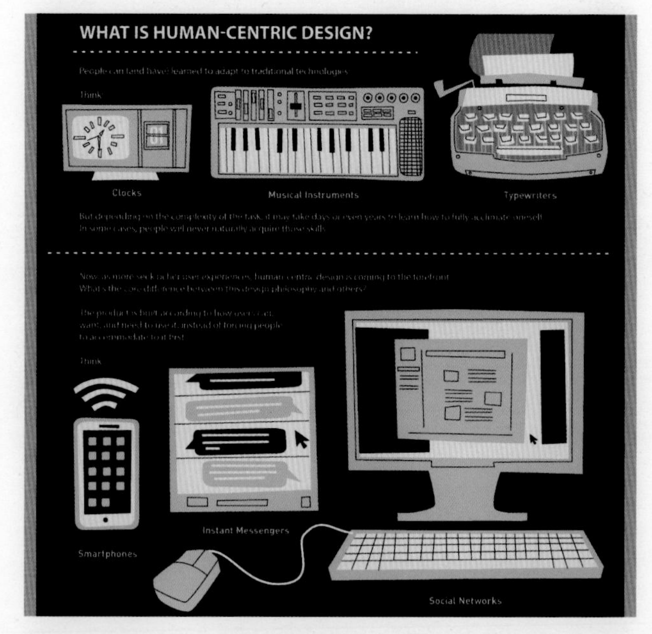

圖 4.12

特徵性資訊圖範例。（社群網絡公司 Socialcast 委託 Column Five 製作）本系列資訊圖由左至右說明了人性化科技的發展以及定義演進。

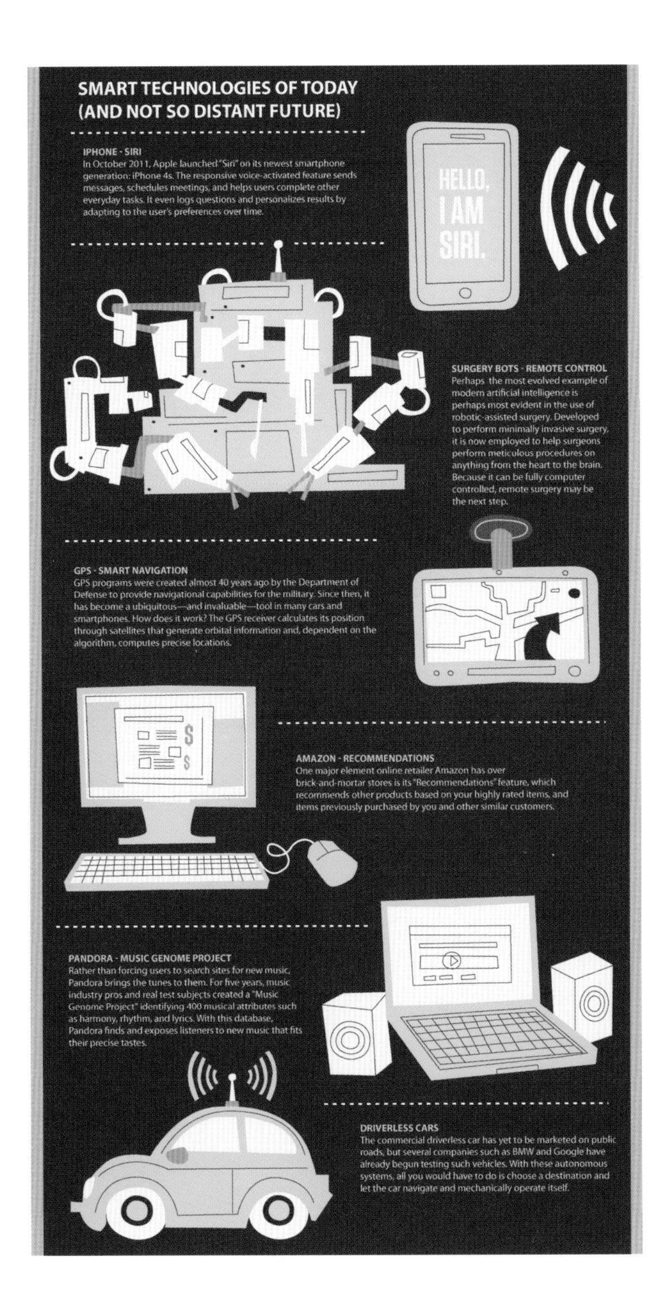

HOW CAN ENTERPRISE CREATE ADAPTIVE INTELLIGENT SYSTEMS?

The smartest system design is one that has a deep understanding of its potential users, along with their wants and needs.

1) USER INTERFACE: MAKE IT INTUITIVE
Apple guru Steve Jobs had it right when he helped develop technology that is not only aesthetically appealing to many, but also easy to navigate and operate.

2) LANGUAGE: KEEP IT SHORT
Brief and concise explanations are key. Steer clear of technological jargon that may confuse users.

3) PURPOSE: FIND A NEED
Why create a product that doesn't target a problem or solve a need? Keep it relevant by asking potential users precisely what they want.

SOCIALCAST

圖 4.13

特徵性資訊圖範例。（軟體公司 Mindflash 委託 Column Five 製作）本資訊圖説明：商務社群網站 LINKEDIN 的優點與功效。

MUSCLE TONING
SPICE UP YOUR IMAGE

Your profile now needs some pizazz, pop, and style. A bland and lifeless profile turns off potential contacts, so let your personal creativity shine through. Use stories, video recommendations, etc., to quickly tell others who you are, what you're all about, and how you can help them out.

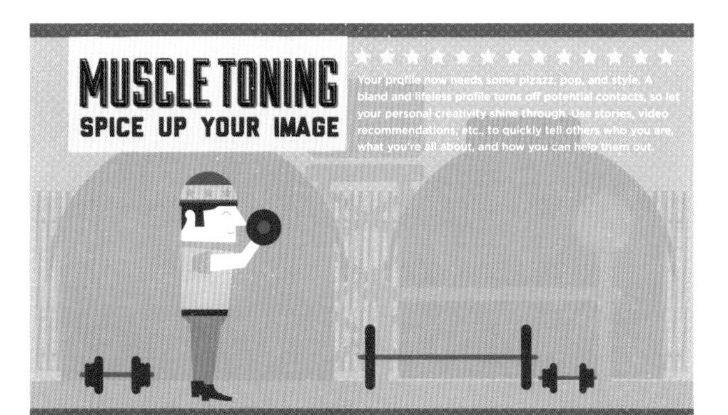

HAND-TO-HAND COMBAT
RECOMMEND OTHERS

The laws of karma apply here: The more you give, the more you receive. A solid recommendation can potentially change someone else's life by setting them up with their future employer. Recommend others as much as you can, and they will reciprocate.

HEAVY LIFTING
JOIN GROUPS

LinkedIn groups give you the most mileage out of your LinkedIn experience. Whatever your industry or business, join groups that will put you in touch with other experts in your industry. Try starting your own group and establish yourself as an expert in the field. Like a mini social network, these niche groups will foster discussion, spread your message, and connect you with key people.

A TON

SELF AWARENESS
ADD YOUR COMPANY PROFILE

Now that your profile is up to speed, it's time to take it a step further by creating a profile for your company. You can add video and provide information about your company, services, and employees. This gives your company great exposure, providing marketing potential. It also gives personal profile visibility to those landing on your business page.

TARGET PRACTICE
OPTIMIZE YOUR SEARCH RANKINGS

Many people use LinkedIn to search for experts in their field, a new job, or connections. They search for keywords on LinkedIn that you can rank highly in. Optimization takes a bit of time and effort, but it's well worth it when you rank number one when someone searches for "social" or "management," for example.

YOU CAN OPTIMIZE YOUR RANKING BY INCORPORATING YOUR DESIRED KEYWORDS INTO

SPECIAL WEAPONS
ADD APPLICATIONS

There are a variety of applications that LinkedIn has integrated into its site that make it easy for you to promote your work and improve your profile's overall visitor experience. Browse through the applications and see which ones will work best for you, your industry, and your overall message.

YOU'VE SUCCESSFULLY COMPLETED LINKEDIN BOOT CAMP, BUT THE FIGHT ISN'T OVER. DIVE IN AND START EXPLORING LINKEDIN TO FIND OUT HOW ELSE YOU CAN MARKET YOURSELF.

SOURCE:
LEWISHOWES.COM
BLUELINERNY.COM
LINKEDIN.COM

mindflash.com

WORKPLACE CONFIDENTIAL

WHAT KIND OF VIDEOS

A 2011 Harris Interactive Poll discovered that the majority of American workers want companies to allow them to use any mobile devices they choose for work-related tasks. The fact that they actually use them to secretly stream online videos is another story.

圖 4.14
結合數字類與特徵性資訊圖的範例。(視頻托管服務公司Wistia委託Column Five製作)本資訊圖片說明：美國人在職場使用手機觀看的網路影片類型。

LOOK WHO'S WATCHING

64 percent of Americans are watching online videos at work.

64%

OF THOSE

53%
of men admit to watching online videos at work

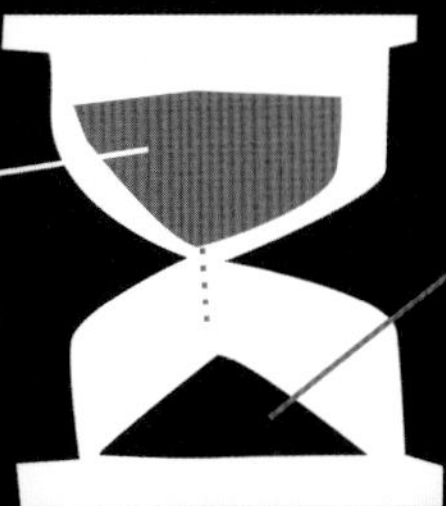

34%
of women admit to watching online videos at work

WHAT ARE THEY WATCHING?

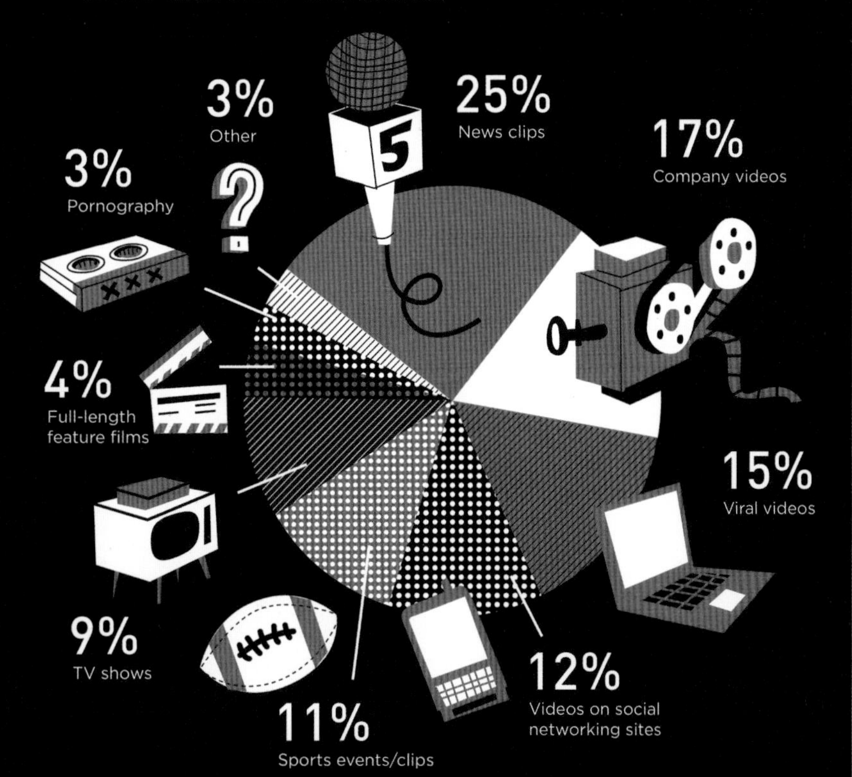

AGENDA

While 37 percent of workers don't care if they are caught watching online videos in plain view, how do the rest manage to sneak a peek at their mobile device videos at the office?

Hide their mobile device under the table

Excuse themselves to go to the restroom

Hide their mobile device in their folders/notebooks

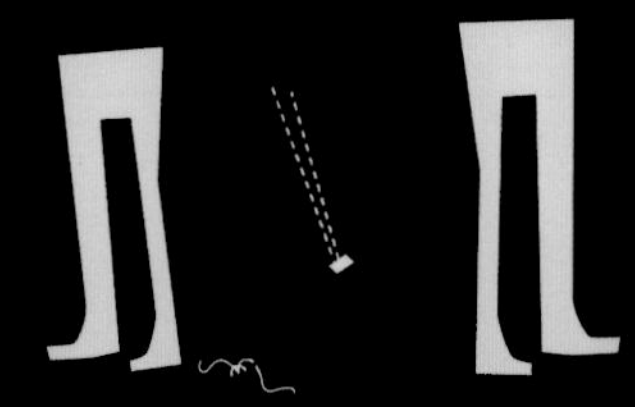

Pretend to tie their shoes

Create a distraction

WHY DO PEOPLE LIKE ONLINE VIDEOS?

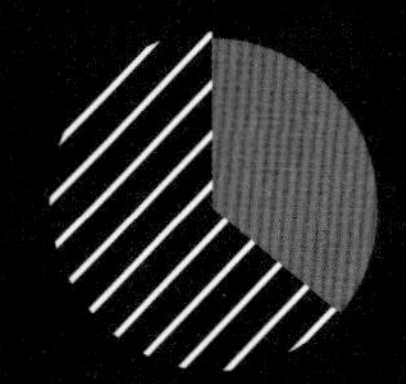

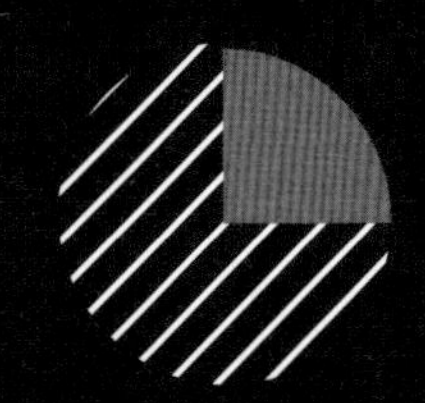

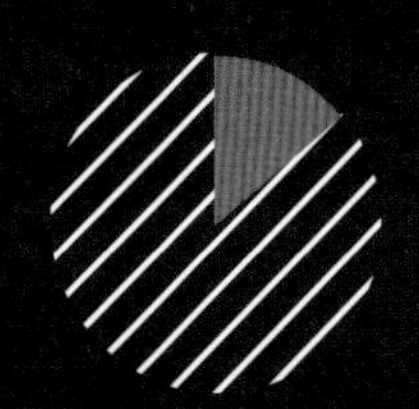

36%
Easily shareable on social networking sites or email

25%
Engaging and memorable

14%
More privacy than TV videos

9%
Context is easier to understand through facial expressions

SOURCE: HARRIS INTERACTIVE POLL

chapter

5 發送內容：分享你的故事

- 網站上刊出資訊圖
- 傳播你的內容
- 耐心等待回報

發布資訊圖的點子必須比以前更好，你的數據與研究也必須更加完整。

既然人們每天都在使用、評鑑與分享更多的原創視覺內容，「將資訊圖納入內容行銷策略」就顯得格外重要。隨著製作品質標準的提升，資訊圖這種媒介的力量更加強大——想藉由它製造「驚人」數位瀏覽流量與廣布訊息就變得更有挑戰性。

資訊圖也被認可為一種商業溝通上重要的媒介，因為他們在行銷、溝通與解釋複雜過程這類應用上頗具價值。在前面章節中，我們已討論過有越來越多機構正在使用資訊圖分享重要資訊、述説公司故事、解釋產品如何操作，或純粹將新聞稿裝飾地更有畫面與魅力。因為這種媒介的易於分享性，使其素材分佈地更快，甚至個人還可以評價與分享是否喜愛內容。

資訊圖內容還有一個有趣的特色，也可説是資訊圖與文字內容在分享性方面的差異點。我們很早就知道不能剽竊別人的作品。你知道為了創造一份有質感的文章，替自己的讀者增加其獨特價值，你必須花費很多功夫去引述所選的書面文章，而且你絕對不能完整地複製和貼上別人的文章——即使你標示了原始資料來源。但由於新聞性資訊圖是單一的影像檔案，記者和部落客可以將完整的故事附加在他們自己的文章裡，然後提供額外上下文或甚至給予批評。

當然，資訊圖仍必須適當地引述其原始的發佈者。他們也可以在一篇文章裡加上漂亮的資訊圖，當作加強自己文章視覺效果的補充資源；而因為訊息傳達地更深入而讓企業在此過程中找到價值。易於再方便地補充文章是資訊圖擁有共享性最關鍵的因素。在這個章節，我們會整體説明這種媒介推廣的過程，從發佈你的內容到讓讀者容易分享，以及實際上將你的內容散佈至重要的管道等。

網站上刊出資訊圖

你總是希望讀者可以方便觀看、分享，並且將你的資訊圖內容加入他們自己的網誌。你可能會覺得利用 10 秒後自動消失的「燈光特效」（JavaScript lightbox）來展示你的內容是不錯的想法，但人們可能會跟美國喜劇演員法利（Chris Farley）一樣，在一則著名廣告中「因為沒有喝到含咖啡因的哥倫比亞咖啡」而產生「暴怒」情緒。（註 1）

最好的辦法，就是使用一、兩段介紹性文字，讓部落格刊登的資訊圖有具體情境，然後再直接發佈。你或許也會考慮用文字格式來發佈很多圖像的資訊。這樣做的好處是便於搜尋引擎讀取資訊，也可讓視障人士使用專屬的閱讀網站內容軟體來接收內容。大部分的網誌是 550 至 600 像素寬，所以假如你要使用比網誌寬的圖像，你應該讓使用者得以「點擊至呈現完整尺寸的資訊圖畫面」。在實際的超連結頁面上（如圖 5.1）呈現完整尺寸的資訊圖很重要。

這麼做會有幾項優點。第一，幫助降低內容的跳離率（bounce rate：人們造訪你的網頁，然後關閉瀏覽器或點擊返回鍵的比例），因為直接造訪網誌的人能夠點進去觀看另一個頁面——也就是那個呈現完整資訊圖畫面。第二，你能夠在自己的分析報表中實際追蹤加寬頁面的運作，因為超連結語法頁面可以運作你的分析程式碼。

幾年前，大家會在自己發佈的網誌上加入大量的社交書籤標誌。有些甚至還有超過 100 種選擇的下拉式選單來進行分享。如今，引導人們分享有意接觸的社交族群顯得更重要。現今加入推特、臉書和圖片收集站「Pinterest」（註2）等多項社交網路的人非常普遍，它們也可當成利用電子郵件發佈訊息的選項。在你想要出現的其他任何社交平台上提供「社交按

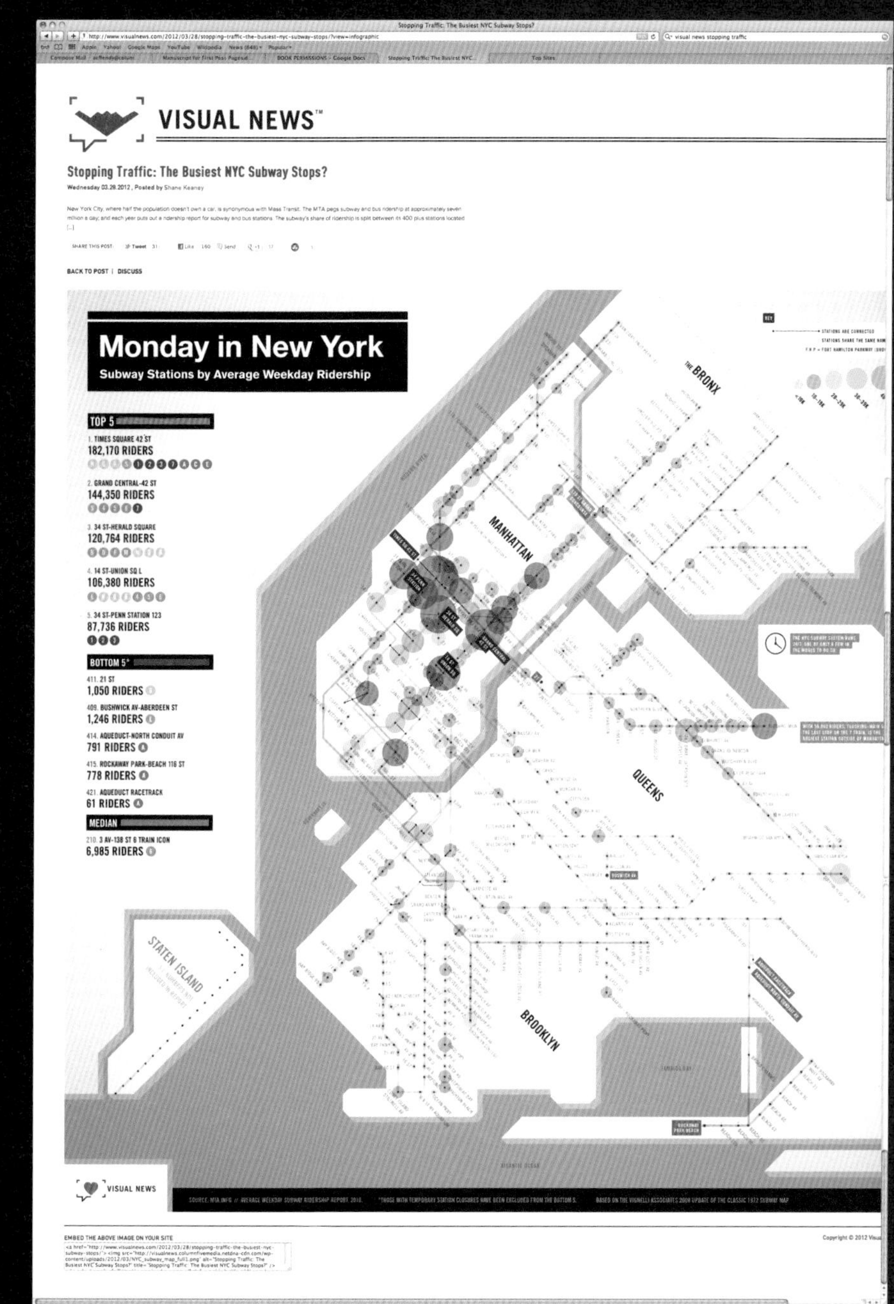

圖 5.1

這是一則從網誌文章的圖像預覽點擊進去、在獨立網頁上看到的實際大小資訊圖畫面。（「視覺新聞網站」提供）

鍵」——例如美國的StumbleUpon、Reddit或是Tumblr(註3)——也會很有幫助，只要你不會做的太誇張或是讓你的部落格雜亂無章即可。

切記，這些特別的網站不見得是你鼓勵分享的最佳選擇——社交新聞網站時起時落，你可能需要定期更換這些選項，特別要鎖定最重要的管道。

一切取決於你的觀眾群。如果你想要吸引較為專業的觀眾，你可能會希望在社交網路LinkedIn(一個主要以個人專業履歷為主的社群網站)能毫不費力地分享你的內容。基本上就是讓人們在大部分網站中擁有方便分享與獲得自訂選項的最大優勢。舉例來說，「推特」的官方按鈕讓你的推文能在有人點擊時出現「您的公司」(@yourcompny)，而且會建議人們在寫完推文後注意這個訊息。

令人驚訝的是，我們還是能看到許多內容——看見每天有很多次，甚至是在網路中聲譽良好的網誌上——選擇以「透過加入此文」(via @addthis)按鈕讓人分享訊息(是推文上「加入此文」的預設文字，常用於社交分享外掛元件)，卻甚至沒提到自己的公司或出版物的推文名稱。這種方式會讓你的品牌花更多時間才增加許多關注追隨者。你應該一直將按鈕當成計數器來顯示，顯示你的內容分享次數，如此當你的個人文章累積到驚人的分享次數時，將有利於引發衝擊效應。

利用此類的社交管道去鼓勵新的造訪者分享你的內容，以大多數別人認為可分享的視覺資訊為基礎，也有利於同樣的一群人發現你的網站建構優良又頗獲重視。最後，最重要的是得以鼓勵對你的題材感興趣的社群做分享。一般這需要一個不斷檢視的持續過程，觀察哪一種社群對於推廣你的內容最為重要與有效。不過在任何情況下，有不同團體發現、建議、分享與選擇你的視覺內容都是好事。

為了讓人們方便分享你的內容，你也應該確認提供了「嵌入語法」(讓別的使用者或瀏覽者可以貼上、之後能呈現你的資訊圖或其他視覺內容在別處網站上的一段程式碼)。我們在自己網站上就有個簡易的嵌入語法程式，你可以參考以下格式：

```
<p><strong></strong><br /> <a href="LINK"_"blank">
<img src="IMAGE" width="500" height="" border=""
alt="" /></a></p>
<p>Via <a href="http://columnfivemedia.com/work-types/
infographics/"> SOURCE #1</a> for <a href="SOURCE
LINK" target="_blank">ORIGINAL SOURCE</a></p>
```

你可以在以上程式碼中「大寫字母」的地方更動，也可以為你的資訊圖調整需要的圖像寬度（調整「width」之後的數值）。

提供人們插入互動數據圖像的代碼會因建構的語法而有所不同，例如動畫軟體 Flash 或程式語言 JavaScript、標記語言 HTML 或是樣式表語言 CSS。有趣的是，這也是在內容行銷宣傳中使用互動式內容有點棘手的部分原因。

一般來說，比起靜態的資訊圖，以 Flash 製造的基本互動內容必須花費兩至三倍的成本；不過你不見得能增加兩至三倍的分享次數。事實上，你可能會發現很少人會真的插入互動式內容，特別當物件寬度很大、不好放入部落格時。

至於如果是針對手機使用者來設計，定期製作互動式圖像的成本將更難計算；那需要更多時間使用 JavaScript/HTML5/CSS3 語法來發展同樣互動式的功能，尤其在你需要支援比較老舊的瀏覽器時。

我們在第 2 章（資訊圖格式）提過，製作「視覺化互動數據資訊」有很多好處，尤其在人們造訪你的網站當下，它可以變成隨手可用的資源，或是直接成為你軟體產品的一部分。你的內容行銷策略中若能包含這類較複雜的視覺數據，偶爾能帶給你的品牌很多有價值的宣傳。此外，利用一些技巧性的功夫，你可以讓內容在無形中獲得很多散佈和報導的機會。如果製作這種資訊內容的過程也特別有趣的話，你甚至可以藉由描述「你如何製作」它而獲得更多的關注。

最後，雖然贏得「推特的跟隨者」和很多「臉書的讚」感覺很好，但要讓你的訊息再次呈現到那些人面前也很有挑戰性。很多人太忙了，或是根本不想追蹤每個人的更新或是品牌在每個社交網路上每日的最新消息。雖然聽來似乎不怎麼有趣，但收集簡易刊物（我們使用喜愛的郵件宣傳系統 MailChimp）可以幫你找出對你的內容感興趣的人。也能讓你接近與內容最有關的地方——電子郵件收件匣。如果有人喜歡你的程度，高到容許你進入他們的神秘郵件領地，你就能開始將平常從你的品牌得到樂趣的人，變成實際向你購買產品的人。請確定你有積極呼籲及鼓勵讀者採取郵件訂閱行動，並且多多進行訊息傳達與版面安排的嘗試，以獲取最大能見度與訂閱人數。

散播你的內容

瞭解了所有創造個人網站內容共享性的基本知識以後，接著我們要知道發佈內容最有效果的方式之一，是找到與你的題材最為相關的媒體。請記得一件事：記者和部落客都很忙碌，並且經常淹沒在機械性、急迫性以及無聊透頂的要求裡。

所以，花點時間想想你可以帶給他們價值的方式，而且要尊重真實性，我們必須洗刷「資訊圖被當作垃圾郵件看待」所帶來的恥辱。那就像有個宣傳內布拉斯加州的水床公司，竟利用「長頸鹿的十個秘密」這種毫無相關的內容去發布；濫發給媒體記者的資訊圖，也是這種新媒介要面對的挑戰之一。

記者和讀者一樣對於資訊圖有著嚴厲的評判（就像他們看待影片和書寫內容一樣），這對大家是件好事，不但有助於企業成長，更替內容管理者設立了廣泛的高標準。發布資訊圖的點子必須比以前更好，你的數據與研究也必須更加完整。我們發現越來越多人利用 DIY 工具製作出品質堪慮的資訊圖，因此除了高品質設計，更關鍵的是你必須擁有有關製作精彩文案與有趣資訊的完整概念。

對於定期刊載過去由我們製作的資訊圖內容，並且發佈給顧客瞭解的記者，我們有幾個協助他們的方法。我們發現「在文字格式上點出重點」，在他們文章上建立可以使用的「點擊推文」連結，並且「裁剪圖像的各個部位，讓他們可以拆解資訊圖以便分別置入長篇文章的各個部分使用」等，都是很有效的方法，也能夠確保為應用資訊圖的媒體提供價值。當開始在收集內容想法時，時時要將記者的專業需求記在腦中，如此更能提供與讀者相關的內容——而不只是每次請求他們的幫忙發布。

另一個吸引媒體注意你的內容的好辦法，是找出想要與你共創品牌的夥伴。對於網路出版商來說，花費委託獨立工作者來製作資訊圖通常不太可能，更遑論是花費幾千美元聘請有規模的資訊設計公司。正因為製造這種內容在大部分情況下需要自行負擔廣告費用，如果沒有大量的網路流量或是已支付內容的贊助商，就沒有什麼利潤可言。

然而，你可以與值得信任與具價值的內容出版商共同經營品牌內容，讓他們加入你的腦力激盪和設計過程，並且提供他們免費的資訊圖。我們再次強調這種合作要創造「互惠」的視覺結果；偏於一方的做法注定都會失敗。你需要遵守內容出版商的風格指標與編輯原則，以便與他們製作共同品牌作品，當然也要尊重他們的新聞可靠性。

反過來說，當你委託資訊圖設計公司設計作品，並給予他們設計授權時，你應該在資訊圖使用具有相同風格指標的合作品牌授權。有些情況下，兩個品牌都會在資訊圖上放上公司商標。不過，在圖表右下方加入高雅的引述文字（如圖 5.2 的第二張圖像）在某些情境下也很不錯，這個例子是 Column Five 利用「歷史網站」（History.com）團隊所提供的研究所製作的內容。

TITANIC BY THE NUMBERS

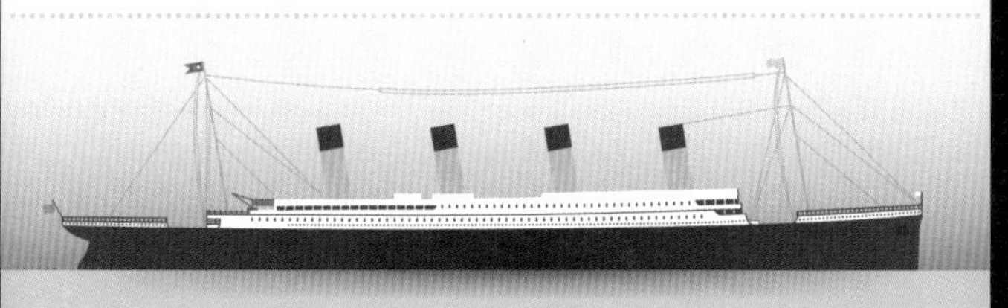

Construction

3 YEARS TO BUILD

3,000 WORKERS

$7.5 MILLION That's equal to $167 MILLION TODAY

3 MILLION 2-POUND RIVETS in Titanic's hull

Titanic's rudder weighed 20 tons, and each anchor weighed 15 TONS

Tech Specs

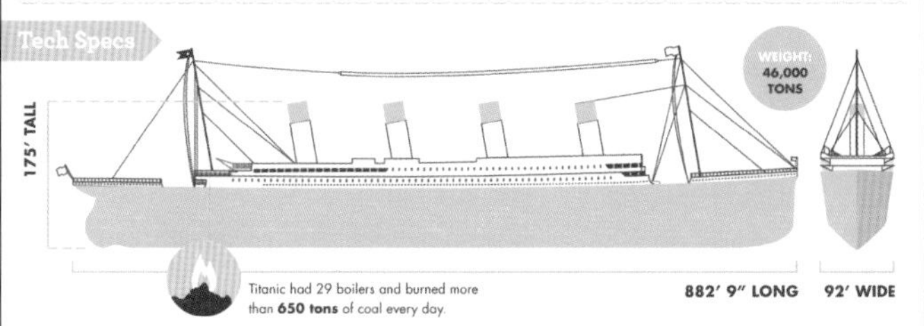

Titanic had 29 boilers and burned more than **650 tons** of coal every day.

882' 9" LONG **92' WIDE**

What Was On Board

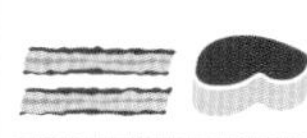

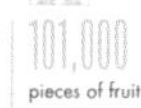

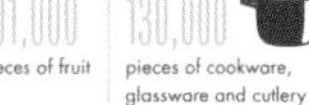

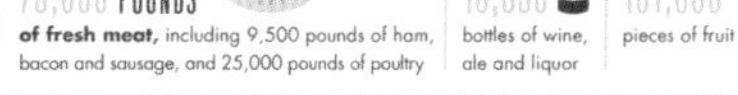

75,000 POUNDS **of fresh meat,** including 9,500 pounds of ham, bacon and sausage, and 25,000 pounds of poultry

16,850 bottles of wine, ale and liquor

101,000 pieces of fruit

130,000 pieces of cookware, glassware and cutlery

PASSENGERS & CREW

Approximately 2,200 people on board: 1,300 passengers and 900 crewmembers

Titanic set sail less than 75 PERCENT FULL. It had room for **1,100 more people.**

RMS TITANIC As a **Royal Mail Ship,** Titanic was carrying more than **3,300 bags of mail.**

April 14-15, 1912

2,070 MILES Distance Titanic sailed between April 11 and the evening of April 14, 1912

400 MILES Distance from land when it sank

58 MILES Distance of the nearest rescue vehicle, Carpathia, which didn't arrive until 4 a.m.

◎ **SITE OF SINKING**

11:30 p.m. 12 a.m. 1 a.m. 2 a.m. 3 a.m. 4 a.m.

30 SECONDS elapsed between the first sighting of the iceberg and impact **at 11:40 p.m.**

60 MINUTES elapsed between collision and **launch of first lifeboat**

160 MINUTES When he saw the damage, Titanic's builder said it would sink within 90 minutes. It didn't—it stayed afloat for 160 minutes.

1,500 Number of people who went down with the ship **at 2:20 a.m.**

圖 5.2

用數字看「鐵達尼號」。（Column Five 設計與歷史網站合作）本資訊圖說明鐵達尼號的建構與沉船地點。

22.5 KNOTS
Titanic's speed at time of impact, just .5 knots below its top speed

6
Number of iceberg warnings Titanic received that day. There were nearly 400 icebergs sighted in April 1912, **4 times** as many as in previous years.

36° FAHRENHEIT
Water temperature around Titanic

15 MINUTES
Average life expectancy for those in the water.

20 LIFEBOATS
were carried by Titanic—enough for half of its 2,200 passengers. This was more than they were required to have by law.

ONLY 700 PEOPLE
made it into a lifeboat—almost all of them left with **empty seats.**

ODDS OF SURVIVAL:

KEY ● SURVIVED ● PERISHED

Half of Titanic's officers perished, but all six of the ship's lookouts survived.

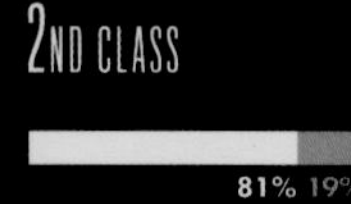

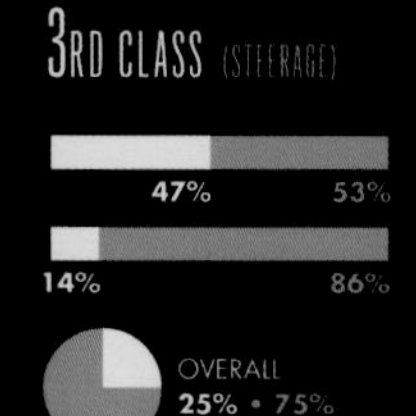

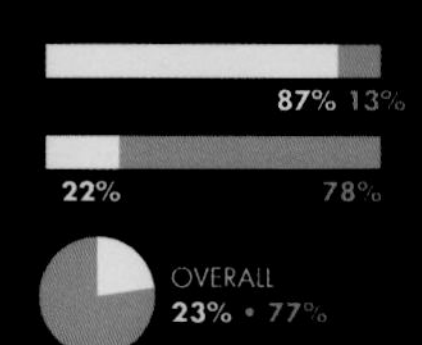

	1ST CLASS		2ND CLASS		3RD CLASS (STEERAGE)		CREW	
WOMEN & CHILDREN:	93%	7%	81%	19%	47%	53%	87%	13%
MEN:	31%	69%	9%	91%	14%	86%	22%	78%
OVERALL	63%	37%	42%	58%	25%	75%	23%	77%

Aftermath

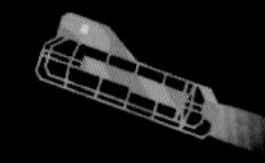

NEARLY 2.3 MILES
Depth Titanic rests below sea level. That's equal to **10 Empire State Buildings** stacked on top of each other.

15 SQUARE MILES Size of Titanic's debris field. The hull is buried under **45 feet of mud.**

73 YEARS passed before Titanic's wreckage was discovered, and there have been nearly **20 expeditions** since then.

$31.4 MILLION–in today's money–was raised for survivors and their families by the Titanic Relief Fund. The fund remained in operation **until 1959.**

MILLVINA DEAN, the last Titanic survivor, died in 2009. She was 2 months old when the ship sank.

A COLLABORATION BETWEEN HISTORY.COM AND COLUMN FIVE

圖 5.2（續）
提供鐵達尼號沉船意外的相關資訊。（右下方註明：Column Five 設計與歷史網站合作製成）

如果你要將作品轉變為品牌的廣告，那你可能必須採取「付費內容」作法，並且與出版商的廣告團隊合作出有創意、具效果的贊助內容。對於贊助商、出版商和內容製作者而言，我們發現製作效果絕佳的贊助內容，最有效的辦法就是製作不以品牌為中心的強烈視覺內容，如此廣告客戶（這裡指的是貴公司）可以更有效地接近自然感興趣的讀者群。出版商《GOOD》雜誌在這方面表現就很傑出，就如這次與他們的廣告客戶合作案，我們創造了互動圖表來解釋油電混合動力引擎的運作方式（如圖 5.3）。Kia 汽車公司的宣傳很有品味，而且內容也與他們的品牌與出版商的讀者群相符。

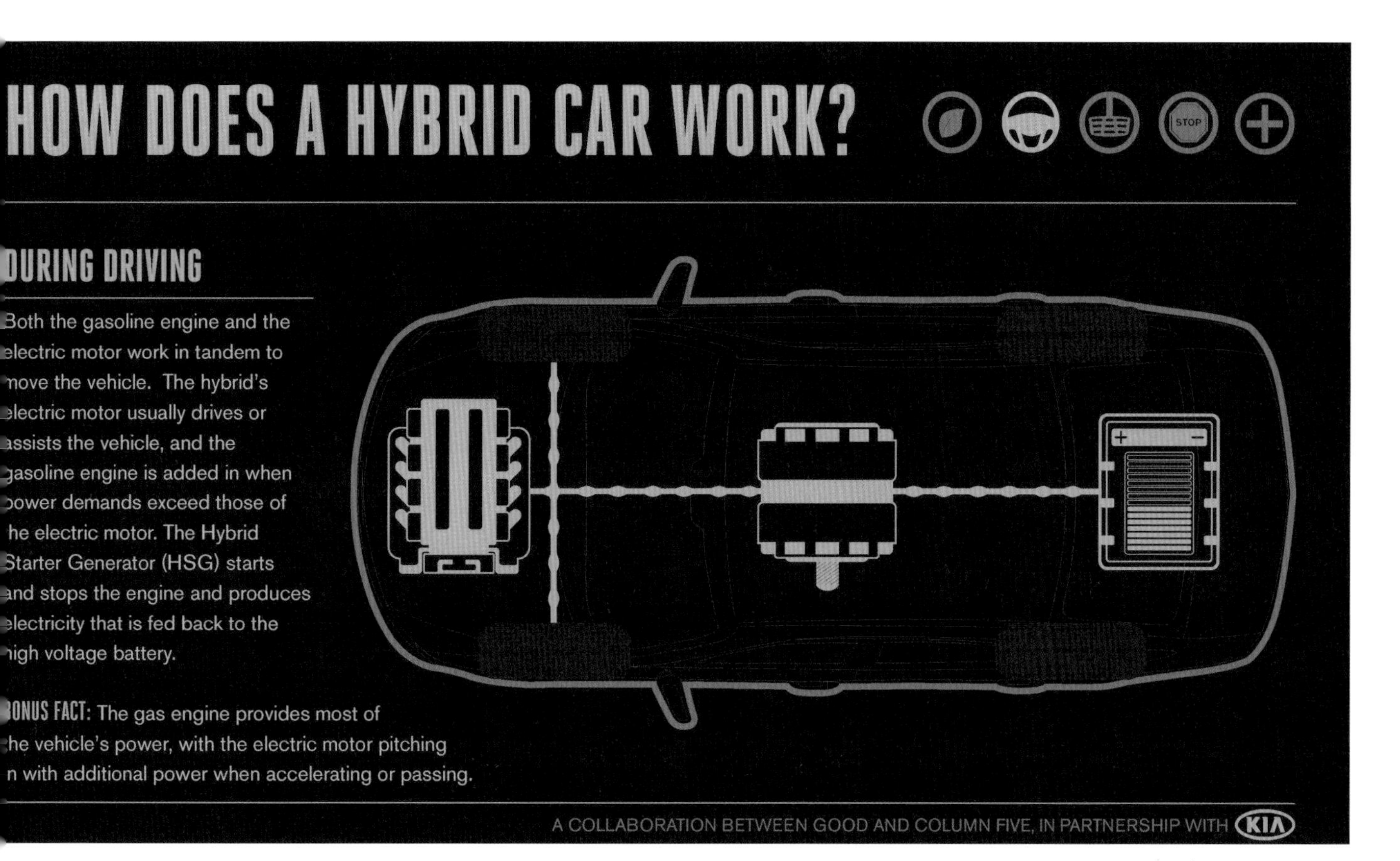

圖 5.3
「油電混合車如何運作？」（《GOOD》雜誌與 Kia 汽車聯合委託 Column Five 製作）

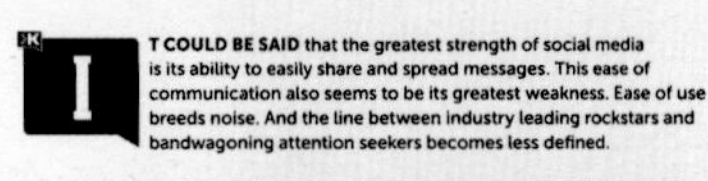
Got KLOUT?
measure and increase your brand's online influence
IT COULD BE SAID that the greatest strength of social media is its ability to easily share and spread messages. This ease of communication also seems to be its greatest weakness. Ease of use breeds noise. And the line between industry leading rockstars and bandwagoning attention seekers becomes less defined.
Stage right: Klout. Designed to cut through the commotion, Klout provides a platform to identify industry experts and keep track of the topics you care about. What follows is a brief history of Klout and how you can increase your brand's online influence. Special thanks to @klout and @askaaronlee.
80
63
76

圖 5.4

HOW KLOUT MEASURES INFLUENCE
YOUR TRUE REACH
(how many people you influence)
YOUR AMPLIFICATION
(how much you influence people)
YOUR NETWORK SCORE
(how influential are the people you influence)
KLOUT
Your Klout "Score"
72

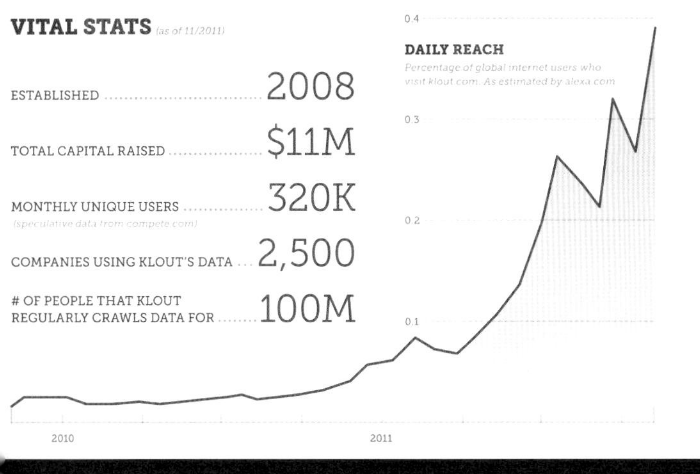

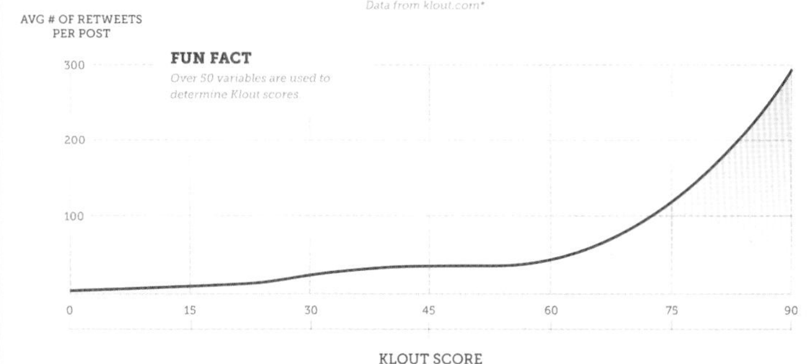

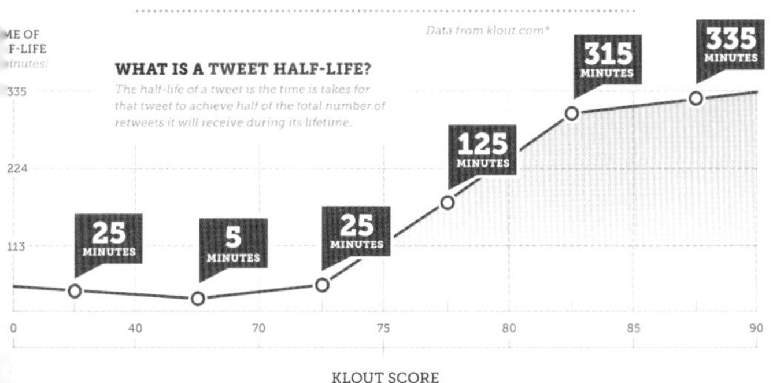

THE BENEFITS OF "KLOUT"

(and the Klout business model)

Some think of Klout as a high-level screening process for industry experts. Because Klout knows which people are the most influential in a given category, it makes sense that companies are very interested in working with Klout to put products in front of those who would be most likely to use and talk about them.

COMPANIES
(companies have products that they'd like to promote)

KLOUT
(Klout allows companies access to industry experts)

INDUSTRY EXPERTS
(industry experts get products from companies and talk about them)

HOW TO INCREASE YOUR "KLOUT"

1 CREATE CONTENT WORTH SHARING

Think about the shareability of content before you post it. Try to post content that has a high shareability factor.

2 START A DISCUSSION

One of the easiest ways to increase your Klout score is to have more action taken on your messages. You can do so by starting a discussion.

3 CONNECT OTHER NETWORKS

Be sure to connect your other social networks (Facebook, Youtube) to Klout.

4 BUILD A NICHE COMMUNITY

When you have a niche community of your own, you'll be able to get retweets and drive conversations easily.

5 ENGAGE WITH INFLUENCERS

Engage with influential users in your niche. Jump into their conversation, message them and respond to their messages.

Special thanks to **@klout** and **@askaaronlee**

* http://corp.klout.com/blog/2011/11/the-life-of-a-tweet/

依照第 4 章（新聞性資訊圖）所描述的，當你持續累積公司部落格的信譽，並且將這個網誌視為品牌出版品時，你也可以建立單向發表（允許某人的網站再出版），或甚至是跨界發表（雙方的網站有償或無償的交換內容）的方式。這樣不但增加你的內容散佈機會，也可以幫你的網站增添免費的內容。

你可以在所屬的產業建立強大的聯盟，而且能夠透過公關手段與我們之前提過的各種社交媒體引擎協助支援內容。最棒的是內容背後的社交媒體宣傳，能讓你的內容廣為發佈並獲得足夠的聲勢；接著你會在經常獲得社交媒體管道歡迎的信譽優良網站中佔有一席之地。如果你有一份豐富的新聞性故事，內含專屬的數據，其效果會更驚人——我們在第 6 章（以品牌為核心的資訊圖）會再進一步討論。

最後一點，你可以指定公司裡的某個人作為資訊圖內容的「客座作者」。建立思想前瞻地位的最佳方法之一，是成為你目標出版物的定期回饋者。我們為了在業內建立品牌思考領導地位就曾經做過此事，而且為了散佈我們為客戶所做的內容，還開發了額外的管道。要深入其中不容易，但重點是開始建立一個寫作格式去展現你的作品範例。你也可以提供出特定想刊登的想法，徵詢特定某位作者意見。

耐心獲得回報

創造得以流傳與吸引數萬名獨特訪客的資訊圖，真的很振奮人心。不過要記得你不能每次都打全壘打——打出安打與獲得保送也是得分的好方法。

假設你建立了有特定讀者的一份內容，目標全部鎖定在某些特定的讀者，然後他們刊登了你的內容，但是傳回你的網站只有 200 至 300 次的點擊率。拜訪次數或是你自己的分析報告瀏覽量都無法瞭解事件的全貌。如果你看到數千人喜歡並分享在內容出版商網站上你的品牌內容，你便知道你的內容會更具有品牌印象，而最好的是，在優質的第三方情境下談論你，比起你自說自話要好得多！與記者的新關係，以及接觸到的新觀眾，也會比虛榮的測量（例如瀏覽量）來得有價值的多。

總而言之，你必須要有耐心；多詢問客戶他們第一次認識你們品牌的原因，這對於衡量品牌宣傳是否成功很有幫助，那也是你在如網站流量分析報告上看不到的特徵反應。

當你因為六個月前製作、擁有長久上架期的成功內容，看到持續增加的流量、連結、顧客與新聞報導，那代表你將開始品嘗的甜蜜果實，那些投資在建立精采內容與品牌出版品上使用的時間與金錢就開始回收了。

本章註解

❶

請參考 YouTube 影片：http://www.youtube.com/watch?v=417iJmk2ans。

❷

Pinterest ：網路圖片剪貼簿，結合 Pin（釘）和 interest（興趣）的含意，在瀏覽任何網頁或網站時，看到喜歡的圖片，就用超快速的“Pin it”書籤將它收集起來。Pinterest 不僅能儲存圖片，更能將喜歡的影片或是錄音也一起 pin 起來，另外也有將別人的 pin 搜集到自己網站的功能。

❸

StumbleUpon：推薦系統網站，它將所有用戶推薦的內容整合篩選後再反過來推薦給用戶。

Reddit：推文網站，不僅提供連結索引的機制，讀者還可以直接在 Reddit 上面進行各種有趣的討論。

Tumblr：部落格平台。

STOCK

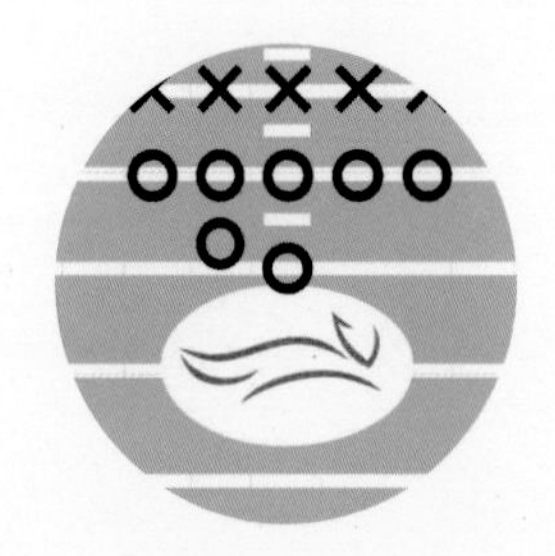

20
30

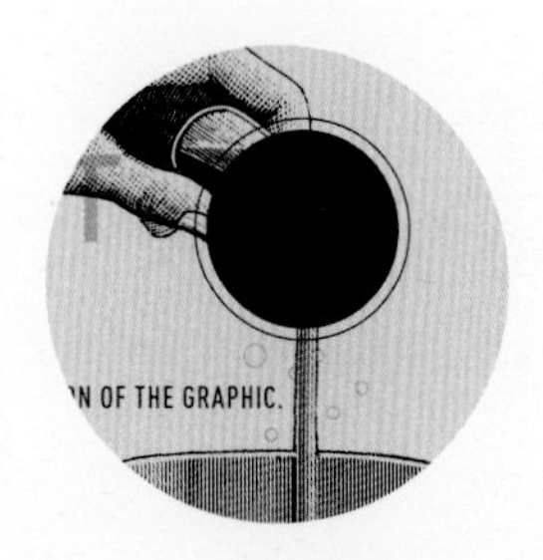
ON OF THE GRAPHIC.

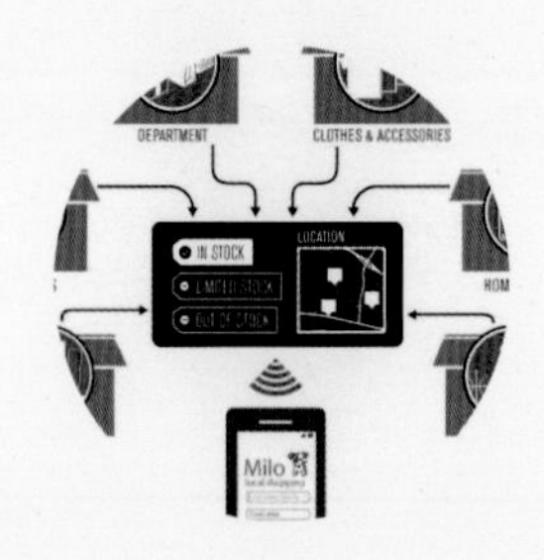
DEPARTMENT
CLOTHES & ACCESSORIES
IN STOCK
LOCATION
Milo

chapter

6 以品牌為核心的資訊圖

- 「關於我們」頁面
- 產品說明
- 視覺新聞稿
- 簡報設計
- 企業年報

使用資訊圖傳達訊息不僅能讓你在與媒體聯繫中脫穎而出；也是一個避免述說冗長、無聊故事的方法。

資訊圖可說是個很神奇的工具，它能夠解釋公司業務、溝通價值，並在過程中得觀眾的關注。我們在前一章討論過，新聞性內容傾向於擁有更普遍的魅力，所以能吸引更多的關注與喜愛。不過你不應忽略資訊設計在溝通更具品牌性訊息時的效用。我們將此稱之為「以品牌為核心」的內容；也就是說，這類內容不只是為了吸引注意力而在任何相關、有趣的主題上貢獻想法而已。

相反地，它的目標是傳達與公司有關、非常具體的想法、任務，以及公司所提供的產品與服務細節。本章將說明如何在傳統形式中加入某些視覺元素，讓價值主張的傳達更具魅力。我們發現此類溝通有幾個常見的範圍，因為應用在資訊圖而受益匪淺。

「關於我們」頁面

如果你是新成立或名氣較小的公司，那麼每一位造訪貴公司網頁的人都應該被視為很有價值的潛力客戶。所以你必須讓公司的宗旨一目了然，因為訪客可能隨時會離開你的頁面。你必須採取直接與有趣的方式，對每位訪客表達你的經營項目、成立宗旨與經營模式。這類資訊通常在網站的「關於我們」頁面出現，一般會包含幾段格式化的文字描述其公司歷史、地點與宗旨。

可惜的是，如果內容是標準與可預測的格式，顧客也很可能會直接跳過，不太閱讀此類內容。但這也是你最好的機會所在，因為你可以讓你的宗旨與獨特的價值主張於其中突顯出來。這項資訊應該放在網站開始的首頁、前面中間的部分，而不是退居於網站的子頁面。使用資訊圖展示這類資訊會讓內容活潑化，確保你的訪客都能迅速與清楚地得知你的訊息。

如果潛在客戶一般都瞭解對你的產品與服務需求，資訊圖正好可以協助建立一個舞台，解釋清楚這個需求。這是將產業統計數據、人口資料與問題陳述視覺化的好機會。這類設計可以參考圖 6.1，這是由 Column Five 在 2010 年為當時尚未被 eBay 併購的購物搜尋網站 Milo.com 所製作的解釋型資訊圖。

在有關該頁面左邊「你知道…」的部分強調了該產業的格局，並且描述了當前與未來需求的解決方案。這裡幫資訊圖建立了一個舞台，在主要頁面部分描述 Milo 所提供的服務。這個作法讓品牌得以利用足夠的背景資訊來述說完整的故事，進而提高其訊息的價值。

Find in-stock products near you

Hollywood, FL

SEARCH

Browse Categories ▾

About Us
Retailers
Press
Jobs
API
Feedback
Policies
Mobile
Blog

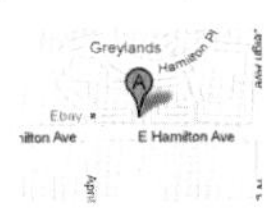

Milo.com
2055 Hamilton Ave (Building 8)
San Jose, CA 95125

Contact Us
Press Inquiries: press@milo.com
Partnerships: bizdev@milo.com
General Inquiries: info@milo.com

Did you know....

87% of consumers in the United States research products online before buying them in-store.

Research online buy offline is estimated to be a $1 trillion market by 2011.

Online research will impact 40% of total US retail sales by 2011. E-commerce currently accounts for only 5% of US retail sales.

Milo leads the local product search space, searching approximately 50,000 stores across the country.

Our Mission | Team | Board of Directors | Investors | Advisors

Our mission: Every product, every shelf, every local store.

Milo is local shopping made easy. We search your local store shelves in real-time to find the best prices and availability for the products you want to have—*right now*.

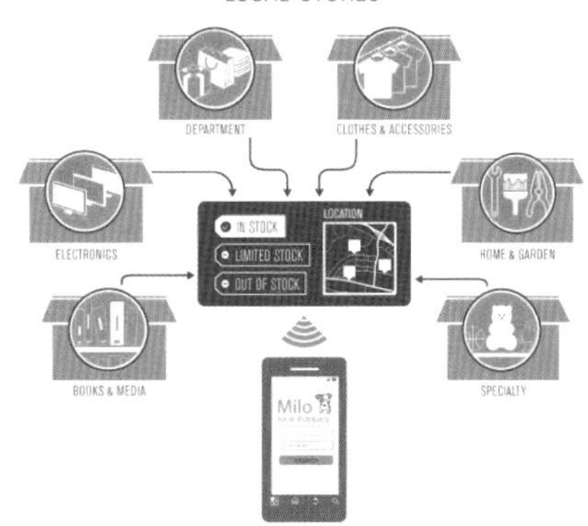

Milo shows you what's in-stock where, and tells you how much it costs at that very moment. We also offer detailed product information and user reviews, so you can be confident you're getting a product that fits your needs. In short, we make it easy to access the best of both online and offline shopping worlds—all in one place.

As the boundary between online and offline commerce continues to blur, Milo continues to expand its coverage and capabilities—increasing our number of products and retailers, introducing additional mobile features and working to seamlessly connect the online and offline worlds. With the additional resources of eBay*, Milo is intent on changing the face of shopping—for decades to come.

TRY IT

You can also:

- Add your store to Milo
- Check out some of our stores
- Download our mobile app
- Get to know our team
- Join us
- Use Milo data

*As of December 2010, Milo is an eBay company.

Stay updated with Milo:

About Us | Jobs | Retailers | Feedback | Policies

圖 6.1

在「關於我們」頁面上使用資訊圖的範例：頁面左邊說明美國消費者傾向先在網路搜尋產品資訊，然後再去實體商店購買搜尋產品，頁面右邊介紹 Milo 公司所提供的便利搜尋服務。（Column Five 為 Milo.com 製作）

Milo 網頁的主要圖表說明了如何以簡單的方式反映出活潑的品牌風格。這個例子展示了在「關於我們」頁面如何使用資訊圖的重點：

1 清楚表達你的目的

你必須力求簡潔地說明以達到最大的影響力。Milo 採用一個句子去解釋他們很直接的宗旨，以及兩個簡短句子去描述他們如何計畫達到目的。

然後他們在頁面下方多加了兩個段落，為那些想要瞭解更多資訊的人，提供更加詳細的服務資訊。不過值得注意的是，如果只是想純粹了解公司的使命與服務，這些段落是不必要的。因為你處理的是網站訪客（極度）有限的注意力，你希望保持簡短與貼心的基本訊息，並且必須在前面部分傳達。

2 巧妙地選擇你的項目符號

製作所有資訊圖時，哪些資訊要包含進去，哪些要省略總是很重要的決定。雖然你討論自己公司與產品時，訴求能讓讀者享盡「各種使用你業務的好處」聽起來很誘人，但卻不是最有用的方式。如果檢視你的網站流量數據，了解用戶花在每個頁面的平均時間，如此你將明白你很可能沒有這樣雄厚的空間。舉例來說，Milo 想要傳達幾件很重要的事情，讓人瞭解其服務價值：

- 他們與在地的、而非網路商店合作
- 他們合作的商店類型包羅萬象
- 他們的服務會顯示商品項目的可取得性與購買地點
- 他們的服務可以利用手機應用程式取得

這份非常簡易的資訊圖很快地傳達了以上每一項重點，讓讀者能立即瞭解產品。重點是要限制你想要凸顯的重點，維持視覺化與整體訊息的效力。

3 避免業內用語

你提供的訊息必須讓那些不熟悉你的產業常見術語的人所吸收。在網站上使用「策略」術語並無法讓你的公司聽起來比較先進；只會讓人感覺更普通而且難以接近。雖然你想避免以指導的方式對你的顧客說話，但你也不想用機器人的口氣說明。「關於我們」的頁面是很好的空間，能讓你為品牌訊息注入一些個性，並且以人性化的方式與顧客連結。

產品說明

如果一個產品需要詳細地解釋操作方式，那麼它很可能設計得不是很好。儘管如此，無可避免地，產品的使用方式還是需要一些最基本的說明——無論是玩具、工具、手機應用程式，或是軟體即服務解決方案（SaaS solution）。

但是任何人買了渴望得到的商品以後，「看看說明書」大概是他們最後才想要做的事。這就像買了一輛上路前必須先替輪胎打氣的新車一樣，製造了難以親近的障礙，也會立刻減低你的產品魅力。這就是擁有簡單、又像產品本身一樣有趣的首次產品說明體驗具有重要價值的原因。在此階段，你必須就他們實際在使用產品的經驗，體貼地考慮與顧客的互動。視覺化在做這件事上可說幫助很大，因為它能讓你的說明內容保持簡短與生動，確保產品說明如同在摸彩箱裡發現兩百億元一樣令人驚喜，而不是替輪胎充氣一樣地無聊。

如果在文字敘述的地方使用視覺提示可以讓內容顯得直接與簡潔，也是顧客們喜愛的模式。但這要從哪裡開始進行呢？尋找視覺說明形式的辦法之一就是先去檢視產品或介面本身。

在產品說明中「以視覺化呈現產品剖面」就是種很合邏輯與直觀的想法；而提供各種支援產品使用方法的圖表也能讓用戶更快地熟悉購買的東西。儘管這最終不見得是最好的辦法，但卻是開始幫你的產品說明產生視覺化格式的有效方法。如果你的產品屬於實體商品，則更適合展示剖面圖表，並能藉此宣傳產品不同的特性與應用方式。

這樣的方式會立即減少你使用文字描述產品地點、各元件鄰近位置與關係的需求，而且能即刻告知顧客使用的方法。

通常在「產品組裝說明」這種章節，圖表利用很常見，而相較之下，「操作說明」卻通常是讓人卻步，很多產品說明書在這部分會出現長篇大論的文字內容。我們發現，極需要以圖像說明革新的產品案例就是傳統的桌上遊戲。為了了解遊戲規則，這種產品購買者要像「犁田」一樣爬過三頁單色、字型大小 9 的文字內容，這樣它還能稱為「家庭歡樂時光」嗎？

如果你有諸如手機應用程式或 SaaS 之類的電子產品，你可趁此大好機會利用資訊圖來解釋可能很複雜的用戶介面。儘管用戶的經驗應該很直觀，但是各種特性的介紹或說明可以方便用戶加快應用的速度。依照我們的經驗，動態資訊圖能完美地達到這個目的。因為顧客可能已經在電腦或手機上看過產品，影片是很適合說明的媒介。其主要產品特性一般可以濃縮為短片（1 至 2 分鐘），經由介面帶領用戶瞭解其特性。

這類應用最好的例子是我們與「Myxer 社交電台」合作過的計畫。我們帶領用戶走過他們最新應用程式的介面功能，也就是讓朋友同時能聆聽音樂。那段影片可以在網站 http://goo.gl/OpcDp 找到。

這段動態影像的目的是要快速與清楚地傳達使用該應用程式主要特性的方式。為了維持使用者的注意力，我們讓作品保持簡短（大約 90 秒）並且快速運行。這樣的長度不見得有足夠時間向新用戶展示每項特性與功能；不過最好要顯示出基本特性，並鼓勵用戶自行深入的探索。

視覺新聞稿

公共關係（PR）的世界正在經歷一個重大的轉型時刻，而這些變化將在未來幾年內持續發生。

記者與知名的部落客要接收來自企業與公關部門的大量郵件轟炸，這些企業的目的都是希望能得到一篇有關他們的最新報導。傳統投遞這些「故事」的方式已經日漸失去功效，所以各大企業都在找尋新方法吸引他們注意新聞。

此外，讀者想要觀看的內容型態也在改變。如我們前一個章節所說，媒體的世界本質上在增加其內容性。換句話說，讀者想要聽故事。一般的新聞稿，可能是包含財報重點的公司簡介，或是應用程式最新版本的新功能列表，這些對一般讀者來說很無趣。人們想要的東西不只如此，品牌追求的是一鳴驚人的的新聞稿——而不想看到它們幾天後淹沒在郵件裡。

企業與公關部門知道這個多變的現象，而我們公司最近也接獲許多詢問，想找尋針對記者與讀者製作有趣和動人內容的新方法。使用資訊圖傳達訊息不僅能讓你在與媒體聯繫中脫穎而出；也是一個避免述說冗長、無聊故事的方法。我們與幾家品牌的合作正好可以作為「如何有效執行視覺新聞稿」的例證。

舉例來說，你可以利用資訊圖展示公司的統計數據，例如營業額成長、消費群擴大，或是著名的產品性能，可以很快地增加產品的知名度或可行性—記者總是有興趣找尋最熱門的新趨勢。這在科技業界更是很普遍的事，這類公司通常會經歷像曲棍球棒一樣的成長曲線，或是驚人地發展出擾亂傳統產業的創新產品。這類統計數據的視覺說明有助於將數據情境化，並分析數字之所以重要的原因。

由 Column Five 為社交探索平台「StumbleUpon」製作一份稱為「網路頁面的生命週期」的作品（圖 6.2），是這類資訊圖的示範案例。這張資訊圖主要為呈現有關該網站用戶參與的重要數據，以及與競爭社交網站對手像是推特和臉書的比較。StumbleUpon 向網路上的內容製造者傳達他們平台的價值，試圖鼓勵他們進一步在其上分享。這也讓他們一直處於社交網站使用與價值的討論當中，並且提供人們如何與此類網站交流的見解。

結果，更多人在新聞與著名網誌上討論 StubleUpon 網站，以及該網站成為公司業務團隊有力的媒介，可以向夥伴與客戶展示公司平台流量的特質。這份資訊圖成功的關鍵因素是，它內含的數據兼具趣味與重要性，而作品的調性呈現了真實感。

沒有任何事比得上使用推銷口吻訊息向讀者做出結論與推薦，更能破壞你與他們之間良好的氛圍。如果你有堅定的事實可以自行說明答案，就不需要再補充「…所以下次你分享內容時，想想這個百分之 999 贏過臉書與推特表現的平台！」這個數據本身已經是一個故事；不用害怕讓它自行呈現。使用公司數據的另一個好例子可參見 http://goo.gl/L38d9 為 SlideShare 網站製作的圖表。

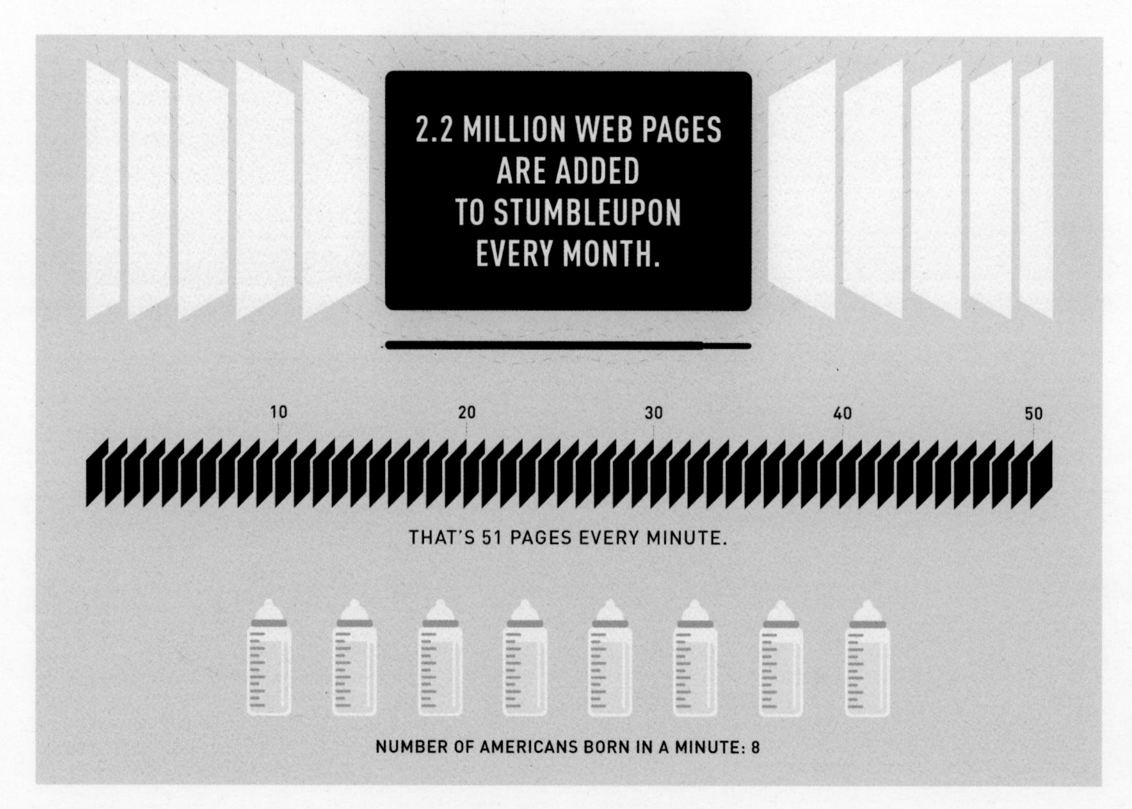

圖 6.2
視覺新聞稿範例。（StumbleUpon 網站委託 Column Five 製作）這兩張資訊圖說明：StumbleUpon 增加的驚人網頁瀏覽量；以及 StumbleUpon 的平均網頁瀏覽量，還有它與其他同質性社交媒體在連結比例與平均用戶逐頁觀看時間的比較。

THE AVERAGE STUMBLE PAGE VIEW
LASTS 72 SECONDS.

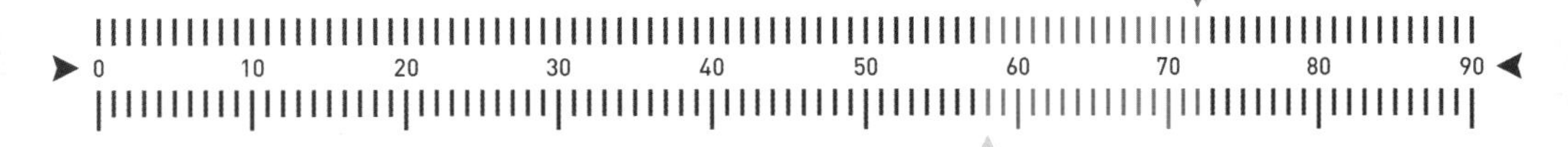

THAT'S NEARLY 25 PERCENT
LONGER THAN THE AVERAGE WEB PAGE VIEW (58 SECONDS).

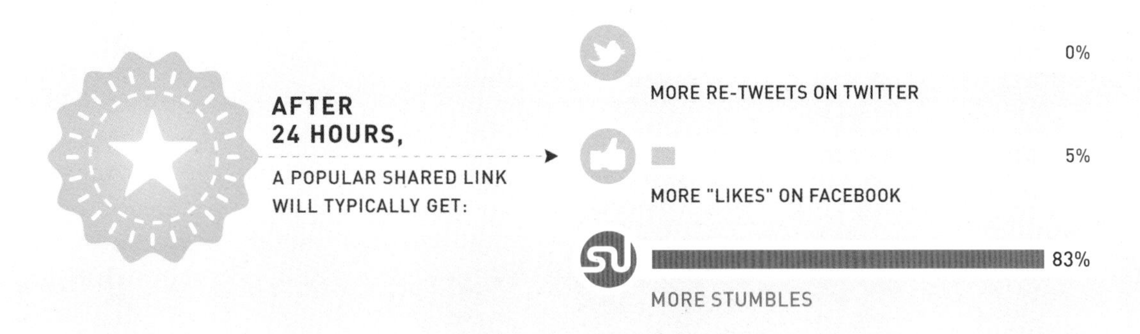

THE AVERAGE STUMBLE SESSION (DURING WHICH A USER VIEWS PAGE AFTER PAGE)
LASTS 69 MINUTES.

THAT'S MORE THAN
THREE TIMES THE AVERAGE FACEBOOK SESSION
AND
THREE TIMES THE LENGTH OF THE AVERAGE TV SITCOM!

圖 6.3　視覺新聞稿範例：「十五年的娛樂」。（遊戲公司 PlayStation 委託 Column Five 製作）

另一種引人注意公司成就的方式是讓人以懷舊的心情觀看公司的歷史。無論你的公司只有 3 年或是 30 年歷史，你都可以利用時間表來呈現公司的成就與里程碑。當然這樣的資訊對一般讀者有多大的吸引力，端看他們有多熟悉你們的成就，以及他們對你們的成就多有印象。

吸引人的程度會影響到作品主題的選取，所以你必須清楚，並且要實際面對這些事實。比方說，很多人很關心，也很清楚像蘋果（Apple）這類公司的歷史；我們擁有他們的產品，多年來也體驗過他們的革新。但並非所有公司有同樣普遍的魅力。請視狀況調整你的期待。

我們製作過不少這類的圖表供企業內部使用，它們用以提醒員工公司曾走過的歷史，以及未來要達成的目的。有個好例子是我們在 2011 年做了一個資訊圖，紀錄遊樂公司 PlayStation 的 15 週年紀念日（請參考系列圖 6.3）。我們以多年來索尼公司（Sony）發行過的各種 PlayStation 主機為主要內容，並且強調革新的技術

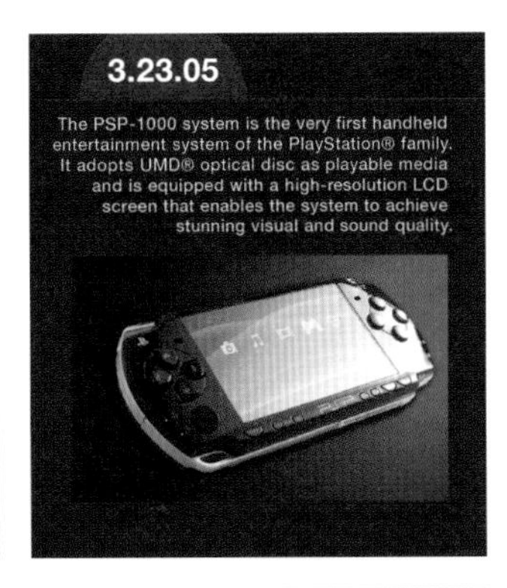

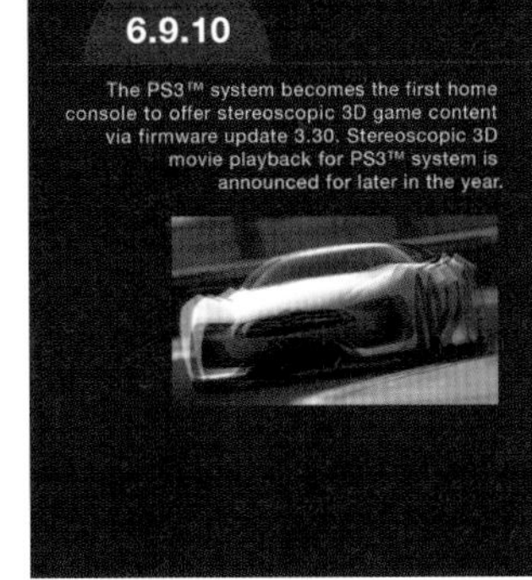

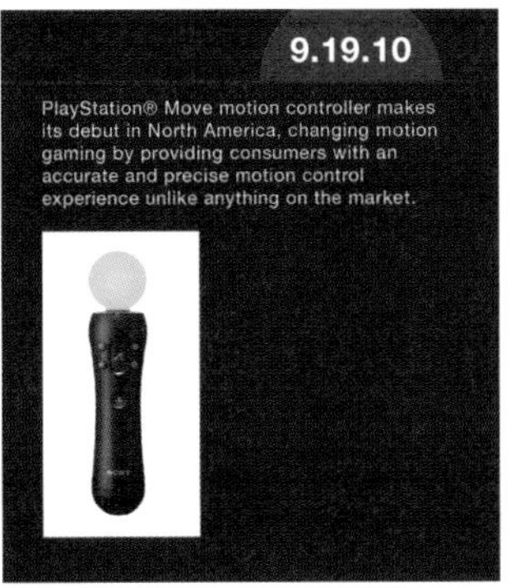

一路引領他們發展至最新上市的主機款式— PlayStation Move。顯然這家公司的歷史會吸引到某種特定（雖然不大）的族群：那些擁有，或曾經擁有 PlayStation 主機和遊戲的人。

既然知道這個目標觀眾，最好的作法就是找出有興趣報導這個主題的特定網站、部落格和其他媒體組織。眾多的流行玩家網站，有些特別是針對 PlayStation 這類遊戲的網站可能會對這個新聞感興趣，電動玩具發行商也可能會想使用這張圖表。於是，PlayStation 就應該採取個人獨特的宣傳手法，個別聯繫這些媒體。當然，並非所有品牌都像 PlayStation 那麼有名，可能無法獲得主流出版商的關注。不過，我們總是必須在製作視覺新聞稿時，要特別注意和自己公司歷史相關的特定領域與特定產業組織。

向外界展示你們公司獨家的數據寶庫，並強調其價值，也可作為強大內容的基礎。棒的是，這個作法不只能談論貴公司的價值，它還會展示出來。提供個人理財和預算編製服務的工具網站 Mint.com 是 Column Five 首批客戶之一，它讓我們有機會完美演繹這類視覺新聞稿的風格。

根據該網站所提供的服務，Mint 擁有大量有關用戶支出、儲蓄與借貸習慣的不具名財務數據。沒有其他公司能擁有這麼齊全的美國貨幣型資產與習慣的檔案。為了要全力發揮這份資料強大的整合力，我們製作了幾份資訊圖，針對諸如情人節買花、大型咖啡館的平均消費比較（如圖 6.4），或是多年來在精品名店的假日購物如何的改變等特定主題。

在 2010 年四月，我們觀察了在經濟蕭條期間，美國人如何改變儲蓄的習慣（如圖 6.5）。這不但是吸引他們注意數據的大好機會，也可趁機敘述一個很有趣的故事：它呈現了一個嚴重的經濟危機，讓美國人警覺要開始儲蓄，少花

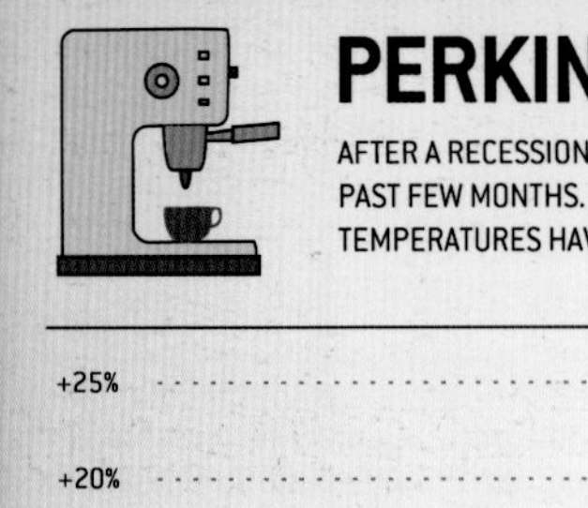
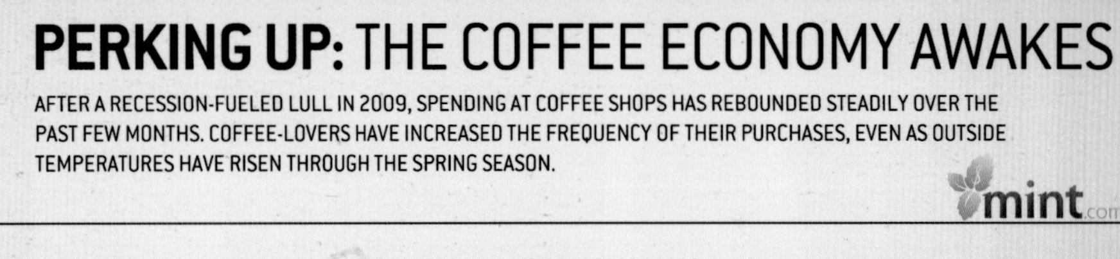

圖 6.4

MONTHLY TRANSACTIONS PER USER Q1 2010

IT IS NO SURPRISE THAT THE NORTHWEST AND NORTHEAST REGIONS LEAD THE COUNTRY IN COFFEE PURCHASES, WITH MAJOR WEST COAST CITIES TOPPING THE LIST OF HIGHEST SPENDING PER PERSON.

8 - 10　10.1 - 12　12.1 - 14　14.1 - 16

TOP 10 COFFEE CITIES:

AVG MONTHLY SPENDING

$36	★	SEATTLE
$34	★	SAN JOSE
$33	★	PORTLAND
$33	★	PHOENIX
$32	★	LAS VEGAS
$32	★	DENVER
$30	★	SAN ANTONIO
$30	★	DALLAS
$30	★	SAN FRANCISCO
$29	★	TUCSON

SOURCE: MINT.COM

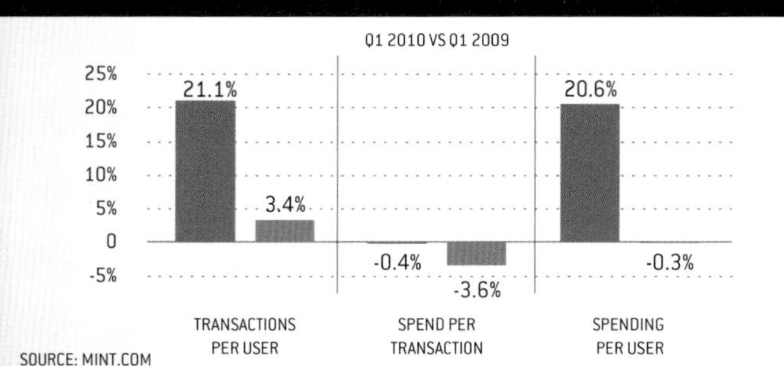

STARBUCKS VS OTHERS

● STARBUCKS ● ALL COFFEE SHOPS

STARBUCKS HAS NOT BEEN ABLE TO KEEP PACE WITH ITS PEERS IN EARLY 2010. AMONG MINT.COM USERS, THE AVERAGE TRANSACTION AMOUNT HAS DECREASED MORE THAN OTHER SHOPS, BUT THEY ARE NOT WINNING BACK CUSTOMERS AS QUICKLY.

UPDATE

STARBUCKS RESPONDS

In the last two quarters, Starbucks has seen a significant year-over-year increase in the number of customers visiting our stores, resulting in some of the strongest financial results in our history. This growth is at odds with Mint.com's survey results. One reason for that discrepancy is that a large percentage of Starbucks customers pay for their beverages with gift cards or cash, two payment methods not fully accounted for in the Mint.com report. The report doesn't reflect all Starbucks licensed store purchases, nor does it account for Starbucks' packaged coffee and Starbucks VIA® sales in other retail channels. The data does support our belief that the coffee industry overall is gaining strength, and we are confident that we are playing a significant role in that growth.

一點錢了！這份資訊圖成功的秘訣就在於找到數據中的有趣故事，吸引大批的讀者，並且能廣泛地散播出去。如果你可以讓讀者在注意你們公司數據的同時，既得到資訊，又有娛樂效果，那就是雙贏局面。

品牌視覺新聞稿能夠報導很多其他的主題；也不受限於本章提及的三個方法。關鍵在於你要如何能創造突出的內容，吸引記者們想報導。使用資訊圖格式可以讓記者方便使用你的圖表比對他們的文章，連帶地讓貴公司圖表更具吸引力與有效性。

圖 6.4（續）
2010 年咖啡的消費狀況、美國前十大咖啡消費城市，以及星巴克（Starbucks）與其他咖啡館的業績比較。

COMING UP FOR AIR

How Americans are Finally Getting on Top of Their Finances

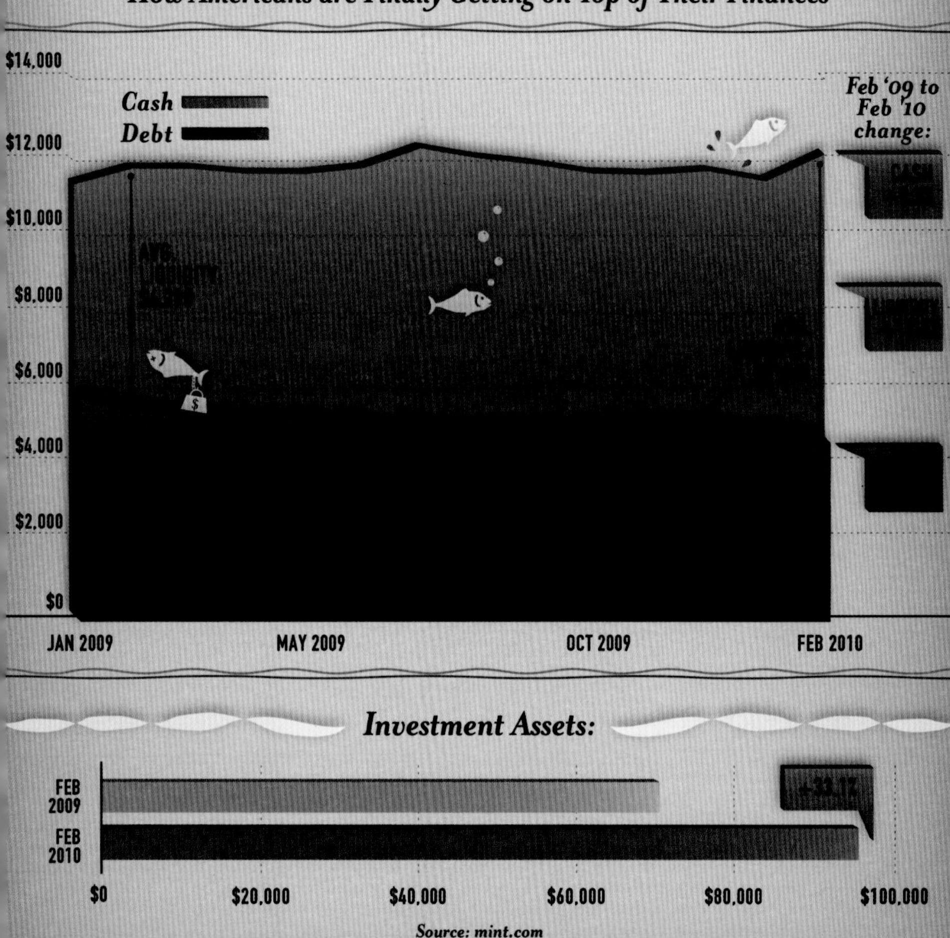

簡報設計

簡報世界經常奉行視覺化與資訊圖的原則。自從很久以前有人為了省事，首次利用一系列朝右邊上升的趨勢圖表以後，數據視覺化一直都應用在投影片說明。在如今的商業環境裡，以圖表來顯示公司趨勢與見解是很常見的作法。

不過，簡報設計最缺乏的是實際的設計元素。雖然微軟的簡報軟體 PowerPoint 不可否認是很實用，大部分的人還是同意，它總是缺乏一點設計美感。軟體本身不是問題；問題出在創作者身上。

我們在這個部分將討論有關簡報設計應用資訊圖最好的範例，還有建立已經行之有年的數據視覺化基礎（如圖 6.6）。

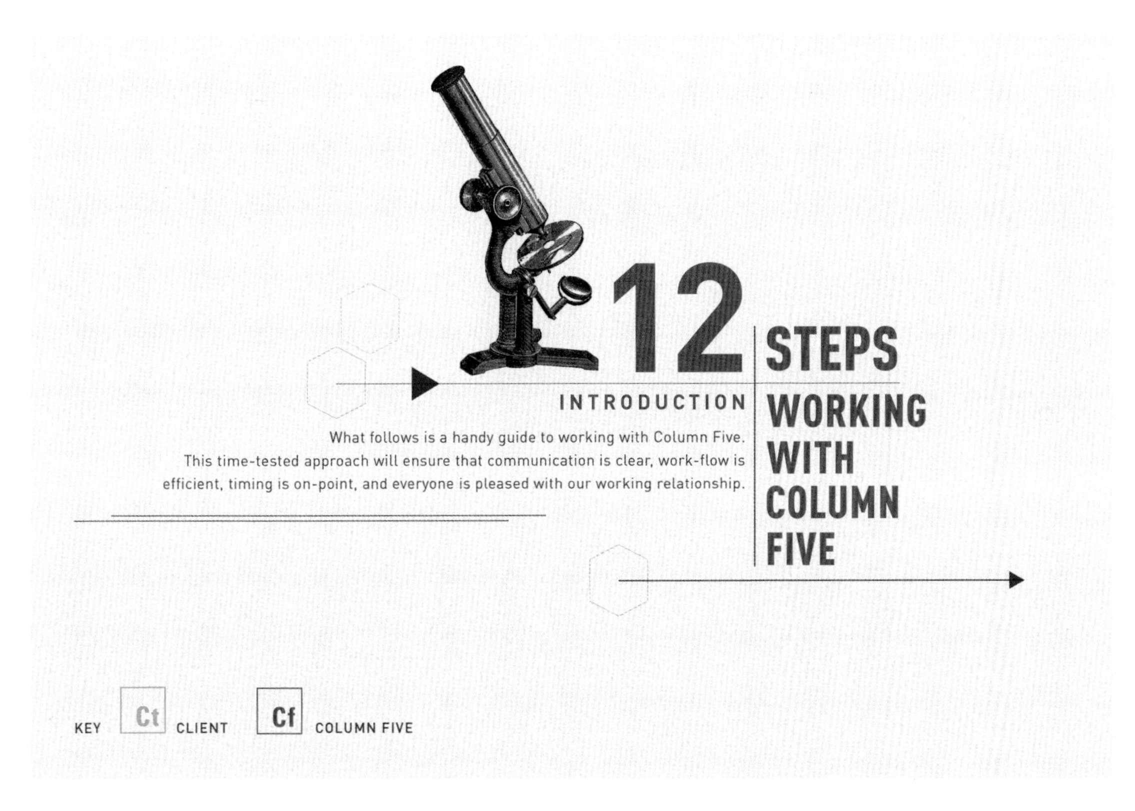

圖 6.6
系列簡報設計範例：「12 個 與 Column Five 設計工作室合作的步驟」

圖例：[Ct] 代表客戶，[Cf] 是 Column Five

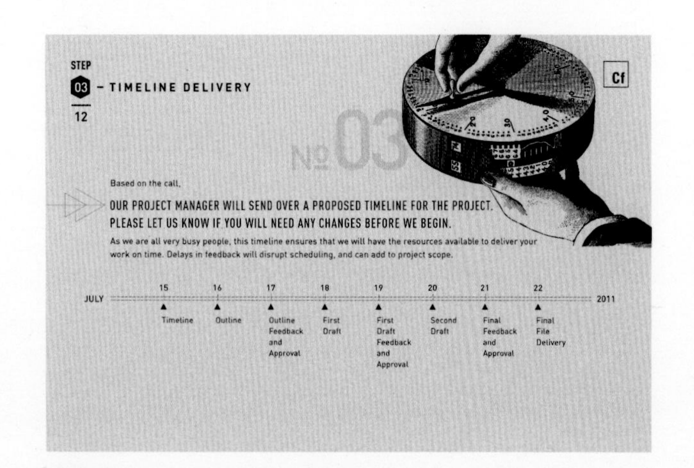

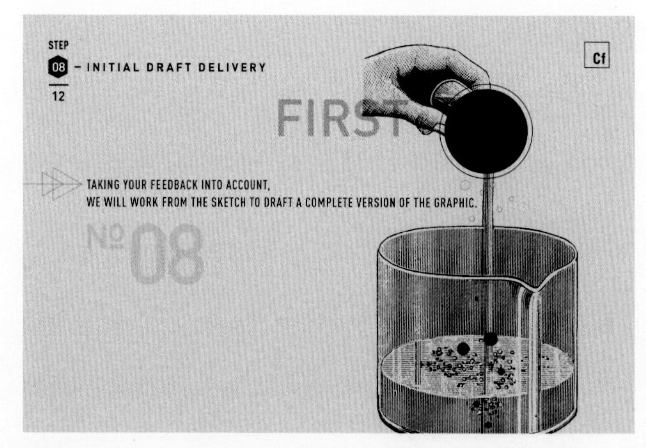

1 提供多樣化的視覺應用

首先你必須了解，資訊設計不只限於數據的視覺化、簡報設計或任何其他的應用。它可以、也應該能做其他的觀念視覺化的工作，例如層次結構（組織結構圖）、剖面圖（組合分配），和年表（事件的時間安排）。除了銷售數據和月度預測的直條圖顯示，還有更多的機會使用圖表解釋概念，以吸引觀眾和澄清關鍵重點。

2 投影片內容應採「精簡原則」

你可能在這裡會注意到一種模式。就像其他作法一樣，你應該在任何時候**使用最少的展示內容，來達到最大的效果**。如果你的觀眾正在讀取你投影片上的段落，他們就沒在聽你必須說的內容。圖像保持簡潔，當作是簡報的說明重點。既然演講時你可能會複述書寫的字句內容，請儘量減少文字的使用。

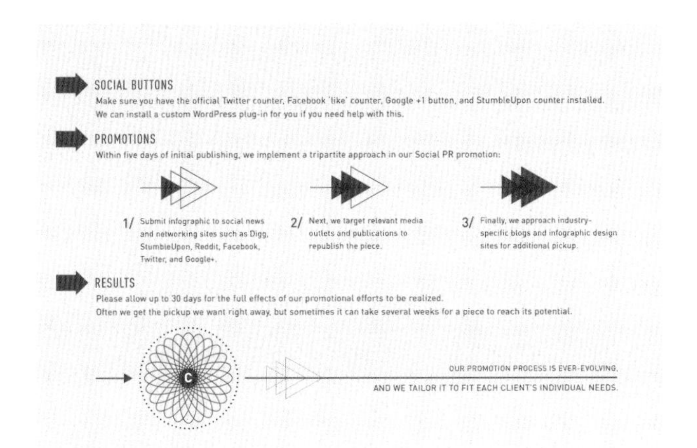

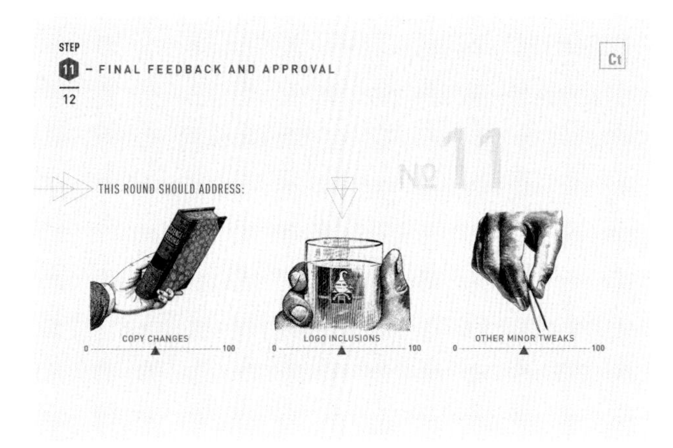

3 小心地使用顏色

顏色是你應該謹慎使用的特殊工具。大膽的顏色只能強調重要項目，如果每個地方都有顏色，人們就很難決定要注意哪邊。如果每件事都標記為重點，那就沒有任何重點。每張投影片都要謹慎使用這個力量去強調重點，向觀眾指出訊息重點。

4 保持一致性

投影片設計最常見的缺點，很可能是無法統一各項元素。例如使用不同字體；表格與圖像取材自不同來源；公司商標出現不同格式、顏色和解析度。身為專業的設計工作室，可以想見我們對這些支離破碎的創作，比一般人感覺更加困擾。

不過我們不能忽視一份設計精良、簡潔的簡報所達到的效果——無論它是只在公司內部使用，或是在公共演說的場所展示。當然不是每種演說場合都需要委託設計師製作投影片，但我們相信有此需要的公司不少。如果你的目標是要製造深刻的印象，你必須讓簡報的各種元素彼此配合地天衣無縫。你要讓觀眾感覺你選擇的圖像就如同你選擇的字句一樣專業。

既然這是你們公司一整年最重要的出版文件，你必須以同等重視的心態去處理它。一份年報可能包含故事敘述、深入的評論、致股東的感人信函，以及豐富的數據。

遺憾的是，企業年報大多數內容都很難讓一般人理解，這類冗長、長篇大論的文件讓員工和股東們只想瀏覽重點，而不會逐頁閱讀。不過它們也提高了許多以圖像述說故事與數據的機會。深入的評論也可以並存，但資訊圖有助於在讀者應該注意的地方拆解文字與強調範圍與重點。

福克斯帕金森氏症研究基金會（the Michael J. Fox Foundation, MJFF）2010 年的年度報告，正好是使用插圖與資訊圖述說故事與訊息的好例子。Column Five 在它的年報中製作了一系列五種個別的插圖，每一個可以說明一種 MJFF 背後對於帕金森氏症研究獨特的作法觀念。

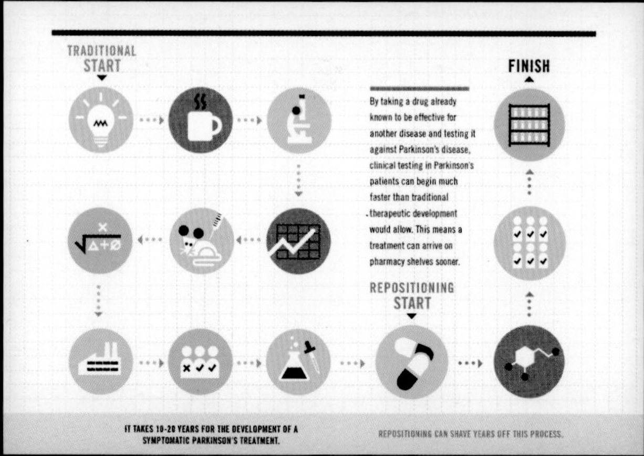

圖 6.7

用於企業或組織年度報告的資訊圖：「比較不同的藥物實驗方法對於治療帕金森氏症的效益」。（福克斯帕金森氏症研究基金會年報，Column Five 製作）

TRADITIONAL

THE FOX EFFECT

Identification of a drug target typically unfolds in an uncoordinated way as different labs analyze it from discrete angles, often at the expense of opportunities for collaboration. MJFF is orchestrating efforts to encourage sharing data and resources early in the process so that LRRK2 can evolve toward practical drug therapy faster.

NEW TREATMENT

STREAMLINED

OVER $30 MILLION IN MJFF INVESTMENTS IN LRRK2 THERAPUTIC DEVELOPMENT TO DATE.

OVER 30 LABS IN THE LRRK2 BIOLOGY CONSORTIUM.

OVER 3,000 INDIVIDUALS IN THE COHORTS WITH MUTATIONS IN THE LRRK2 GENE.

在年度報告中使用資訊圖，也是吸引人注意其公司年度重大成就的好方法。「人權運動組織」（Human Rights Campaign, HRC）在 2011 年的年報就做得很成功。他們找 Column Five 製作完整的年報，強調為了爭取同志族群（LGBT，註 1）平等的權力而抗爭的進展。

這份報告帶觀眾走過 HRC 爭取平權的事蹟，將諸如國會支持與各國現行法律等議題（如圖 6.8）轉換為有力的圖表資訊。使用資訊圖傳達這類的資訊讓我們能「顯示而非告知」觀看者該年所達到的進展，以及清楚地傳達了組織所提供的價值。

這份年度報告設計其後贏得「美國平面設計協會」（AIGA）「50 設計大賽」的獎項，獲得進一步的關注與肯定。MJFF 和 HRC 的年報可以說是很好的示範。

以視覺方式清楚地傳達公司價值還有很多形式，有些我們會在下一章進一步討論。

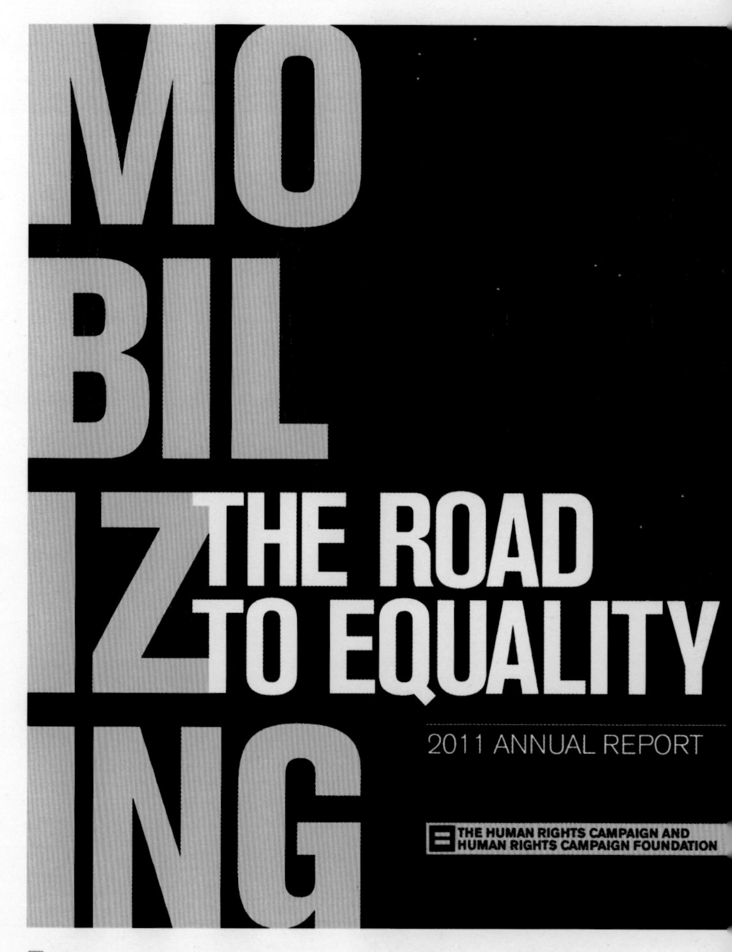

圖 6.8
用於企業或組織年度報告的資訊圖：「走向平等的道路：2011 年年度報告」。（人權運動組織委託 Column Five 製作。）年報中的圖像說明了該組織在平權道路的各目標上努力的成果與進展。

本章註解

❶
LGBE 分別代表女同性戀者（Lisbians）、男同性戀者（Gays）、雙性戀者（Bisexuals）與跨性別者（Transgender）的英文字母縮稱。

ON WE GO

TRONG PUSH AHEAD

NOW

M+

ERS AND SUPPORTERS STRONG

2011 moved our fight miles forward along the road to equality. But we have even farther to go before LGBT people are treated fairly and equally throughout our society. We need marriage equality in all 50 states and fully recognized by the federal government. We need workplace protections so LGBT people can no longer be fired because of who they are. We need tolerance in our nation's houses of worship, and welcoming safe environments in our schools. We need real equality, full equality, for all LGBT people and their families. And to succeed, we need more people to stand with us in our fight. As we march forward, HRC is putting our full force to bring others into our movement—reaching out, building relationships and mobilizing nationwide.

07K

LIKE HRC ON FACEBOOK

FIGHTING FOR OUR FAMILIES

Meanwhile, HRC continues to focus its resources in a number of states to secure equality for our relationships. HRC worked aggressively with local allies in New Hampshire, Hawaii, Delaware, Maryland and elsewhere. It continues to try to stave off opponents in North Carolina and Minnesota as well as push ahead for our rights in Maryland and New Hampshire.

NATIONAL COMING OUT DAY APP
EBOOK GENERATED

6.3 M

ON THE ROAD TO EQUALITY

Our nationwide bus tour has stops in more than a dozen cities in 11 red states to spread the message of equality.

KEY:
Route

SHOWING OUR PRIDE

HRC stepped up its presence at pride events this year, staffing festivals in 46 of 50 states, and signing up 19,000-plus NEW members.

HAVING HRC HERE PROVIDES LEGITIMACY TO OUR EVENT.

—WEST VIRGINIA PRIDE

WORKPLACE EQUALITY

In 29 states, you can be fired based on your sexual orientation:

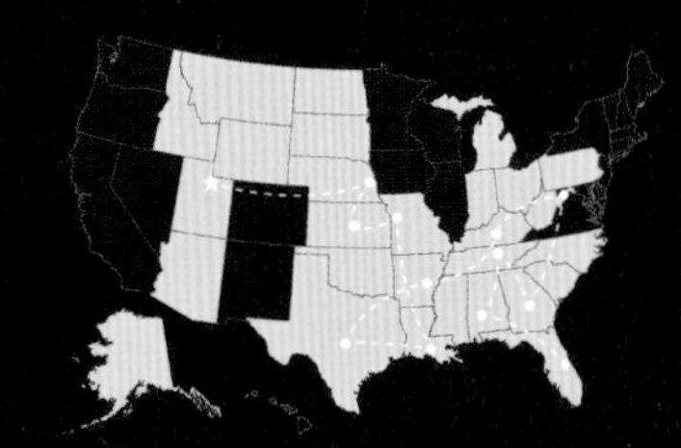

In 35 states, you can be fired based on your gender identity and expression:

HATE CRIMES ACTION

And 19 states lack laws addressing hate crimes based on sexual orientation:

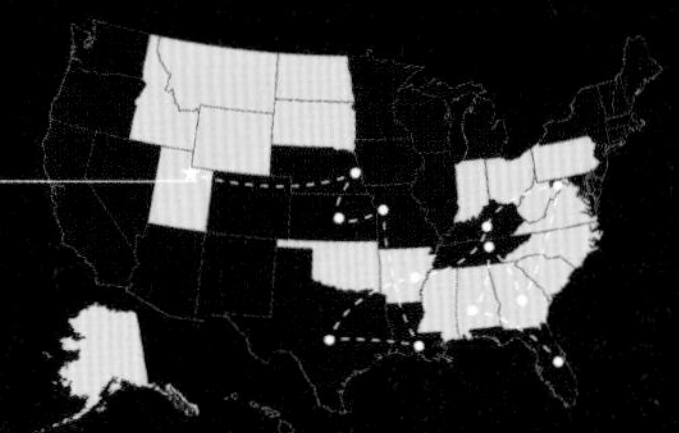

Finally, 38 states still lack laws addressing hate crimes based on gender identity and expression:

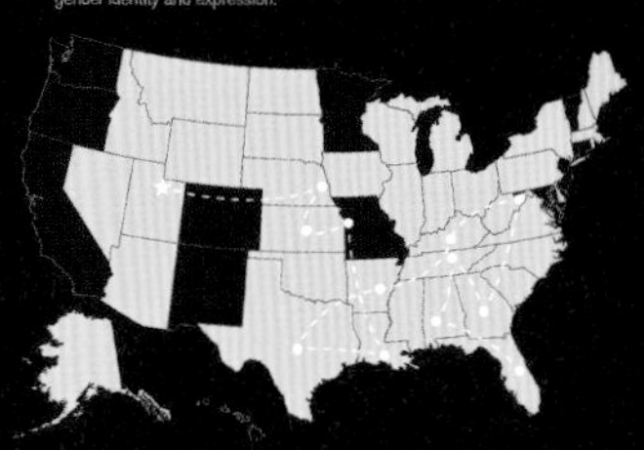

2011 ANNUAL REPORT

HRC 2011 ANNUAL REPORT 13

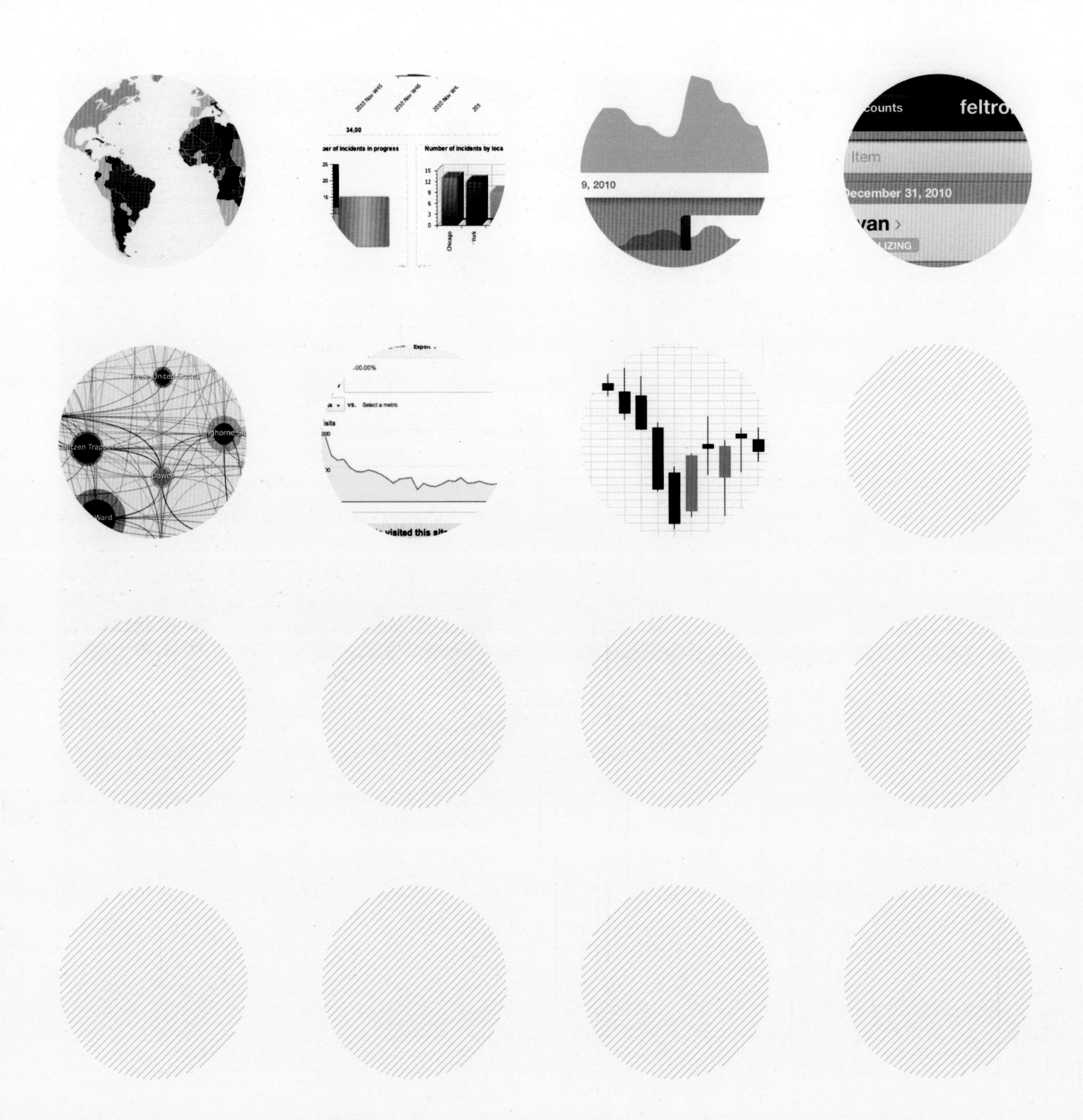
2010 Nov W45
2010 Nov W46
34,00
Number of incidents by loca
Chicago
9, 2010
counts
feltro
Item
December 31, 2010
van
LIZING
Select a metric
Dawes
Ward
visited this site

chapter

7 「揭穿龐大數據」的視覺化介面

- 視覺化案例研究：使用者介面
- 資訊儀表板
- 視覺化數據的轉換

儘管我們的視覺系統幾近神蹟地善於偵測、辨識與理解自然的世界——這歸功於百萬年來的人類演化過程——但我們的眼睛在數位世界裡卻還沒有足夠的經驗。

本書前面幾章討論了各式各樣利用數據與資訊創造視覺故事的應用方法，其絕大部分採取的是敘事手法。

在這一章，我們則要檢視研究型的應用方法，特別是使用在「互動式介面」的數據視覺化方法。公司與品牌可以將這些類型的視覺化應用於網路應用程式、軟體或是手機應用程式，而視覺化也有各種不同的執行做法。這些介面能展示出提供觀看者資訊的數據，觀看者透過分析則可以實際產生精闢的見解。

坎貝爾（David Campbell），是一位負責處理大量數據所衍生問題的微軟技術研究員，他示範了這個過程的轉換。我們從圖 7.1 可以看到由**訊號＞數據＞資訊＞知識＞精闢見解**一路提升其精緻程度的演進過程。這個過程近似於「知識層次」（DIKW Hierarchy）——這個詞通常以更哲學式的說法呈現——代表了**數據＞資訊＞知識＞智慧**的重要組成因素。

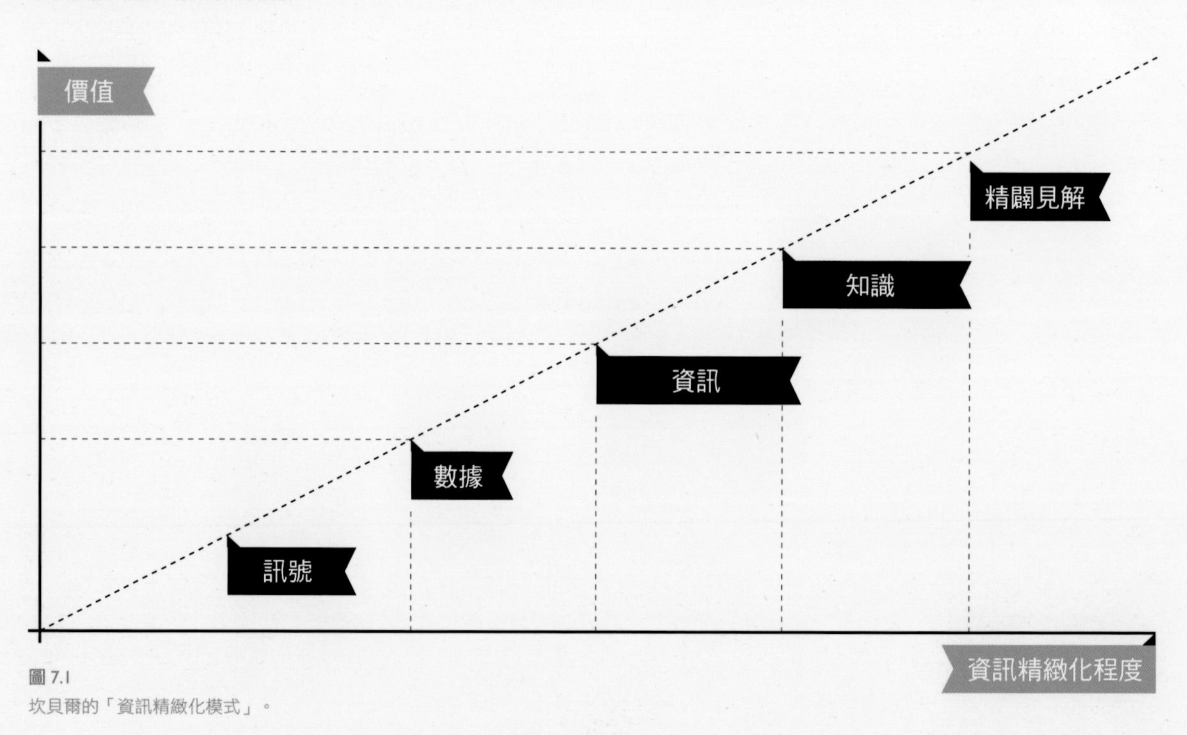

圖 7.1
坎貝爾的「資訊精緻化模式」。

以互動式視覺圖像展示數據有利於將數據轉化成資訊，因為數據會以有意義的方式群組化，讓觀看者能辨識其趨勢、模式和彼此的關聯性，或是找出現象。一旦觀看者找到其中模式，就能因為理解其脈絡背後的含意，將此資訊轉化成知識，然後再從知識中產生精闢見解，進而依此推論採取行動。

雖然這種內容本質上絕非新聞性資訊圖類型，它還是在敘事到研究的視覺圖譜上有些細微的變化類型。商業上，人們經常使用儀表板來展示預定建立的重要績效指標數據。如果展示者利用挑選過程決定先讓使用者看到的數據，這類圖表就成為一般的敘事經驗。反之，如果將數據當成資料來源處理，無論是為了資訊的透明化，還是要鼓勵人們尋求自己的故事與見解，這類經驗就偏向於研究型圖表。

這個領域的資訊圖與數據視覺化有各式各樣的應用手法。本章將特別針對兩個部分說明：**儀表板**（Dashboard）與**我們所謂的視覺數據中心**（Visual Data Hub）。

視覺化案例研究：使用者介面

雖然許多人感嘆這件事實，但不可否認的（也可說無可避免），我們大多透過電腦顯示器的鏡頭來觀看每天的世界。儘管我們的視覺系統幾近神蹟地善於偵測、辨識與理解自然的世界——這歸功於百萬年來的人類演化過程——但我們的眼睛在數位世界裡卻還沒有足夠的經驗。這就是為何我們必須瞭解我們視覺系統的能力，以及創造最適合它使用的數位介面。全力整合我們的認知系統與逐漸增加的計算能力技術，將有助於加強溝通與增加大量產能。

圖像的使用可是加強人類與電腦關係認知的重要機會。我們從第1章（重要性與功效）得知，大腦可以立即偵測與辨識視覺圖像，根據其熟悉度，牽扯出許多相關的經驗。使用者介面的常見意象讓觀看者能迅速地瀏覽程式，提醒他們意象的含意，以及接下來的進行方向。這是主張「介面設計要使用更多意象」這個論點最有力的論據；其優點是能夠迅速辨識其瀏覽系統，同時又能加強美感魅力。加入插圖的解說也對於視覺化數據或非視覺化數據的介面都有好處。

資訊儀表板

「儀表板」製作是數十年來利用資訊設計傳達重要商業指標的領域。以目的性而言，這些介面含有許多與視覺溝通相關的最好示範。不過他們還缺乏美感與創意價值（如圖 7.2）。這是具有最佳商業溝通機會的領域；雖然要費點功夫，但儀表板的傳統格式與外觀可經由一點改造受益。

常見的傳統儀表板內容大多用來幫助觀看者做出十分簡單的分析。他們將整個組織的價值做成幾個曲線圖、油量表以及採用燈號風格的顏色標誌。每一種企業都是獨一無二的，儀表板所有的設計也應該配合他們顯示的資訊。既然現今企業需要追蹤更多幫助決策的數據，他們理當開始思考呈現數據的新方式。資訊圖的創意與革新的使用可以讓更多的數據呈現在有限的空間裡，同時提供觀看者更多的深入見解。

個人與組織可以在幾個不同的領域中應用資訊圖思考來改善他們報告數據的方式，不論他們的觀眾是哪種類型。服務類企業向客戶報告成果時所使用的分析程式或工具就是其中一個例子。這些應用通常用來清楚地描繪所報告的資訊、提升見解與告知未來的決定。為此目的，我們必須從前幾章所討論的視覺敘事方法汲取一些靈感。這類圖像不應只是提供資訊的功能，更要看到更深入的資訊以求得問題的根源。以下是設計儀表板時，規

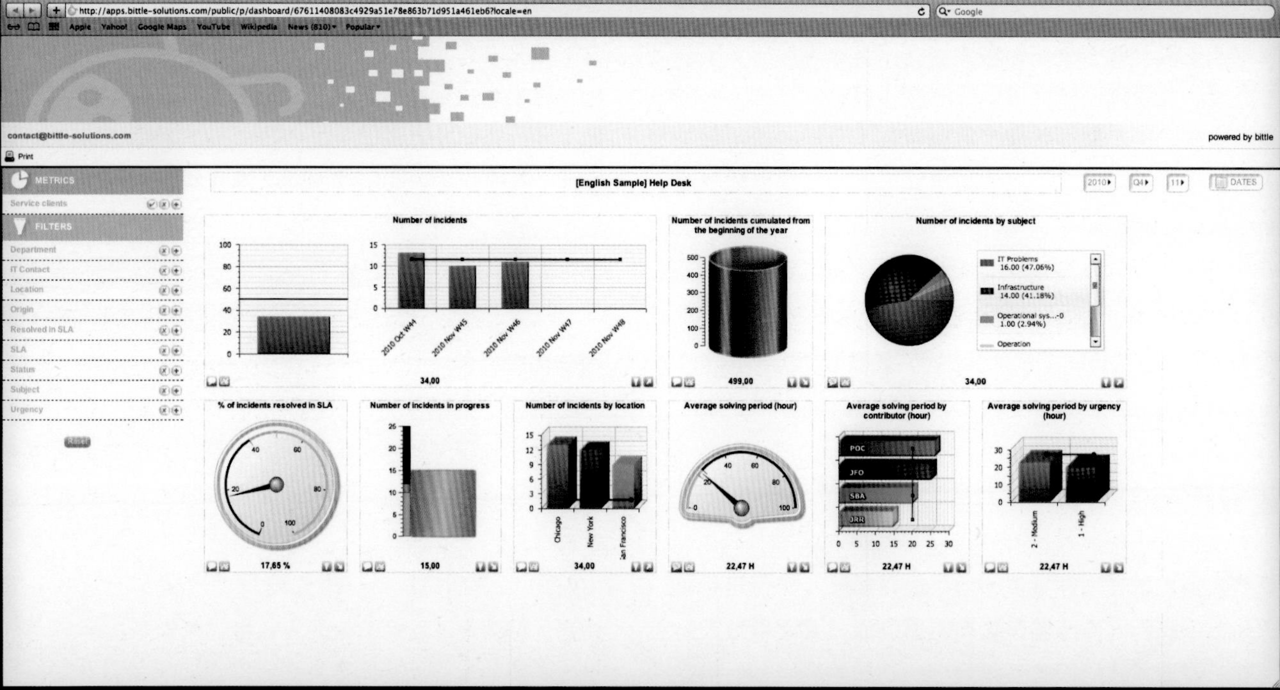

圖 7.2

劃此敘事的重要關鍵範疇。

⊙ **順序**

呈現內容的順序是能否清楚與合理地述說故事的關鍵。以這種方式來表達一般的關係，有助於增加瞭解與理解的速度。

⊙ **層次**

考慮觀看者要看的最重要資訊，並依此衡量其層次。利用更多空間的配置、顏色或字型來區分內容，讓觀看者的注意力集中在重點部分。

⊙ **上下文的脈絡**

在儀表板以及其他資訊圖的應用程式裡，文字並非大忌。使用語言有助於引導觀看者體驗過程，並確保他們完全瞭解所觀看的資料，以及語言與其他展示元素的關聯性。即使各部份似乎不言可喻，但每個部分的介紹都很適合用來解釋特定指標的細微差別和影響。

儀表板也需要適應數據資料的千變萬化。組織應該要考慮應用新的資訊格式，以因應公司資訊的成長，以及使用者互動方法的演進。一般人越來越傾向閱讀數據——也就是說，他們比較習慣於從大量的資訊中分類取得他們所需的觀點。因此其顯示方式必須更有彈性。

過去只使用紅、黃或綠色引導我們產生見解的年代已經過去。我們需要更深入的分類；只要你呈現得夠清晰，人們就能夠瞭解你的資訊。

展現這種設計彈性的最好範例就是「Google 分析」（Google Analytics）的使用者介面（如圖 7.3）。他們的網路分析軟體是一種直觀的平台，利用標示出資料來源、人口結構與地理等的詳細數據，讓使用者獲得高層次的流量分析。如此能為網站的重要指標提供深入的見解，使用者可以依此達成重要決定，獲得所需產生的內容型態，以及鎖定的人口結構。不同的數據範圍選擇讓使用者有能力在簡單的介面上，看出大量的細節。儘管 Google 分析並非傳統的儀表板形式，但這樣的功能性非常適用於此類的應用程式。

視覺化數據的轉換

另一類近幾年變得十分普遍的重要應用方法，則是利用互動式介面的視覺化數據讓使用者探索數據。特別對於那些企圖顯示獨家數據——無論它是提供給個人或媒體——並想藉此曝光機會贏得品牌宣傳效果的企業更具有價值。

創造一個「數據的集合中心」，讓使用者得以探索與分析，對品牌以及將數據視為資料來源的客戶而言，都非

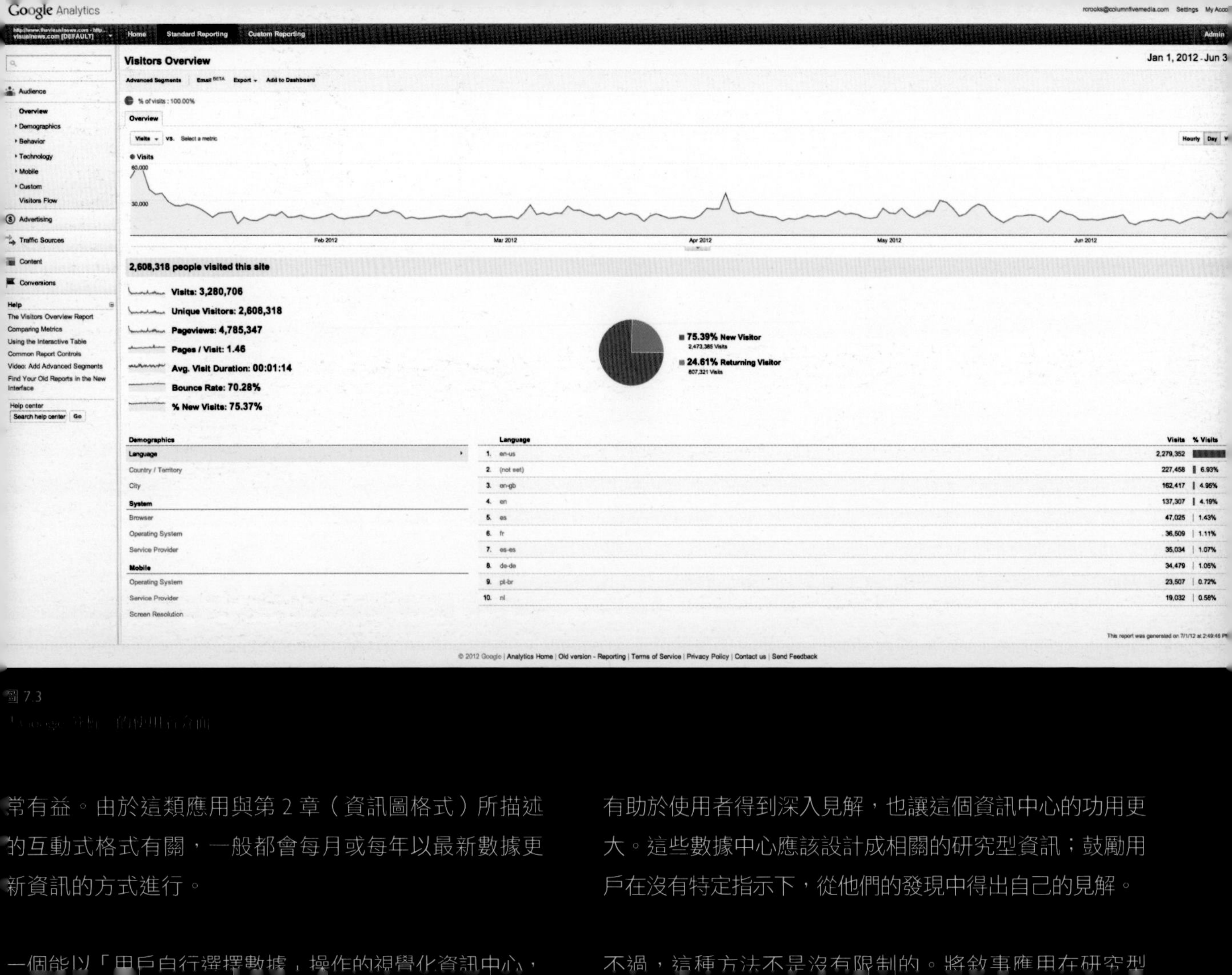

圖 7.3

「Google 分析」的使用者介面

常有益。由於這類應用與第 2 章（資訊圖格式）所描述的互動式格式有關，一般都會每月或每年以最新數據更新資訊的方式進行。

一個能以「用戶自行選擇數據，操作的視覺化資訊中心，

有助於使用者得到深入見解，也讓這個資訊中心的功用更大。這些數據中心應該設計成相關的研究型資訊；鼓勵用戶在沒有特定指示下，從他們的發現中得出自己的見解。

不過，這種方法不是沒有限制的。將敘事應用在研究型

數據的最上方，也可能會吸引使用者注意重點。很多企業都參考《紐約時報》維持平衡的完美做法。提供一組完整的數據集來進行不同的探索，同時強調出「對於數據有影響的關鍵因素」也是很有效果的方法。

品牌可以利用這類的介面達到不同的目的。首先是能提供用戶資源，讓他們能從數據中心中擷取資訊，以及利用該資訊做出特定主題的決定。舉例來說，Liveplasma.com 是一個針對音樂、電影與書籍領域的搜尋引擎。造訪者只要輸入藝術家姓名、電影或書籍名稱，該網站會產生一份網絡地圖視覺影像，提供符合他們品味的相關媒體（如圖 7.4）。舉例來說，一份視覺化的音樂選擇讓你能看到類似音樂風格的藝術家，其圖像所圈選的尺寸代表他們的知名程度。

你得到的數據可以作為自家公司有力的資源、好玩的工具或是宣傳妙語。這類的互動式視覺化可以是你的產品核心、吸引新客戶的補充行銷工具，或是兩者皆是。總之如果你有好玩的數據，你應該提供給使用者作為探索使用。視覺呈現這類數據的介面應該要吸引人、有趣味性，最重要的是對你的用戶有用處。

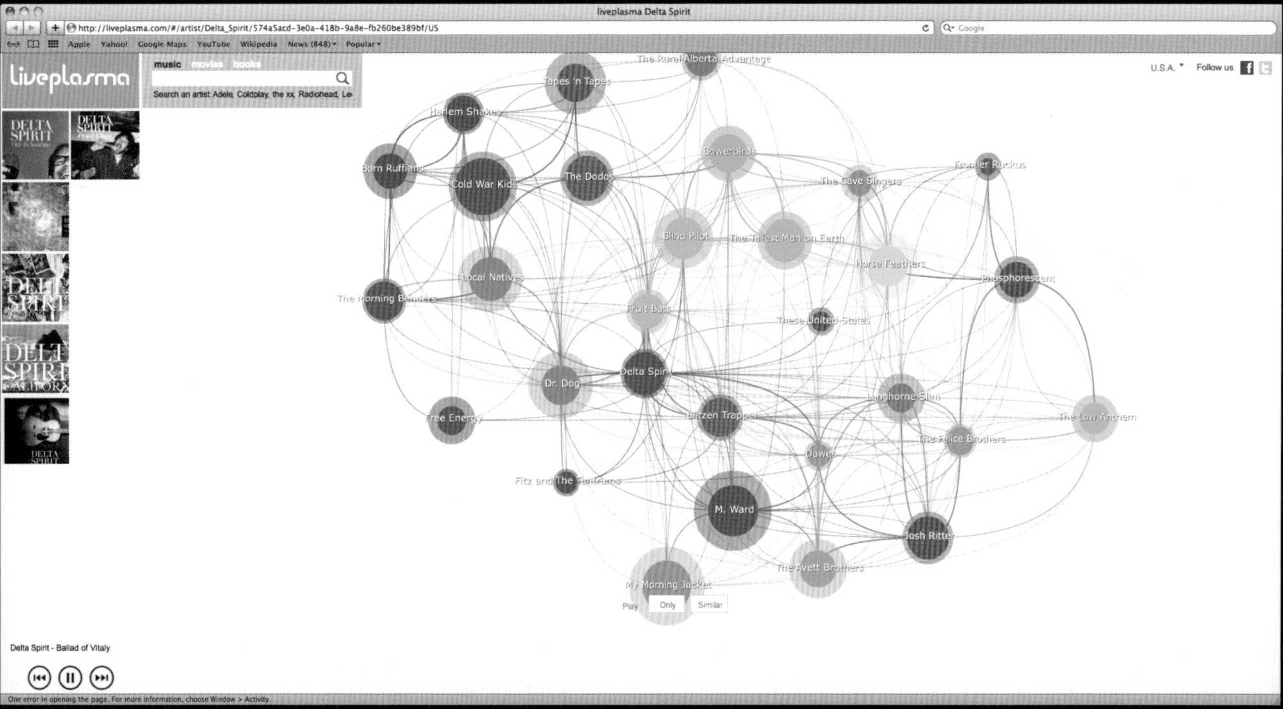

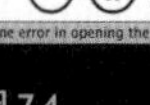

圖 7.4
Liveplasma.com 互動式介面

這類視覺數據中心也有利於你的公司贏得媒體關注。事實上，許多介面就是為了這個目的而建立的。提供記者找到新故事題材的資源，正是讓企業出現在報導中、成為新聞精闢見解的重要參考來源的捷徑。

這方面最好的例子就是 Column Five 與《華爾街日報》合作，為「傳統基金會」（the Heritage Foundation）呈現「經濟自由指標」（Index of Economic Freedom）的專案（www.heritage.org/index）。

這項指標是該組織最知名與最重要的研究，所以他們讓用戶利用不同的方式交叉分析數據，來引起大家對數據的關注。我們想提供使用者豐富的探索體驗，不只是製作數據圖表，更要讓他們能夠比較各國間的相對經濟指標。

為此，我們其中一個重要配件是讓用戶能看到地理趨勢與區隔特定區域獲取更多細節的彩色地圖（如圖 7.5）。為了讓更多人使用手機操作，創造一個回應用戶的體驗，我們使用第 2 章（資訊圖格式）提過的 D3 JavaScript 程式語言架構以及 SVG 向量繪圖格式製作世界地圖，用戶基本上可以放大所要觀看的特定區域。如此一來，用戶不需要每次重新選擇區域時，還要再次下載新的地圖。使用 SVG 格式可以加快顯示整體資訊的速度，其中每個人可以深入探索，找到特定具有新聞價值潛力的圖表。

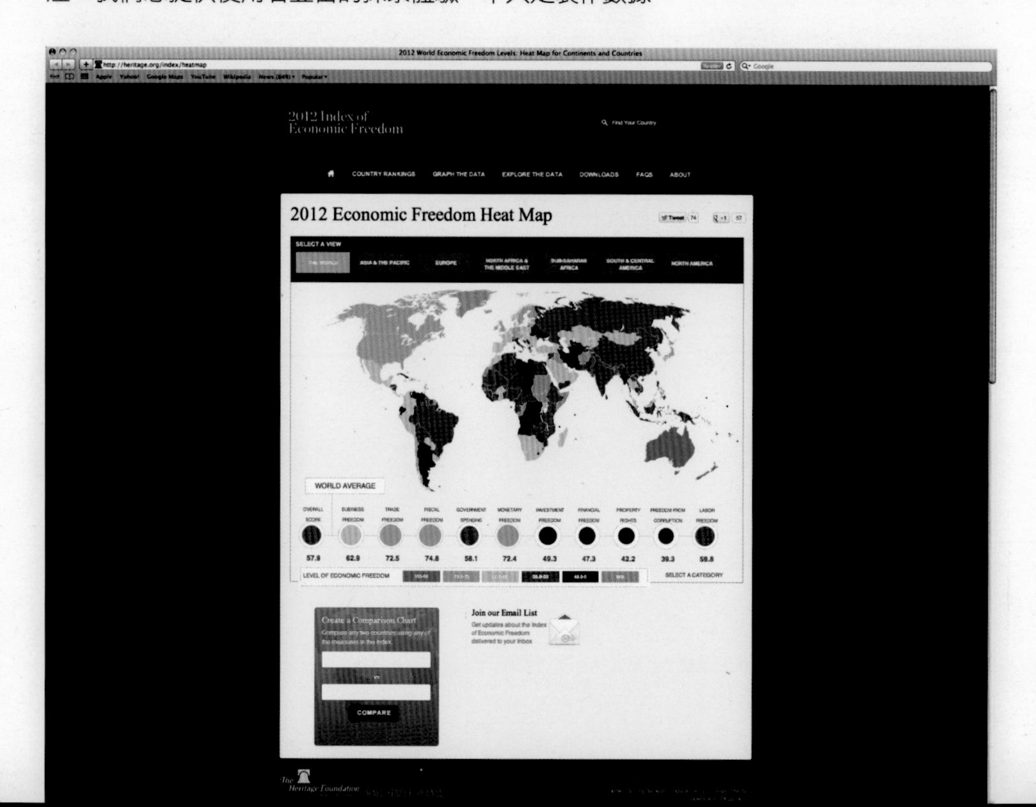

圖 7.5
「用彩色地圖呈現的經濟自由度」
（傳統基金會委託 Column Five 製作）

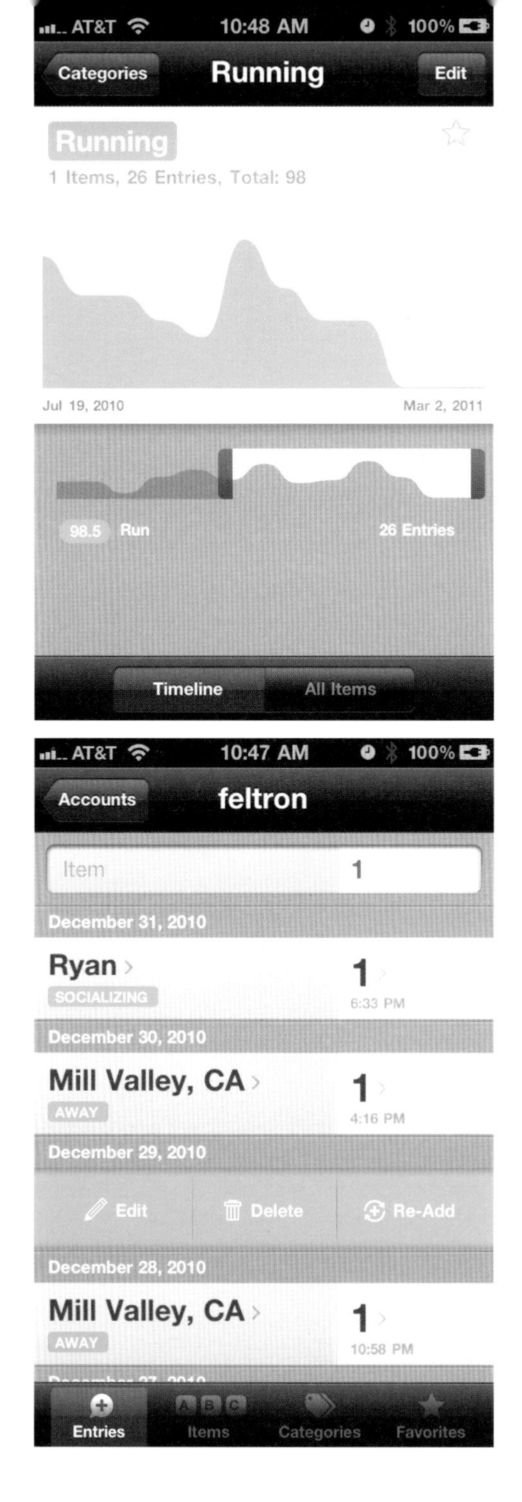

近年來，我們看到使用有趣資訊設計介面的網站有顯著的增加。我們相信這個趨勢未來會有驚人的成長，這也正好賦予品牌大好的機會，得以在這種趨勢上提供用戶更豐富、更有互動的數據體驗，增加更多的參與感、娛樂性與深入見解。

儀表板和視覺數據中心是提供我們思考這類機會的強大後盾，而我們也會繼續看到這些領域的革新整合發展。隨著對於「巧妙鋪陳視覺故事」的重視，儀表板將運用更大的彈性與數據顯示的多樣性逐步地改善。而視覺數據中心則是更無形的應用程式，隨著未來幾年更多企業為了展示數據、提供參與個人與媒體驚人的價值，他們將會採取新鮮有趣的方式呈現自己。

不過，應用程式可不會就此停下腳步。費爾頓（Nicholas Felton，註 1）的數據公司 Daytum 所設計的 iPhone 應用程式將數據視覺化帶入自我量化的動作，讓用戶能利用他們日常生活所紀錄的數據來追蹤與創造資訊圖（如圖 7.6）。

圖 7.6
Daytum 的 iPhone 應用程式

美國網路證券交易商 TD Ameritrade 則在他們的交易平台（Trade Architect）工具裡使用數據視覺化，提供用戶互動式儀表板，根據他們自己的投資檔案追蹤股市趨勢（如圖 7.7）。這些只是使用者介面設計的資訊圖應用的二個例子。如今因為公司明白了資訊視覺化的優勢，更多的例子如雨後春筍般冒出。

我們可能會看到由「指示性數據說明」走向「以用戶為本位」的探索式體驗這項明顯的轉變。

敘事型說明當然具有（也可能會繼續提供）某些應用的重大價值，特別是那些希望視覺圖表上的具體訊息可讓人們攜帶回家的企業。

圖 7.7

然而，數據資訊藍圖的成長與開放性的增加，讓我們需要更開放的展示平台，這在過去是難以想像的。但這並非表示這些應用方法是相互排斥的。我們也看到採用混合方式的大好機會。也就是指提供附加的數據讓觀看者在閱讀選擇的範圍時自行探索。

本章註解

2011 年臉書簽下新創公司 Daytum 其中一位創辦人費爾頓（Nicholas Felton），他最拿手的是製作精美細緻的組織年報，同年 9 月他在 iPhone 平台上推出「Timeline 時間軸」功能，將生活大小事依照時間序排列。

chapter

8 什麼是好的資訊圖?

- 實用
- 完整
- 美觀

使用錯誤的格式會導致不良的結果。同樣地，如果因為設計者刻意或因為使用者的錯誤，歪曲或扭曲了資訊，或是設計者採用不適合的題材，無論該圖表第一眼看起來有多動人，我們都無法認定它是高品質的作品。

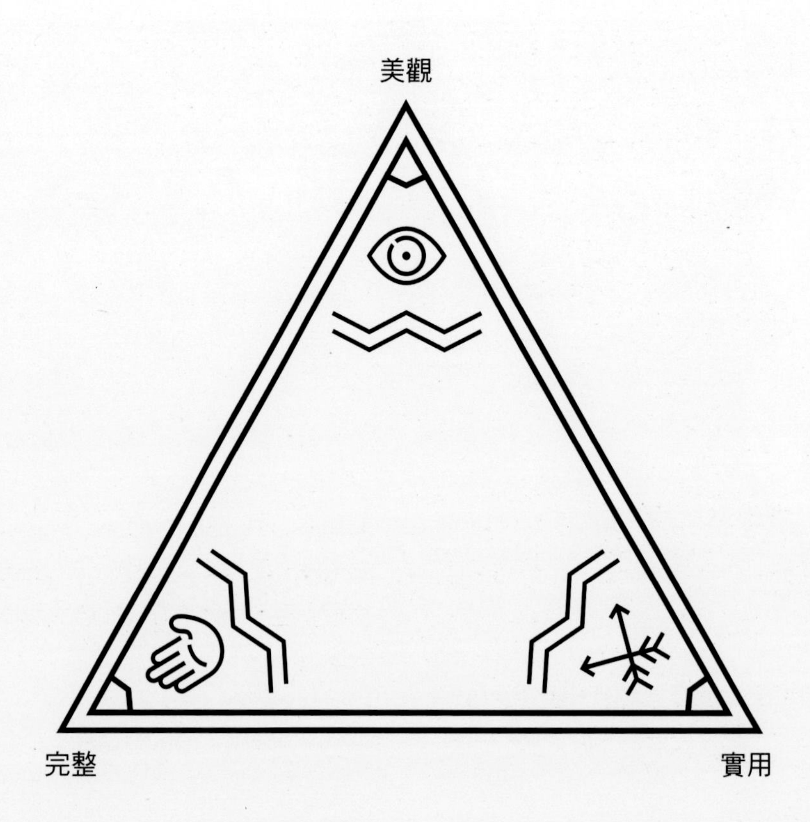

圖 8.1
「維楚維斯的設計原則」

為了回答本章的問題，我們必須應用一個我們用來理解與評估品質的重要架構。如果你看到一份好的資訊圖，就應該明白此架構的合理性。一份好的資訊圖，再次借用詩人賀拉斯的思考來説，就是讓你覺得充實又愉悅。

本書第 1 章曾討論過，資訊圖的價值如同是**溝通問題的視覺性解決方案**。著名的維楚維斯美好設計原則（Virtruvius' Principle）有三個要素，也是我們要評量這些解決方案的品質指標（如圖 8.1）。換句話説，好的資訊圖必須擁有下列三大要件：

- **實用**
- **完整**
- **美觀**

實用

在實用方面，資訊圖必須採取客觀的評量方法。基本上，資訊圖的實用性就是評估它是否能讓品牌達到應用它所訂立的目標。

我們在第 1 章提出，所有資訊圖都在溝通資訊。而溝通有兩個途徑：研究類和敘事類。因此評量資訊圖的品質就需要思考其溝通途徑。

簡單來說，研究型資訊圖要以公正的方式提供資訊，觀看者能據以分析，做出自己的結論。這類方法適合用在非常強調收集研究的理解或見解的科學或學術應用範圍。

敘事型資訊圖則是透過一組特定的資訊，訴說一個事先設計的故事來引導觀看者。如果讀者需要帶走特定訊息，這個方法特別適用，而且應該著重於吸引觀眾注意與增進對於資訊的記憶。

很重要的是，我們不要以分級的方式去思考這兩種方法。每一種方法都是獨一無二的，無論讀者對於資訊的反應如何，他們的有效性最終取決於品牌是否達到溝通的目的。

完整

好的資訊圖同時也溝通了某些有意義的資訊。值得一提的溝通訊息能夠提供讀者某些價值。雖然資訊圖可以是強大的溝通工具，有時也會出現一些粗製濫造之作，或是前後不連貫的乏味作品。資訊本身如果不完整、不值得信賴，或是不吸引人，想要它用來做出好的資訊圖根本是白費力氣。

我們與克里夫・鄺（Cliff Kuang）討論過資訊圖常見的一些錯誤。鄺每天收到數百封的推銷信函，要求他把他們的資訊圖放在他的「今日資訊圖」（Infographic of the Day）專欄，這些對象通常是希望為自己製造新聞的品牌公司、代理商與設計師。

克里夫說這些人最常犯的錯誤就是提出很無趣的題材。他認為：「資訊圖製作人（從品牌公司到設計師）經常將他們花費在研究、取得著作權與設計資訊圖的時間，與觀眾必須閱讀其內容的意願混為一談。」也就是說，如果沒人在意資訊圖上要溝通的內容，這樣的圖表會好到哪裡去？

在本書第 4 章（新聞性資訊圖），我們簡短地談論過一些在構思過程中，資訊圖作者該自問的問題，特別是關於新聞性內容。當然，不是每一種資訊圖本質上都是，或應該屬於新聞性類型，不過這些問題有助於決定製作好的資訊圖所應該採用的概念類型。

資訊圖的內容應該與它要關注的觀眾有關，無論是一般觀眾還是特別設定的目標觀眾。因此，完整的資訊圖必須具有意義與完整性。

美觀

針對完整性這個標準來看，資訊本身是最重要的，但資訊如何呈現——基本上就是如何設計——也很重要。在這方面需要考量兩件事：**格式與設計品質。**

使用錯誤的格式會導致不良的結果。同樣地，如果因為設計者刻意或因為使用者的錯誤，歪曲或扭曲了資訊，或是設計者採用不適合的題材，無論該圖表第一眼看起來有多動人，我們都無法認定它是高品質的作品。

資訊圖的設計應該根據其目標與呈現資訊，設定其正確性與有效性，而不是單憑個人喜好。設計是解決問題的視覺應用方案；是此方法的整體呈現，而非個別要素（例如一個插圖或圖像）的表現。資訊設計師史戴芬拿（Moritz Stefaner）曾說過，「重視接收資訊的對象與數據，才能夠做出最好的資訊視覺化與資訊圖。」這項建議反映了一句古老格言：「形式應該服從功能」。

這就是為何我們必須將美觀的概念情境化的原因。有些人喜歡在他們的表格與圖像中放入猴子或海盜的插圖；有些人認為所有不是黑色、靠左的中型白色 Helvetica 字體都很「礙眼」。其實這兩種形式如果在正確的情境下，仍可以發揮其功能，也能是好的作品。

挑選正確的視覺解決方案可能需要使用大量的插圖或數據視覺化，或是兩者都要。只要確實建構在故事上，一切都與能否找到正確的資訊視覺呈現方式有關。

資訊圖設計也必須將你的具體目標、資訊與觀眾納入考量因素，所以如何創造美感也有無限的可能性。在下一章，我們將討論資訊圖兩個主要的應用視覺要素——插畫與數據視覺化——並解釋我們如何應用每個要素。

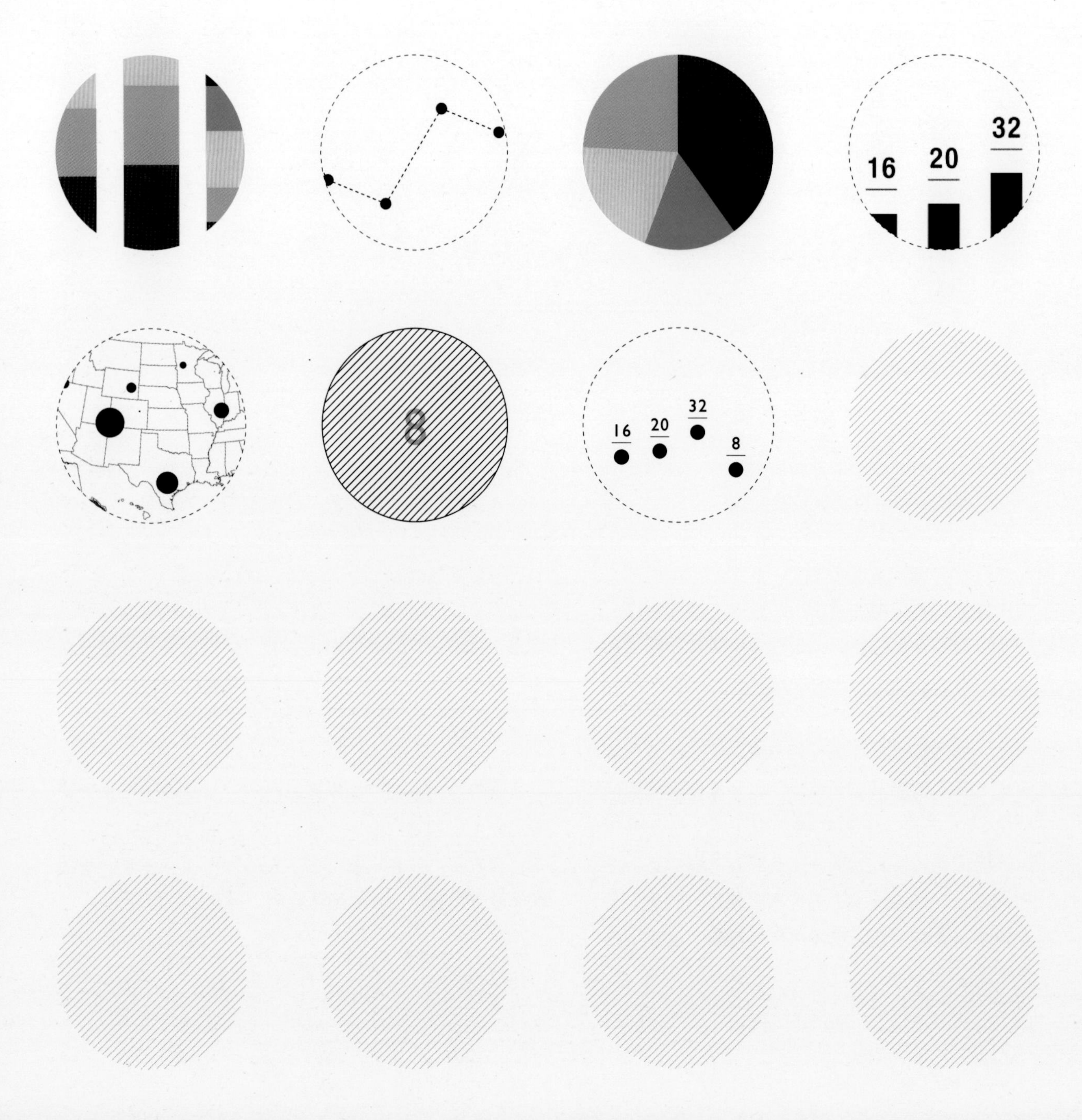
16
20
32
8
16
20
32
8

chapter

9 資訊設計的最佳典範

- 插圖
- 數據
- 視覺化

你要的是幫助數據表達故事的插圖，而不是讓人忽略數據的結果。

我們在前一章討論了構成理想資訊圖的要素。現在我們要討論設計資訊的最佳方式。插圖與數據視覺化是資訊圖設計的兩大要素。根據你的目的，對於這兩個元素其中一個或兩者會有不同程度的運用。

大致上來說，敘事型資訊圖偏向使用較多的插圖設計，而研究型資訊圖則需要呈現數據的客觀觀察，因此插圖的應用較少。我們發現大部分的人都想要創造同時符合這兩種類型的資訊圖。舉凡與設計有關的事，都與求取平衡點有關。

插圖

本書第1章介紹過一些能讓資訊圖產生有趣視覺效果的工具。我們都知道，唯有實際使用這些視覺元素——或稱為插圖（包括標誌類元素、框架、視覺隱喻與插畫）——才能夠衡量他們的品質。換句話說，缺乏代表性意象不見得代表我們偏離了目標。

我們也必須假定，只有在溝通的資訊與目標允許的情況下才能夠使用插圖。這是設計師（或品牌公司）必須負責思考的事。根據所要呈現的資訊與觀眾，有效的插圖設計元素將有所不同。

資訊圖是否使用插圖，經常引起學術界、設計師與其他專家之間的激烈爭辯。我們在插圖使用上並沒有嚴厲的規範，不論是關於其使用程度、呈現風格；我們只認定其是否使用、使用的多寡、使用風格都應該取決於所傳達的訊息與目標。也就是說，這些爭論一般含有兩個通常混為一談的特性：

- ⊙ **資訊圖適合使用插圖嗎？**
- ⊙ **插圖設計元素在資訊圖上能用得有質感嗎？**

當然，如果你的目標不需要使用插圖設計元素，你當然不必使用它們。依照你的個人計畫或情況，最好的實踐方式也許是避免使用它們，這完全是可以接受的做法。但如果你的目標需要或允許使用它們，同時考量我們一般評定設計品質的同樣規則或最佳實踐——實用、完整與吸引力（美觀）——（是否使用插圖）也應該視個別的狀況去考慮。

一切與資訊有關！

資訊才是資訊圖最關鍵的部分。使用任何插圖在其上都必須將這點銘記在心。

如何完美地執行以及「在美感與清晰之間求取平衡」本身就是個藝術。本章節不單只是討論設定框架技巧或是意象設計。思考插圖最佳的應用方式在於先了解「使用它對於設計品質有什麼作用。」

我們最近與頗受敬重的設計師瑞查茲（Robin Richards）進行訪談。在我們討論插圖應該在資訊圖上扮演什麼角色時，瑞查茲的觀點如下：

「（插圖）有助於展示並帶動活力，然而這也和『因使用它而變得無趣』之間的界線很微妙。插圖應該比較像配角，而並非主角。設計師一不小心就很可能設計出純粹為插圖的作品，而稱不上是資訊圖。你要的是幫助數據表達故事的插圖，而不是讓人忽略數據的結果。」

我們應該很清楚，這些我們在此討論的原則不是拿來戕害創意，或限制設計師。不過我們堅信，資訊圖設計應該擁有任何行業的認真從業者都會認同的規範架構。我們也相信協助建立這種標準將會大幅改善此設計領域的當前窘境——也就是學術界（對使用資訊圖的意見）站一邊，而網路行銷世界站在另一邊的楚河漢界。

當插圖造成妨礙時！

如果使用不當，插圖設計能夠、也將會對訊息造成妨礙。

舉例來說，插圖會讓人分心，並不適用於研究型資訊圖，因為人們在設法瞭解訊息時，得多花時間觀看那些圖像。如前所述，順序永遠必須以資訊為優先，設計才是其次考量。不過敘事型資訊圖的訊息已經為眾人所知，所以配合好的插圖確實能夠善盡我們之前所提過的配角工作。

插圖如果使用不當誤導觀眾就會形成妨礙，倒不是因為插圖天生有誤導作用。我們最常發生的錯誤是「**不小心造成數據顯示的失真**」。我們也經常看到人們使用插圖去隱藏訊息不完整或無意義的事實。好的插圖應該要有功效，而且能夠幫讀者創造價值，帶動故事的演進。如同前章的克里夫所言，「好的插圖設計師善於引誘，但並非欺騙。一旦你試圖欺騙，你就背叛了別人的信任。」

不要混淆品質與適切性

在 Column Five，我們很喜歡運用好插圖。事實上，我們很多設計師都有插畫家的背景，而且我們也從事許多純圖像與插圖設計的傳統設計工作室業務。

插圖能夠非常有效地幫助故事的進行。但必須正確使用，在情況需要下合理的應用。當我們基於目標（觀眾與內容）而決定設計因素時，有兩件事必須記住：

⊙ **觀眾的適切性**

你要訴說的對象是決定是否使用插圖的關鍵。我們提過黃金寶座與股東（請見第 1 章）的例子，這點應該很好理解。

⊙ 內容的適切性

我們也提過新聞性內容傾向於使用較多插圖，而且根據品牌要求，許多以品牌為核心的應用可以使用不同的插圖——包括企業網站上「關於我們」頁面或產品操作説明。

我們也看過沒有品味的插圖範例。網路上不乏處理悲慘或嚴肅資訊的資訊圖，但幾乎很少應用插圖來凸顯題材。諸如飢荒、愛滋病，或是赤貧的題材都具有一定程度的敏感性，這些情況下使用插圖，往往壞處多於好處。但那並非表示永遠都無法利用插圖來理解嚴肅題材，只是我們永遠都應該採取謹慎的態度使用。

數據

我們請教《數據視覺化》（Visualize This）的作者姚（Nathan Yao）「什麼才是好的資訊圖？」，這個問題其實我們已請教過很多人；姚回答我們「好的數據與理解它的設計師。你經常可以察覺有人不是很瞭解他們所呈現的數據，但如果你自己都不瞭解，你怎能以為你可以向讀者解釋任何事情？」基本上，在你要説明以前，你永遠都要知道你要説什麼。

處理數據

因此，在我們開始進入處理數據階段以前，我們需要討論在資訊圖上加入的表格與圖像是哪一種數據類別和關係。不過，我們在此不是要創造「使用數據設計的明確最佳示範」。已經有很多書籍討論過這一主題。例如符（Stephen Few）的《給我看數據：設計傑出的表格與圖像》（Show Me the Numbers: Designing Tables and Graphs to Enlighten）與汪（Dona Wong）的《華爾街日報的資訊圖指南》（The Wall Street Journal Guide to Information Graphics）就是將這個題材發揮得很好的二本書。

我們要澄清一點，本章節只是想發揮拋磚引玉的作用，讓你趁機瞭解一、二件資訊圖或設中可能常見的一些錯誤——甚至是你可能沒意識到的錯誤。也期待這些範例能應用在你自己的設計上。

數據的類型

多數人都認得以下七種類型的量化數據，但為了保持本章節的簡潔性，以及達到我們的主要目的，我們只討論以下其中兩個最常用的數據類型（間斷型和連續型）：

間斷

類別

名目

順序

等距

連續

間斷型

一組間斷數據是指其中的數值各自獨立；也就是可以計數（1、2、3…）。例子可能是一窩小貓的數量、診所的病患人數、一尺布的瑕疵數量、性別（男性、女性），或是血型（O、A、B、AB）。

連續型

一組連續數據被稱為連續型，指的是其中的數值可以在限或無限的時間間距中求取任何數值（也就是存在任何的範圍內；例如：1.2、1.21、1.21211112）。你可以計數、整理和評量連續數據；例子包括高度、重量、溫度，或是跑一英里所需的時間。

決定數據為間斷或連續型的方法，是自問該數據是否可能求取分數或小數的值。如果可以，那麼你最可能在處理連續數據。瞭解其中的分別很重要，因為它們是你決定如何將數據圖像化時的關鍵要素。

圖像關係

接下來，我們來討論如何用表格與圖像（我們統一稱為「圖表」）來編製（設計）數據。圖表用來呈現數字資訊彼此的關係，因此資訊應該擷取的形狀——或是你應該使用的圖表類型——應該根據其關係類型來決定。依此不同的圖表類型，有些會比較適合呈現某種的關係類型。所以，利用圖表傳達任何數字資料的第一步驟是找出關係類型，以期能找出方法架構與排除不適合的圖表類型。

符在《給我看數據：設計傑出的表格與圖像》書中，設計了七種最常製成圖表的七種關係。分別是：

- **名目比較**（Nominal comparison）
- **時間序列**（Time series）
- **排名**（Ranking）
- **部分對整體**（Part-to-Whole）
- **偏差**（Deviation）
- **分配**（Distribution）
- **相關**（Correlation）

因為本章只作為引介之用，我們只從這些關係類型中，討論我們認為人們偏愛使用視覺化資訊圖的四種常見關係。

名目比較

這是最基本的理解關係。名目比較表示一種名目尺度；其功能是展示幾個次分類的量化數值以方便相互比較。

應該使用此類比較類型的訊息像是「X 值大於 Y 值」，或是「B 值是 C 值的兩倍大」。

名目比較圖表的數量值，以個別獨立的類別分項（例如 B 或 C）來呈現。因此它們應該以傳達每個數值的獨特性作為設計的考量。像長條圖就很適合此種關係類型——特別當尺度很大或你想凸顯各個數值間的差異時更適用。你也可以縮小範圍，使用簡單的數據點來表示，例如點狀圖。

時間序列

時間序列關係包含分佈於不同時間點的類別數量值之間的各種關係。時間序列圖表使用於表示趨勢，或是價值在時間中的變化。它們單一評量每條線或區塊因時間而變化的數量值（正數或負數）。這個類型是商場上最常使用的圖表。

這類型圖表總是在 x 軸表示時間（由左至右），在 y 軸表示測量的數量值。呈現時間序列關係最常見的圖表是曲線圖（使用連續型數據）與直條圖（使用間斷型數據）。也可以使用點狀圖，或是以直線相連各個點的點狀圖。

另外，請避免使用橫條圖。通常我們表示時間的方式是由左至右，而非一連串由上而下的並排。

排名

圖表排名關係與傳達次類別數量值的順序有關—由高階至低階，或相反之。

如果是為了排名的目的，你可以使用注意力集中在每個次類別數量值的圖表類型。長條圖（直條或橫條）非常有利於呈現視覺化排名關係；次類別類型順序應該根據凸顯最高數值（遞減順序）或是最低數值（遞增順序）的考量來挑選。如果縮小數量比例有助於展示排名關係，也可使用點狀圖。

部分對整體

「部分對整體關係」圖像化的目的，在於顯示「一組類別分項數量值和整體中另一組數量值」的關係。要展示這樣的比率，部分對整體的圖表會使用百分比作為測量單位。製作部分對整體關係圖表時，所有個別的數量值總數永遠要加到百分之百。使用部分對整體關係的常見例子是展示預算分類的情況；基本上就是多少比例的預算做為何種目的來使用。

圓餅圖是最常用來表示部分對整體關係的圖表類型；不過它們有其限制。如果你有「多於一組」的類別分項，就要避免使用圓餅圖。堆疊長條圖也是不錯的選擇；尤其當你想讓讀者比較兩種使用相同類別分項的的堆疊長條時，更適用此圖表。舉例來說，如果你想要顯示三個不同班級的學生最喜歡的顏色，也可使用長條（橫條與直條）圖和點狀圖，但沒有前述展示這類關係的圖表這麼受歡迎。

視覺化

現在開始要看好玩的東西了。這部份將討論圖表類型，各種類型最好的使用方法，以及解釋如何有效的利用。根據你最新獲得的數據情報，你應該能夠找到適合你的圖表類型。

提到資訊圖的設計，如設計師姚所說，任何設計師的目標都是建立「複雜中的清晰度」。你幾乎可以根據關係類型來決定適合的圖表類型，但大多情況有許多可接受的選擇。考量你認為最適當的圖表，有時跟你認為什麼是將訊息傳達給觀眾最好的（也就是最有效的）方式有關。有時只有做出各類型數據圖表之後，才能浮現最好的方案。

我們在本章節將探討我們認為最常使用與誤用的圖表，其正確的用法與最佳的範例，圖表分類如下：

- **點狀圖**
- **曲線圖**
- **直條圖**
- **橫條圖**
- **堆疊條圖**
- **圓餅圖**
- **氣泡圖**

點狀圖

如前所述，你可以使用點狀圖來表示名目的比較（如圖9.1）、時間序列（如圖9.2）、排名（如圖9.3）以及部分對整體關係（如圖9.4）。

點狀圖可以用於間斷型或連續型數據。它們基本上是依據特徵值（例如次類別）沿著 x 軸，加上根據數量值在 y 軸垂直繪製的一組點。點狀圖最常使用在表示時間序列關係，x 軸上不同的點代表時間的順序點。這種情況，可以將 x 軸視為「時間軸」。根據 x 軸上的點的高度變化可以確認其趨勢。

使用點狀圖表示時間序列關係時，尺度不必以零為基準點開始繪製。但如果是用在其他方面則必須如此。在展現時間序列關係方面，如果有值得一提的數據會因為尺度過大而模糊不清時，尺度可以做分割處理。不過這個方法必須謹慎使用；好的經驗法則是使用包含圖表總高度的三分之二的點狀繪製尺度，對於呈現清楚的數據趨勢很有幫助。此外，如果你的目標是以連續數據呈現時間序列關係，你可以在上面畫一條線，連接各點（如圖9.5）。基本上，你可以在各點之間繪製一連串的線，引導讀者的眼睛由左至右觀看圖表。

DONUTS CONSUMED

10
5
0
8
6
5
4
2
MAPLE BAR
SPRINKLES
JAM-FILLED
BEAR CLAW
OLD-FASHIONED

圖 9.3　排名。各個種類的甜甜圈消費量排名。

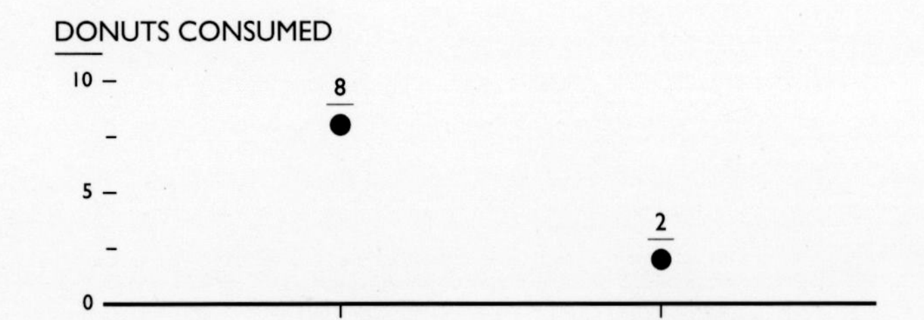

圖 9.1　名目比較。兩種甜甜圈類型的消費量比較。

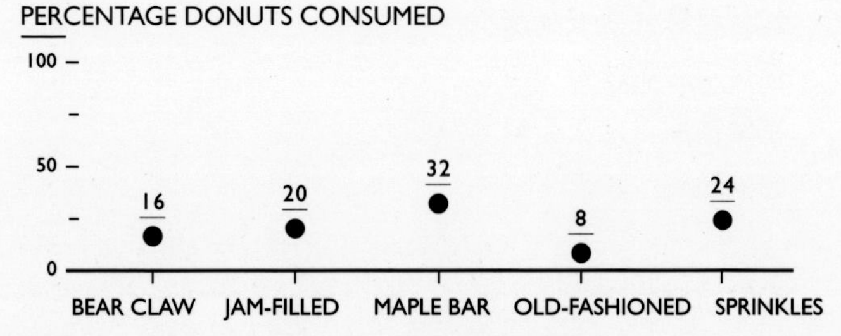

圖 9.4　部分對整體。各個種類的甜甜圈的消費量比例。

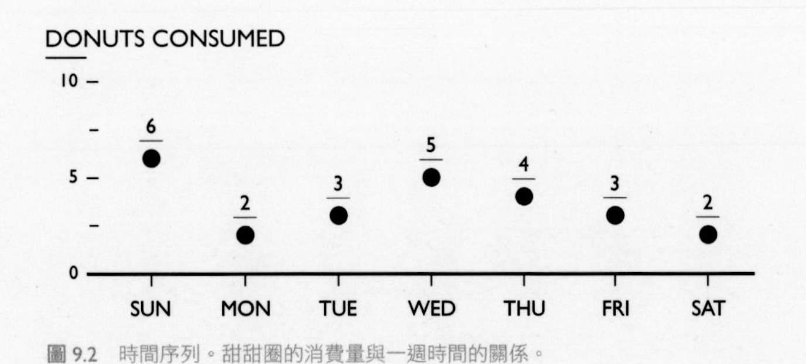

圖 9.2　時間序列。甜甜圈的消費量與一週時間的關係。

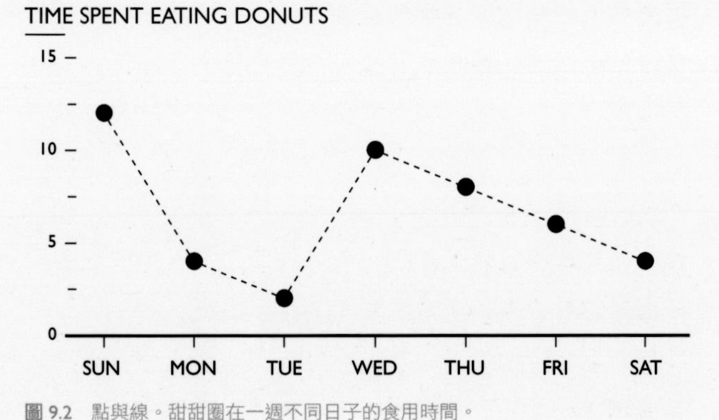

圖 9.2　點與線。甜甜圈在一週不同日子的食用時間。

曲線圖

我們使用曲線圖來顯示連續數據的時間序列關係（如圖 9.6）。可以想像的是，你的曲線圖在特定間距也可以使用點的標示（星期、月份、年份等），或可省略之。曲線圖在 x 軸永遠都是代表時間，而 y 軸應該是呈現經過時間改變的量化數據。曲線圖非常方便，既可以讓使用者找到不同時間的特定數值，又可以顯示其趨勢，例如何時數值改變和改變多少。在同一張圖表標示多種數值，讓讀者能進一步找到不同類別的關係；比方説，一個變量的增加就是另一個變量的減少，或甚至是所有變量的增加或減少。

與點狀圖相同，曲線圖的「尺度」與如何傳達訊息有很大關係。舉例來説，使用太大尺度的風險可能是觀眾會忽略掉某個含有重要故事的數據。不過使用過小的尺度會讓你過度強調不重要的波動。如同點狀圖，設計師應該繪製出所有的數據點，然後曲線圖擷取 y 軸總尺度的三分之二。

多數人會認為曲線圖很容易瞭解，應該要保持原來的呈現方式。在一張圖上顯示太多線條容易看起來太複雜；所以最好是一張表維持四個或以下清楚標示的線條。如果你需要多於四個同類型的圖表，你可以利用分版方式（如圖 9.7）並符合一致性的相同尺度進行。

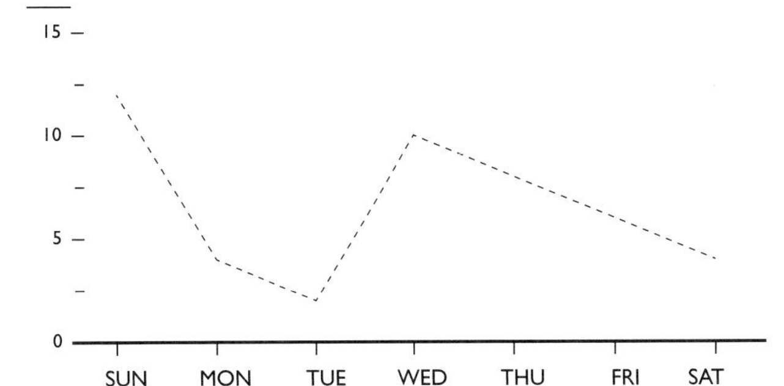

圖 9.6
時間序列（曲線圖）
甜甜圈在一週不同日子的食用時間

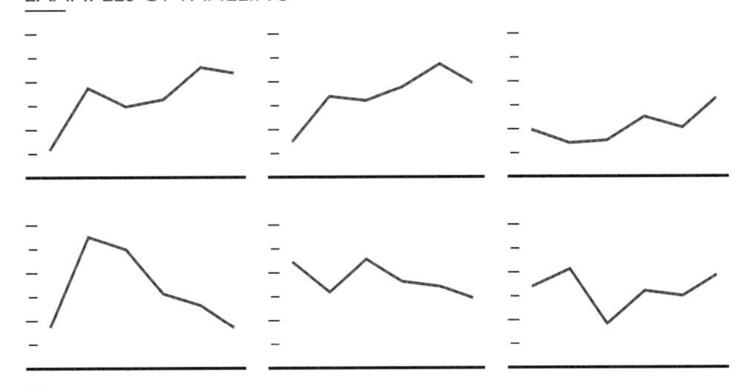

圖 9.7
分版呈現的範例
用一致的尺度呈現同類型曲線圖

長條圖（直條）

長條圖是所有圖表類型裡最直接、變化最多的類型。你可以利用它們顯示名目比較（如圖 9.8）、時間序列（如圖 9.9）、排名（如圖 9.10）和部分對整體關係（如圖 9.11）。長條圖可以處理間斷或連續數據，幾乎可說是無所不能。類似於曲線圖，直條圖可以將特徵值列於 x 軸，而 y 軸則顯示其數量值。此圖表可以旋轉成 90 度角呈水平位置（詳見下文），此時 x 軸數值類型將被交換。

長條圖的數值作用在於讓讀者瞭解事情的演變。你應該要盡量忍住不將事情複雜化。長條圖的首要規則，就是始終要有一個零基準線。這是因為我們要利用那些直條的長度互相做比較，如果我們縮短了尺度，故事就被扭曲了。

DONUTS CONSUMED

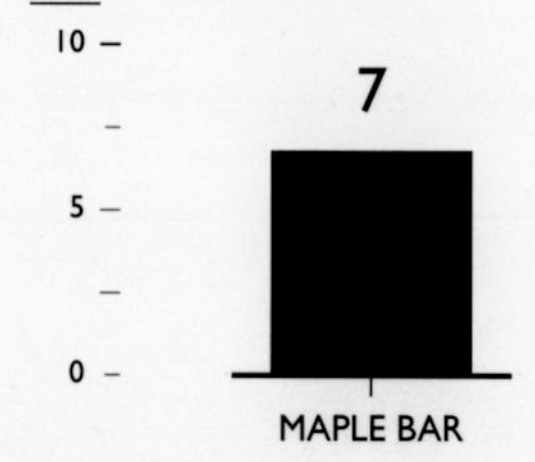

圖 9.8　名目
兩種甜甜圈類型的消費量比較

DONUTS CONSUMED

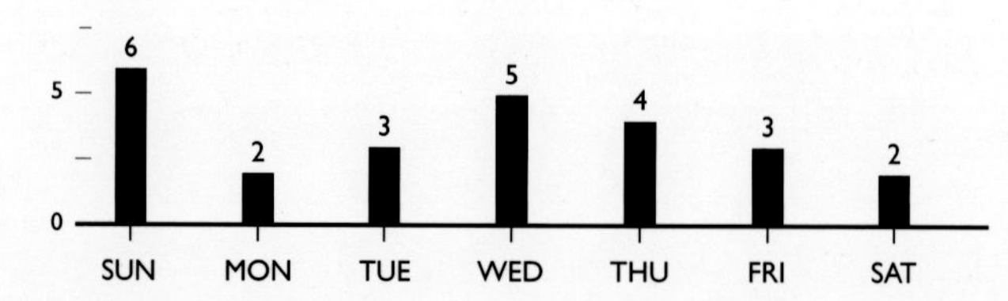

圖 9.9　時間序列
甜甜圈的消費量與時間的關係

DONUTS CONSUMED

圖 9.10　排名
各個種類的甜甜圈與消費量關係

PERCENTAGE OF DONUTS CONSUMED

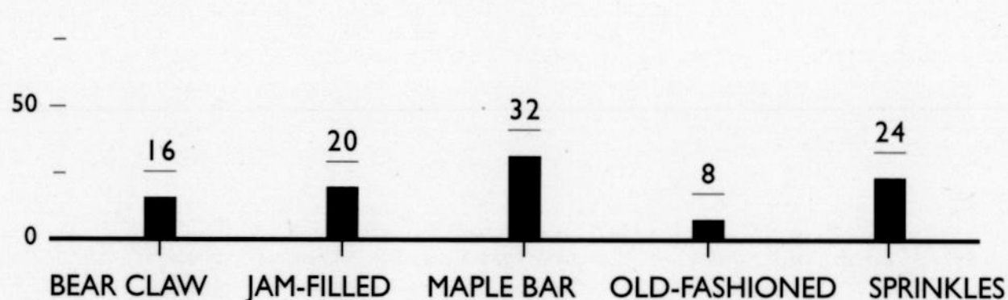

圖 9.11　部分對整體
各個種類的甜甜圈的消費量比例

長條圖（橫條）

所有適用於直條圖的規則基本上都適用於橫條圖（如圖9.12）。不過橫條圖有一個限制，它們不適合用來顯示時間序列關係。雖然理論上可以使用，但根據我們由左至右（至少在西方社會）閱讀時間的習慣不建議使用。

與直條圖相同的是，其排列順序也很重要，尤其當你要顯示其排名關係時（如圖 9.13）。建立一個層級、在最上方強調最低或最高數值的次類別，對於讀者幫助很大。按照英文字母排列也是可以接受的方式（如圖 9.14）。設計師要忍住將網格線放在 x 軸的衝動，因為這會讓圖表看起來太複雜。不過最離譜的橫條圖，是將正數值繪製成往左的橫條圖。X 軸在橫條圖起始為零；所以任何在基準點左邊的數值都應該視為負數值。這類錯誤經常出現在網頁上的資訊圖，描述與實際數據相反的故事。

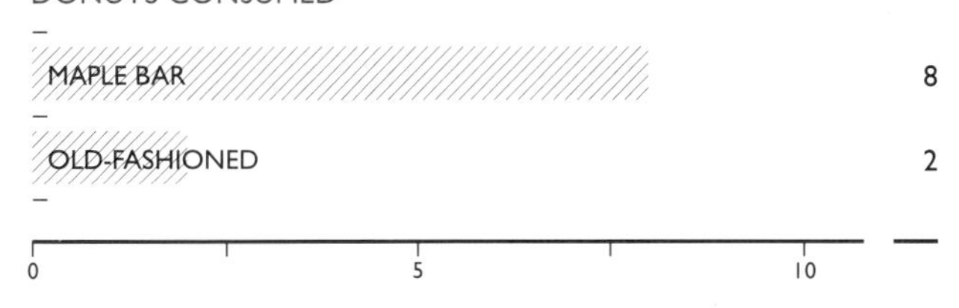

圖 9.12　名目
兩種甜甜圈類型的消費量比較

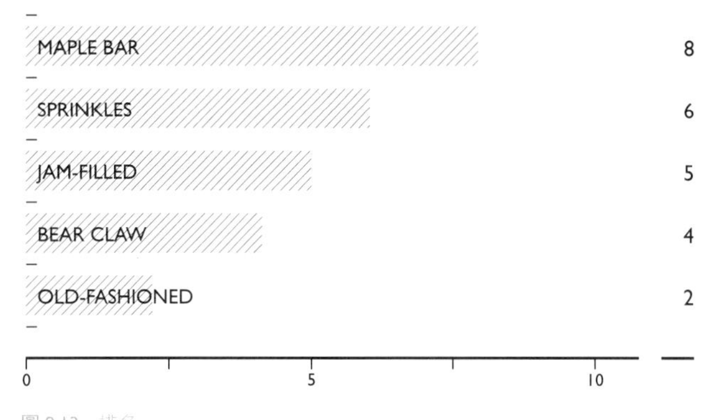

圖 9.13　排名
各個種類的甜甜圈與消費量關係

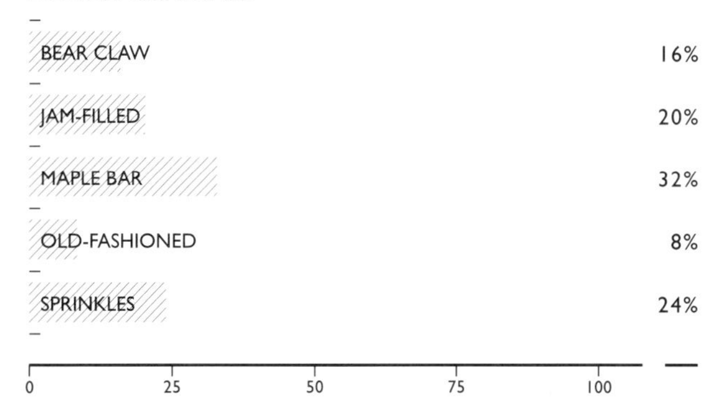

圖 9.14　部分對整體
各個種類的甜甜圈的消費量比例

堆疊長條圖

需要顯示「多個部分對整體關係」時，經常會使用堆疊長條圖。此類圖表處理間斷或連續數據，可以編排成垂直或水平位置。雖然每個長條集合可以做為名目或排名比較，但此類圖表通常的作用，在於顯示每個直條的組合所述說的有趣故事，能夠提供讀者更深入的觀點（如圖 9.15）。堆疊長條圖的一個變化是所謂的百分比堆疊長條，圖表裡所有的次類別相加是百分百的比例（如同圓餅圖的例子），所以排除掉長條間的名目比較。如此讓觀看者可以專注於比較每個長條組合，而不受相對尺度影響。

使用百分比的堆疊長條圖，每個部分的大小代表整個長條的百分比，通常會依此做標示。這類百分比堆疊長條圖也可以在需要顯示時間序列時使用（例如：某人與其朋友的甜甜圈消費量的比較，如圖 9.16）。多數人反應這類的視覺化比起多個圓餅圖要容易瞭解，因為觀看者可以直接在相同的 x 軸上做各區段的比較，相對而言比較輕鬆。

這兩種堆疊長條圖可以只使用單一長條，與單一圓餅圖使用方式相同（如圖 9.17）。如前面提過的，如果有多於一組次類別需要做部分對整體關係的比較，這種圖形最適合使用，而圓餅圖沒有這麼容易做切割。從設計的觀點來看，堆疊長條圖比較容易標示，因為他們的方向是線性而非弧形。既然每個區段的範圍代表整體的百分比，將每個區段標示為百分比、數量值或二者一起標示都很合理。為了做出最好的決定，你應該思考那一種標示比較有趣，能夠提供觀眾更多的情境。

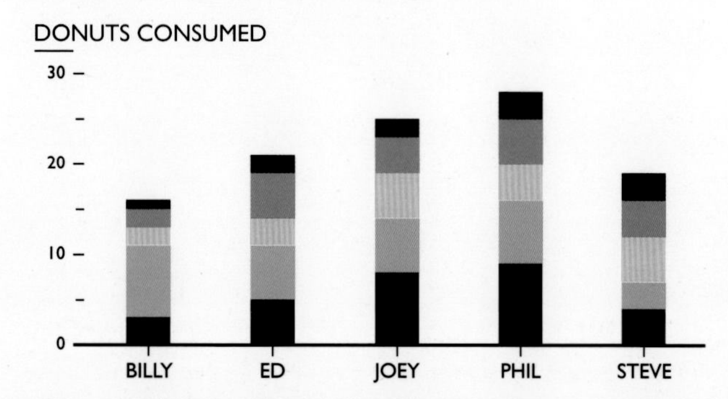

圖 9.15　部分對整體。不同人的甜甜圈消費百分比。

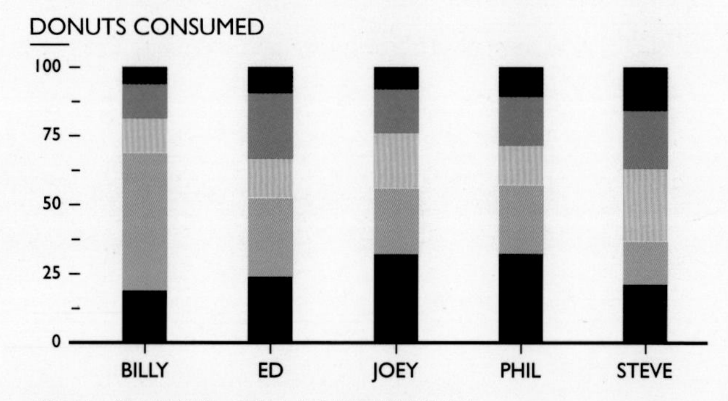

圖 9.16　部分對整體。不同人的甜甜圈消費百分比。

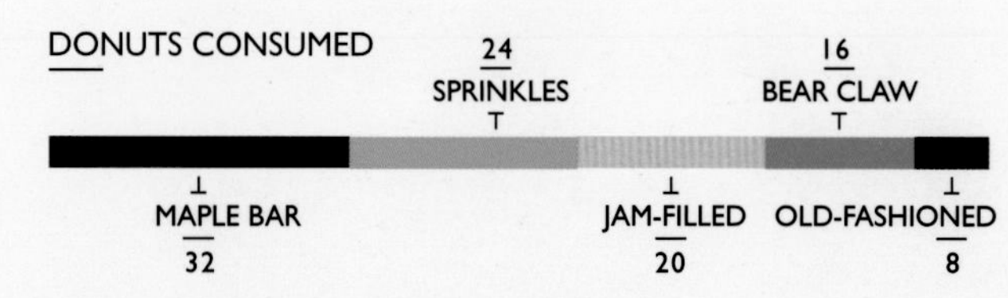

圖 9.17　部分對整體。不同種類的甜甜圈消費比例。

圓餅圖

如前所述，我們使用圓餅圖做間斷或連續數據的部分對整體比較（如圖 9.18）。雖然通常有很多人強烈反對使用圓餅圖，但我們相信此類圖表有它的用處。既然圓餅圖使用上如此廣泛，而且它能直覺性地傳達數據間的關係，我們要來談談其正確的使用方式。

圓餅圖的真正價值在於它們可以「迅速地傳遞大方向的想法」。但是它們不是那麼適用於比較圓餅內的次類別數值（堆疊長條圖可以做到），或是顯示隨著時間而改變的部分對整體關係。這是因為在同一塊圓餅或多個圓餅之間，各個圓餅的「切片」（基本上是相鄰各點的角度）大小很難做比較。

使用圓餅圖要考慮幾個規則，首先最重要的是所有次類別數量值總數必須永遠是 100 的百分比——這個規則無一例外。我們之前也說過，如果次類別不多（目前還在爭議是否接受圓餅圖上至多只能有七種類別），你真的只能使用圓餅圖。超過 5 個切片很難讓讀者全盤瞭解數據的含意。如果你有 10 個或以上的次類別，請直接考慮別種圖表，例如長條圖或堆疊長條圖，以避免混淆讀者。

安排圓餅圖各部分時，最大塊的部分應該固定由頂端開始，從 12 點方向順時鐘設定。相同地，第二大塊的部分應該固定由頂端開始，從 12 點方向反時鐘設定。任何其他部分則放在其下。這樣安排的邏輯是讀者由上往下讀，然後先讀到最重要的次類別。

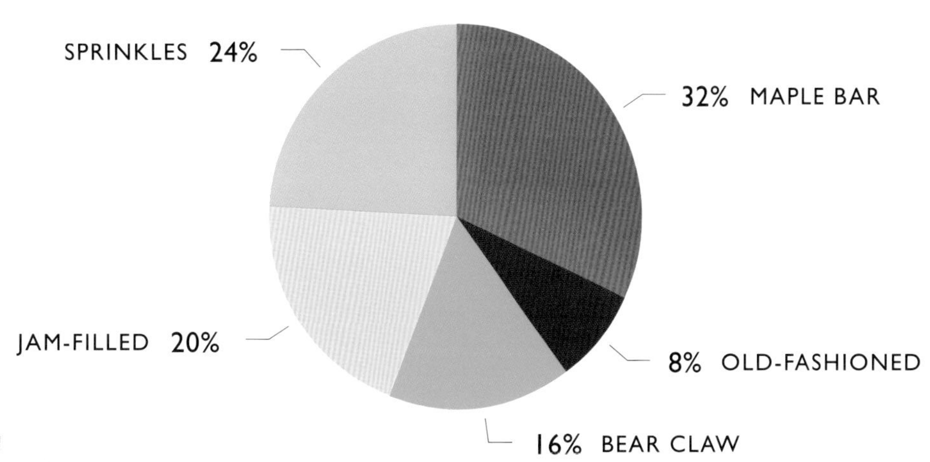

圖 9.17　部分對整體
各種甜甜圈消費量的百分比

氣泡圖

氣泡圖是使用間斷或連續數據的範圍類型圖表，可以用來顯示名目（如圖 9.19）和排名（如圖 9.20）關係。但很少用來表示僅只一次的時間序列或部分對整體的關係。

氣泡圖可以用來比較次類別的價值，以並排的比較方式，或更精細的圖表類型例如氣泡配置圖（顯示排名與時間序列）和氣泡地圖（如果地理是說故事的關鍵）（如圖 9.21 和 9.22）。這類圖表最適用於大範圍的數據集，以及在最小與最大次類別之間存有許多差異性時。當使用長條圖看起來很怪時，它們反而很適合。

圖 9.19　名目
兩種甜甜圈類型的消費量比較

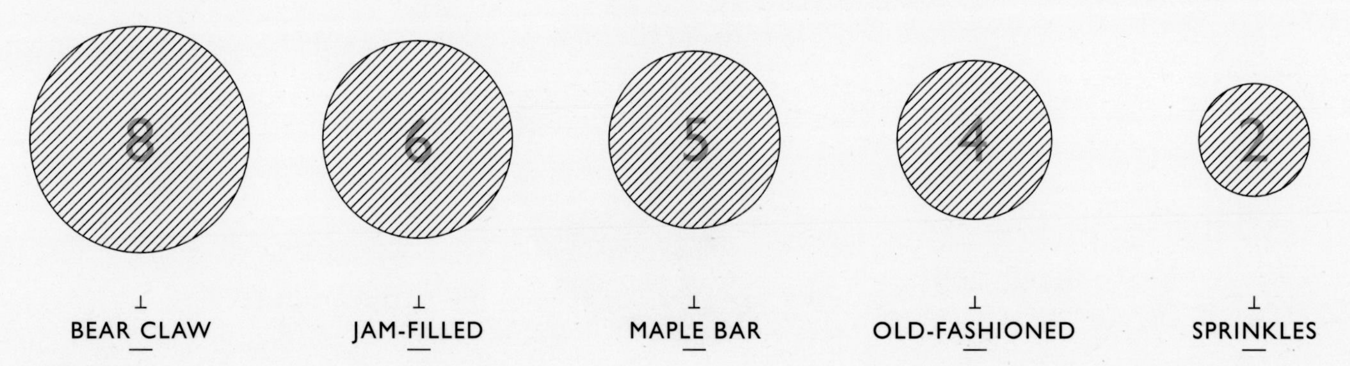

圖 9.20　排名
各個甜甜圈的消費量排名

圖 9.21　氣泡配置圖
各種甜甜圈的消費量差異

氣泡圖經常可見粗糙的設計成品。值得一提的重點是，每個氣泡的整體範圍（不是半徑）代表一種次類別的數量值。如果你使用半徑而非整體範圍來規劃此圖，後果會有多糟呢？如果設計師想要利用氣泡圖來顯示兩個數量值的不同——假設是 2 和 4 ——後者的範圍應該是前者的兩倍大。但如果是根據半徑為範圍，會形成扭曲數據的圖表設計。其中的差異會比數值間的差異更大（如圖 9.23）。

因為氣泡圖有無法清楚傳達資訊的限制，請不要增加太多的細節、或設計成錢袋形狀之類的，讓圖表顯得更加的複雜。你也必須避免使用完全非圓形（例如錢袋或上面鑲有大鑽石的戒指）的形狀。這樣最後看起來會很奇怪。此類圖表雖很適合傳達次類別數值的高層次差異，一般人也會想要順便瞭解資訊——在氣泡尺寸差異不大時呈現最有效果。

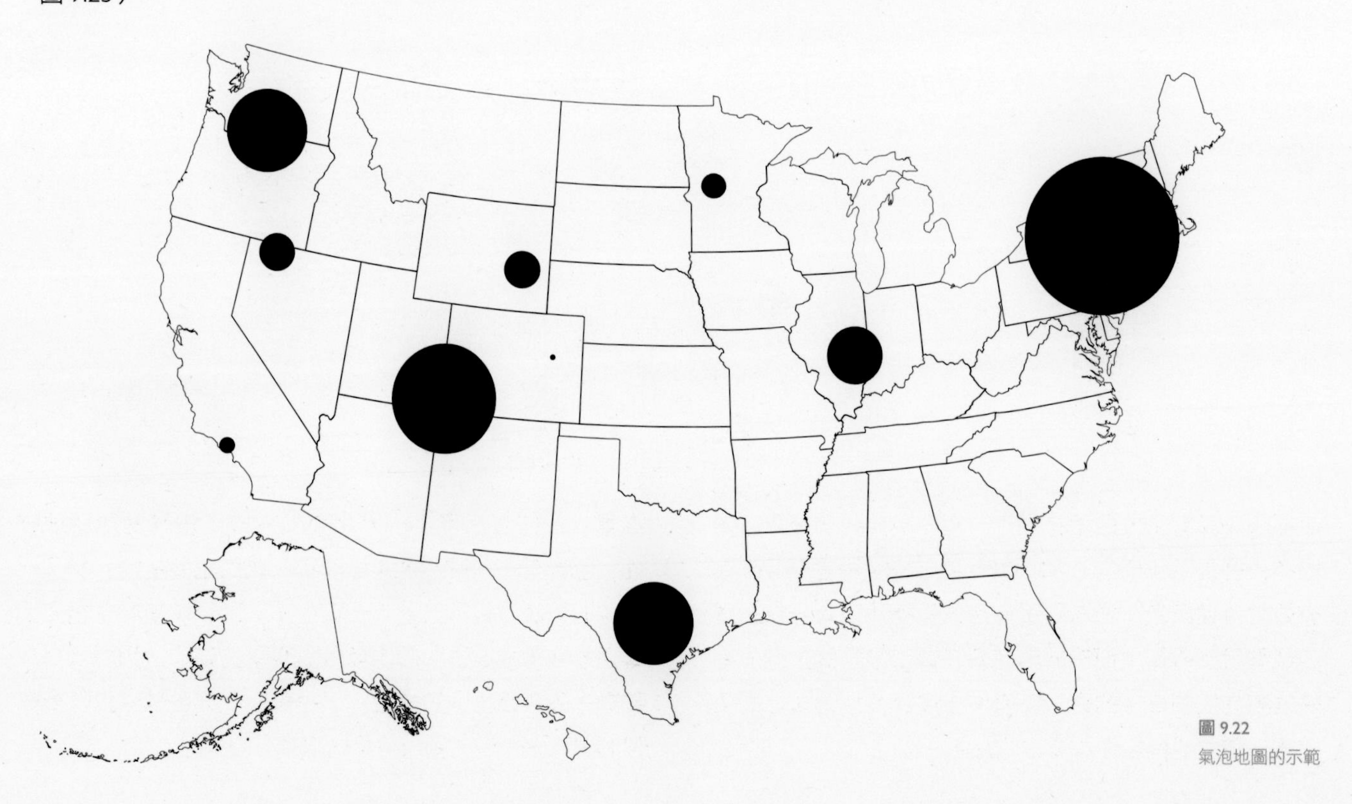

圖 9.22
氣泡地圖的示範

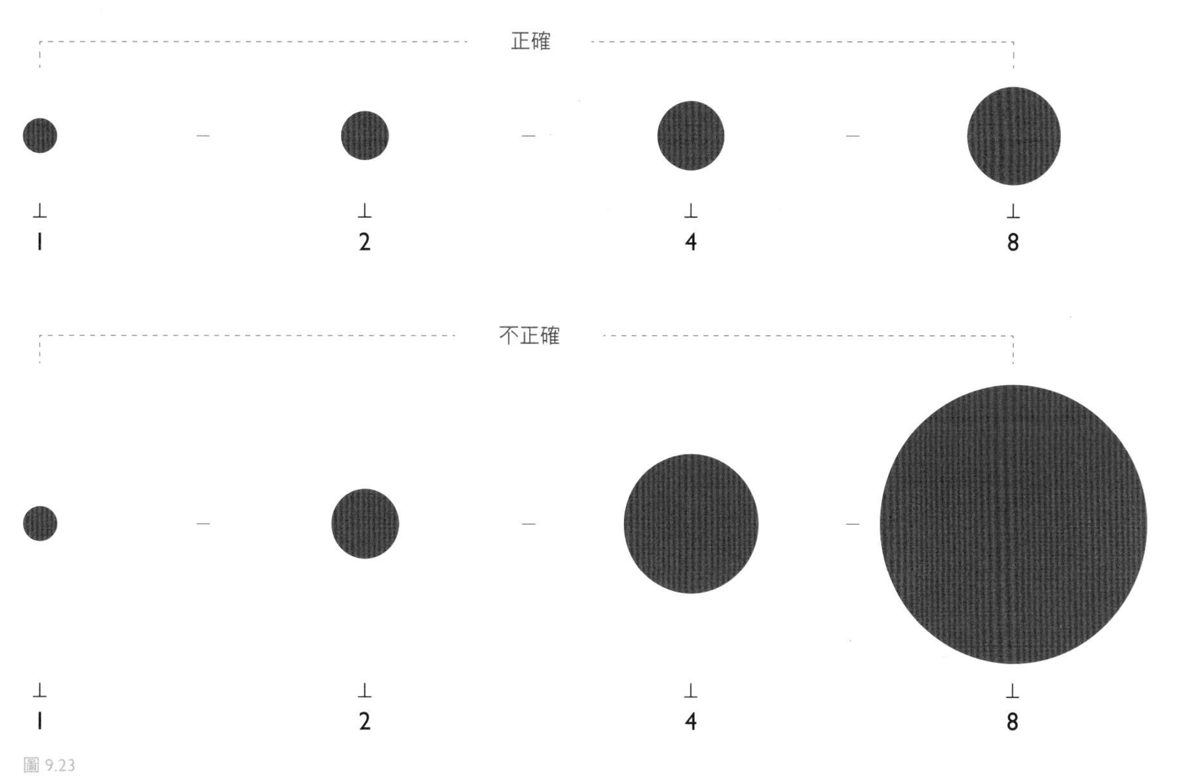

圖 9.23
正確 vs. 不正確尺寸的氣泡圖

每種圖表都有正確做法的規則，有時更重要的是我們得知道什麼是不正確的做法；畢竟最終目標皆是要清楚與有效地傳達訊息。通常你所使用的數據可以有好幾種圖表類型可以選擇，而設計師有責任選出最好的方案。有時很容易找到最好的方法；有時候要試幾種方法才能決定哪一種最能傳達你想要說的故事。

本章談及的各種資訊視覺化方法對應特徵設計的重要性，包含其使用與品質的適切性。我們也簡短的介紹了數據的設計，但再次重申，很多作者已經在這類主題上著墨甚多，遠超過我們本章所能涵蓋的範圍。因此我們鼓勵你去閱讀更多的書籍，以瞭解設計與數據，以及如何利用兩者結合，做出更好的溝通。

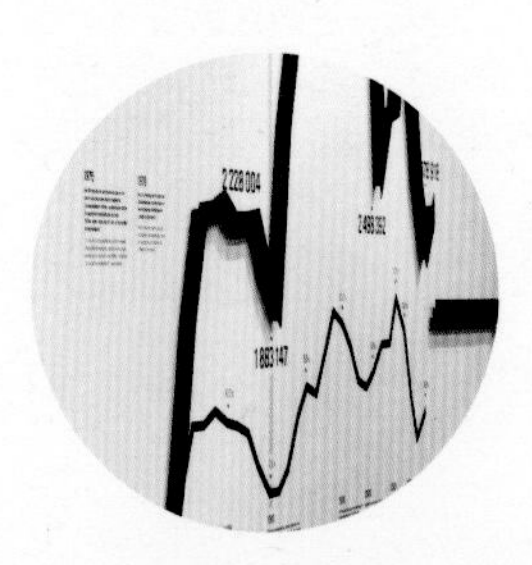

EIN JAHR NUTZU
EINES COMPUTER
ROHSTOFF
GEWINNUNG
PRODUKTION

lines 7 through 14b (far right col
nses (see page 26).
ction (see page 26)
terest deduction (see
duction (see page 2
16 through 19. Th

"THE REAL
OF THE IN
REVO

ARE

WI-FI + 3
16GB - $62
32GB - $72
64GB - $82
AVAILABLE END OF

46-55
$75k-100k
$100k

Hispanic
or Lati

PE

chapter

10 資訊圖的未來

- 「人人都有創意工具」的時代
- 社群共創式的視覺化
- 解決問題
- 成為視覺型公司

我們想像將來有一天機器人會匯集所有人類所學的知識，最終由Google的集體心智整合，然後在爐火旁講故事彼此取樂。你可以想像這些機器人的基本工作就是將數據視覺化並組合成好玩的影像故事。

未來資訊圖的特色就是「數據視覺化的自動產生」，而讓人們更容易應用這種功能的軟體更促成了此一趨勢。我們也認定人類的創造力，對於編織一個深刻的故事和客製視覺化內容，仍將發揮著至關緊要的作用。

資訊圖的思維滿佈在任何觸目可及之處。它被正式地納入傳播媒介的主流，傳達出明確的訊息：人們想要兼得知識與娛樂。每個人也變得更容易透過資訊圖瞭解數據。舉例來說，隨著行動應用程式得以計量個人的自我運動，許多人們為了改變生活方式（在某些情況下），會由自己日常活動所得的數據而參與了視覺化製作。

正如我們已經申明的，在許多資訊圖應用中，誘人的視覺效果能將一個美麗的比喻深植於觀眾腦海，幫助他們記憶訊息，並做出回應行動。現今你可以在許多的網路城市中看到各式各樣的數據圖像：城市網絡活動的有趣視覺圖像會展示在火車站入口處，或是呈現機場資訊的擴增實境式透視圖（如圖 10.1），以及一輛展示重要健康統計資訊的車子。

人們在全世界的博物館也以藝術形式展示數據（如圖 10.2、10.3 和 10.4）、製作視覺化的實況體育報導，當然還有在電影（如圖 10.5）與電視廣告（如圖 10.6）中普遍使用。

使用視覺輔助的蘇黎世機場 B 觀景台（ART + COM 設計）

圖 10.2
《工作、意義與煩惱》展覽上的統計圖場景，德國德勒斯登衛生博物館（ART + COM 設計）

Violent crime
Zugang zu Bildung
Access to education
Trinkwasser
Drinking water
Lebenserwartung
Life expectancy

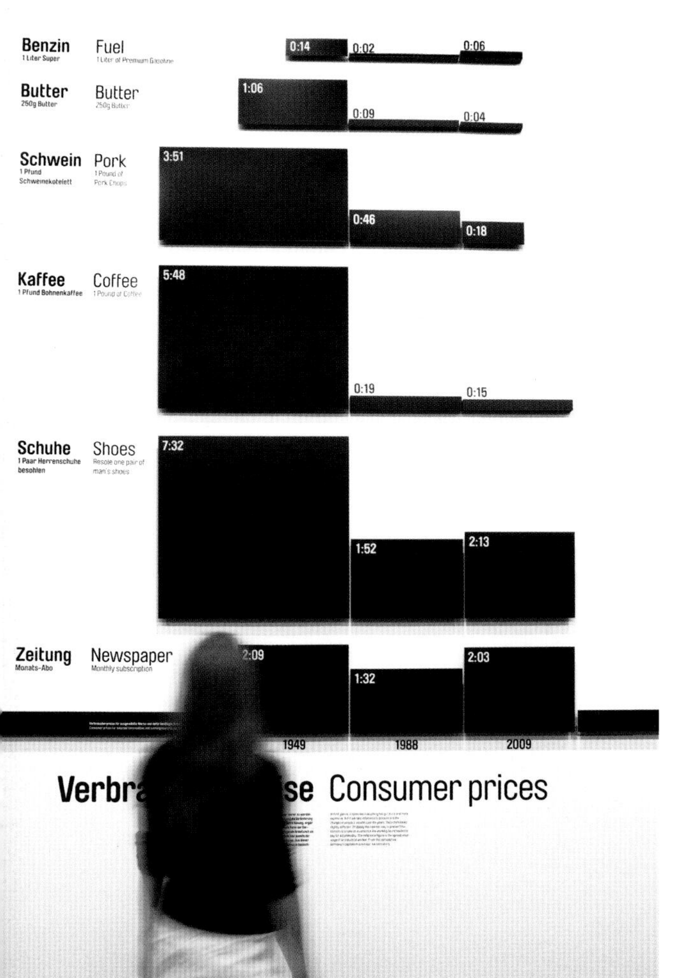
Benzin
1 Liter Super
Fuel
0:14
0:02
0:06
Butter
250g Butter
Butter
1:06
0:09
0:04
Schwein
1 Pfund Schweinekotelett
Pork
3:51
0:46
0:18
Kaffee
1 Pfund Bohnenkaffee
Coffee
5:48
0:19
0:15
Schuhe
1 Paar Herrenschuhe besohlen
Shoes
7:32
1:52
2:13
Zeitung
Monats-Abo
Newspaper
Monthly subscription
2:09
1:32
2:03
1949
1988
2009
Consumer prices

圖 10.3
展覽「永續發展的概念」（ART + COM 設計）

162 kg
EIN JAHR NUTZUNG
EINES LAPTOPS
Da das Laptop kleiner ist als ein herkömmlicher Computer und darüber hinaus über einen integrierten Monitor verfügt, ist sein ökologischer Rucksack in dieser Phase rund viermal leichter als der eines konventionellen Computers mit Monitor.
ROHSTOFF GEWINNUNG
PRODUKTION
NUTZUNG
ENTSORGUNG
DEUTSCH
ENGLISH

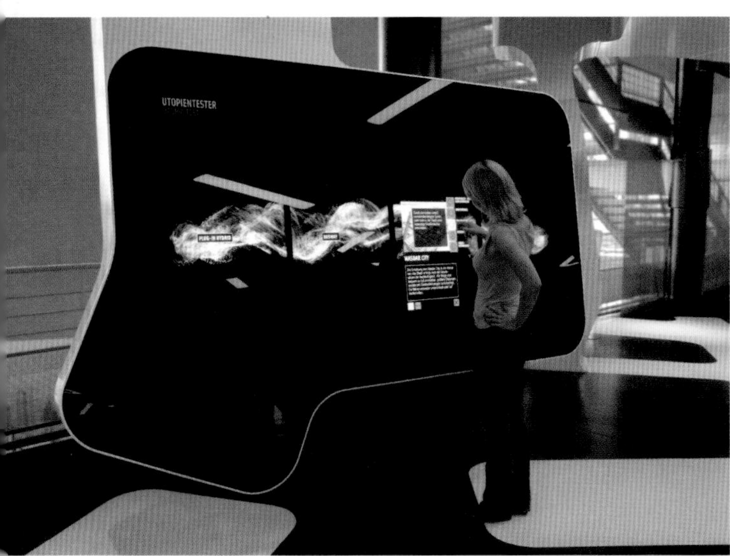
UTOPIENTESTER
MASDAR CITY

874
CO2-EMISSIONEN IN DEUTSCHLAND

MoMA | Talk to Me | Hello World!
http://www.moma.org/interactives/exhibitions/2011/talktome/objects/146218/
moma talk to me
Apple
Yahoo!
Google Maps
YouTube
Wikipedia
News (1,092)
Popular
Pin It
MoMA
TALK TO ME
Works
Designers
Categories
More
Photo credit: Thomas Xaver Dachs
Tree Listening at Royal Botanic Gardens, Kew, England; Tree Listening at Fermynwoods, Northamptonshire, England
Hello World!
Bernhard Hopfengärtner (German, born 1982)
2006
about this project
tweets
#ttmhello
Category: Worlds
Tags: Communications / Liminal Spaces / Maps / Critical Design / Networks
LESS
MORE
Showing 28 of 146 connections

10.4

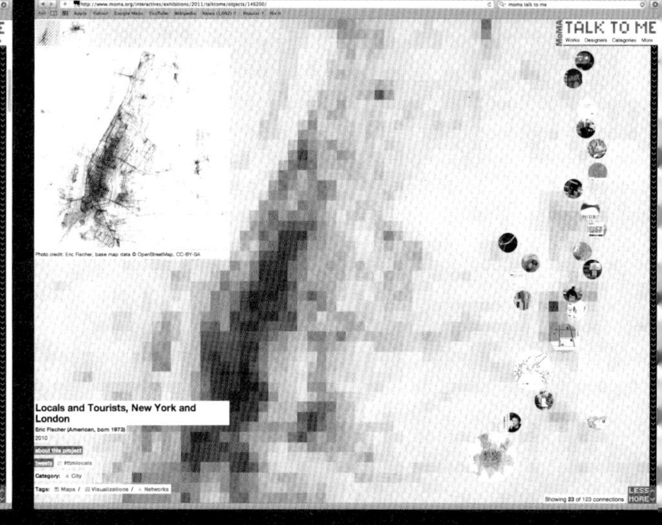

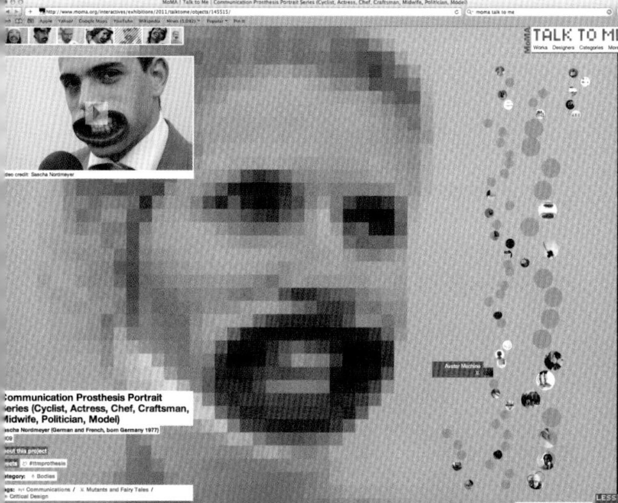

圖 10.5
電影《口白人生》（Stranger Than Fiction）裡的系列畫面
（畫面提供：Sony Pictures）

36
TIMES
SKU#102368
FLORAL SILK NECKTIE
FIVE (5) STEP TYING PROCESS *MAY REQUIRE A LONGER
CAN BE USED WITH THE 'FRENCH
REGULATIONS
1 BOWL
1 SPOON
2 FORKS
3 CUPS

圖 10.6
廣告：《大事正在發生》
（思科網路設備公司）

THINGS
ARE
TO THE CLOUD
INFORMATION IS MOVING
8/10 IT MANAGERS PLAN TO USE CLOUD COMPUTING WITHIN THE NEXT
WE'RE USING MULTIPLE DEVICES
2/3 OF EMPLOYEES BELIEVE
THEY SHOULD BE ABLE TO ACCESS INFORMATION
USING COMPANY ISSUED DEVICES
AT ANY TIME

60% BELIEVE THEY DON'T NEED TO BE
IN AN OFFICE TO BE PRODUCTIVE
THIS IS CREATING ENTIRELY NEW FORMS OF COLLABORATION
BY 2015, COMPANIES WILL
GENERATE 50% OF WEB SALES
VIA THEIR SOCIAL PRESENCE
AND MOBILE APPLICATIONS
SOCIAL BUSINESS SOFTWARE
WILL BECOME A $5 BILLION BUSINESS BY 2013
WHO SITS AT THE
CENTER
OF ALL THIS?

"THE REAL IMPACT
OF THE INFORMATION
REVOLUTION

ISN'T ABOUT
INFORMATION
MANAGEMENT

SOCIAL BUSINESS SOFTWARE
WILL BECOME A $5 BILLION BUSINESS BY 2013

USER
GROWTH
FACEBOOK
620M
157M

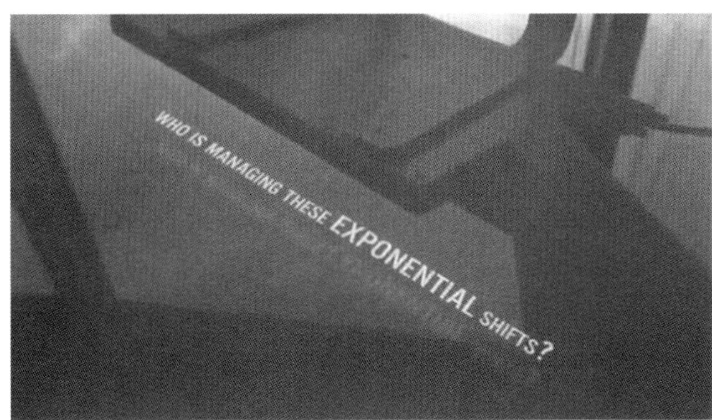
WHO IS MANAGING THESE EXPONENTIAL SHIFTS?

together we are the human network.
cisco

想像著「數據視覺化」無限寬廣的未來，不免讓人想到人工智慧。

我們想像將來有一天機器人會匯集所有人類所學的知識，最終由 Google 的集體心智整合，然後在爐火旁講故事彼此取樂。你可以想像這些機器人的基本工作就是將數據視覺化並組合成好玩的影像故事。而且不無可能的是，這些無所不知的人工智慧生物也許會花上一整天爭論電影《2001 年太空漫遊》裡發現的巨石所代表的含意。

不過，要在近期內想出如何製作這樣的機器人可能沒那麼容易。比較有可能做的，還是先專注在尋找你的公司在視覺溝通上的競爭優勢——無論你是對外還是對內找尋，或是為了行銷目的，或是要獲得營運上的深入洞見。為此，以下有三種形塑未來資訊圖的趨勢：

- ⊙ **創作工具人皆可得**
- ⊙ **社群共創視覺化**
- ⊙ **解決問題**

在這些領域，我們都看到結合先進技術效率的原創思考和創造力，對於強化溝通視覺化的重要性。

「人人皆有創意工具」的時代

如果網路資訊圖逐漸氾濫成災，媒體將走向何種命運？

有些人說「創作自動化造成低劣品質設計的氾濫」會導致人類幻想破滅。但從另一方面來看，花在創作與消耗資訊圖內容的時間，將會讓我們更加瞭解數據，並且最好的領域內從業者也能繼續創新與保持競爭力，如此將有助於提升品質標準以及增加更具觀念性工作的需求，特別對那些想追求醒目包裝的品牌。

為了清楚地說明這件事，請想想現在人們普遍使用的網路影片。擁有這些現成的創作與上傳影片工具，讓我們看到視覺品質的巨大變化，那就是較多噪音，較少訊號。但是，要讓你在看了很多劣質影片以後說出「我討厭影片」實在沒什麼道理，因為影片已經是溝通的既成與可行的媒介。當問起「企業對於視覺化工具的普及使用」有何感覺時，數據視覺化專家弗萊（Ben Fry）回答，

「自古以來，任何技術上的躍進都會產生這樣的爭論。大量印製的書籍也有類似的現象。網路產生以來，大家都在〔上面〕放東西，難道那不是世界末日嗎？重點是注意其〔不論媒介為何〕讀寫的特質。人們越注意其讀寫，〔它更會〕增加其好、壞、實用與非實用的討論。」

基本上，溝通的整體媒介並不會只因為有些人使用不當而失去效果。

事實上，越多的資訊圖創作得越好；那才會促使企業界無論為了研究、新聞、內容行銷、或營運見解，在這方面應用發展得更加成熟。資訊圖的普及化也會發展出更革新的方案，以增加此媒介的效率，也進一步提升評量品質的重要架構。

既然資訊圖也適用於未來數據的視覺化新聞（可以延伸至企業網站，讓它發揮網路出版物的功能，而非只是公司宣告事項的平台），那能夠減少人工疏失和增加執行速度的自動化工具，有助於維持數據的正確顯示。要在及時性新聞插入正確與有趣的圖表非常困難，因此我們利用內部發展的套裝軟體，以最適合的表格、圖像或地圖視覺化數據，並且將相關特製插圖加入圖表以增加美感。

這類特別的應用程式──我們將它視為視覺新聞的關鍵要素──是自動化與工具對於創造新聞性內容有很大幫助的最佳典範。很多組織內部逐漸需要客製化軟體，以便員工能根據範本製作出自訂的資訊圖風格報告，某方面來說，這是為了讓非設計人才，以一種很直覺的方式來產生品牌視覺材料。

符合品牌原則而維持一致的風格也十分重要，你也可以找機會在資訊圖上使用插圖──特別是為了對外、以行銷為主的內容，需要更加具有吸引力。如今我們已有工具能夠製作一種自訂介面，在其中結合了迅速視覺化量化數據的能力，與客製化內容觀點與特性分析的能力。一個專案的各方利益關係人，都可以利用這種軟體去研究數據，以及提供觀察與見解，並由此提出更具品質的觀點。

因此，在「探索數據」到「發現故事」的過程中，數據視覺化軟體的使用頻率逐漸增加。當這個趨勢繼續成長與演進，其工具將會不斷地改良，幫助美麗的視覺圖像述說出一個有意義的故事。

社群共創視覺化

我們看到一個重要契機，得以幫助我們創造更活潑生動的資訊圖。

大部分在網路上看到的數據視覺圖像（像歡樂甜甜圈公司），我們都很難加入其公司網誌。但有些情況下問題不大；比方說如果公司將研究型、互動式資訊圖當作網站資源。你可以建立到達頁面，展示這些數據資料，並在內容內設定進一步的連結，讓讀者能更深入探索他們有興趣或與之相關的主題。不過如果必須讓媒體更容易地重新發佈你的內容，你應該讓它更容易「嵌入」和「共享」，或至少向記者提供成為企劃亮點的高解析度圖像，讓他們可以在新聞報導裡使用。

有個執行的方法是應用動態的互動式資訊圖，我們稱為

「社群共創視覺化」（Social Generative Visualizations）。這項新奇的手法結合了傳統靜態資訊圖與經典互動式介面的最佳特點，達成一個新的目的：讓讀者對於展示的數據有所貢獻或實際成為評估數據的一部份，以更有意義的方式與內容進行互動。

在這種互動式資訊圖中，數據與圖表隨著使用者接下來與產品的互動做出更新，然後提供新消費者與之前顧客可能不同的體驗。如此讓內容永遠有其相關性，因為它總是在更新原創內容。為了使材料從一開始就引起關注，你可以先使用大量的數據，例如圖 10.7 所顯示的「預感網站」作品。

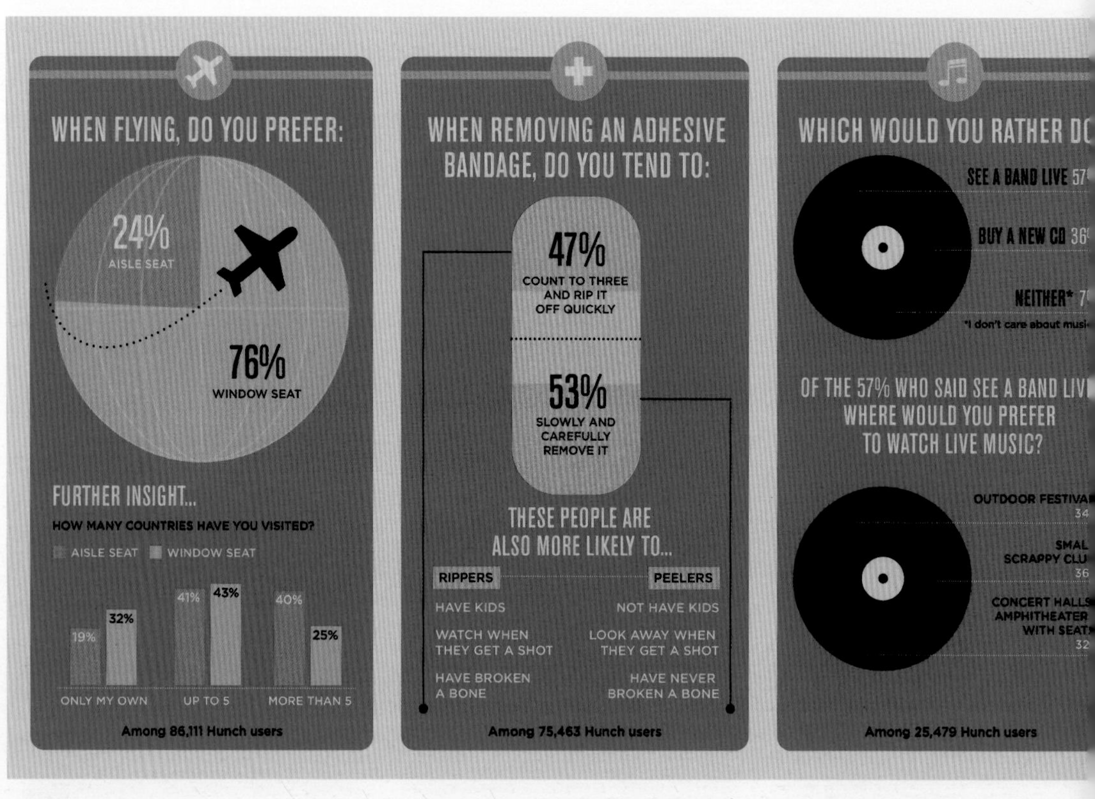

圖 10.7

「那是你『讓預感網站瞭解你』（THAY）的結果」：由預感網站提出一個問題，然後根據所有網友的回答做出另一個問題的分析數據。（預感網站委託 Column Five 製作）

本系列的社群共創互動性資訊圖向使用者提問後並即時分析：

飛行座位選擇 vs. 拜訪國家數量

移除黏性貼布的習慣 vs. 勇氣分析

聆聽音樂媒介 vs. 喜好聆聽現場演奏的場合

看到蒼蠅的反應 vs. 價值觀、性格

支持死刑 vs. 價值觀與男女分類

冰淇淋口味偏好 vs. 巧克力牛奶或黑巧克力偏好

它除了傳播內容的潛力很大，藉由導引使用者註冊過程與／或產品的進一步互動式投票形式，你的品牌可以透過這種手法佔有贏得顧客的優勢。此外，讓客戶回答自身問題與即時呈現更新結果之後，就能立刻在內容裡號召行動，那極有可能爭取到更多的使用者。

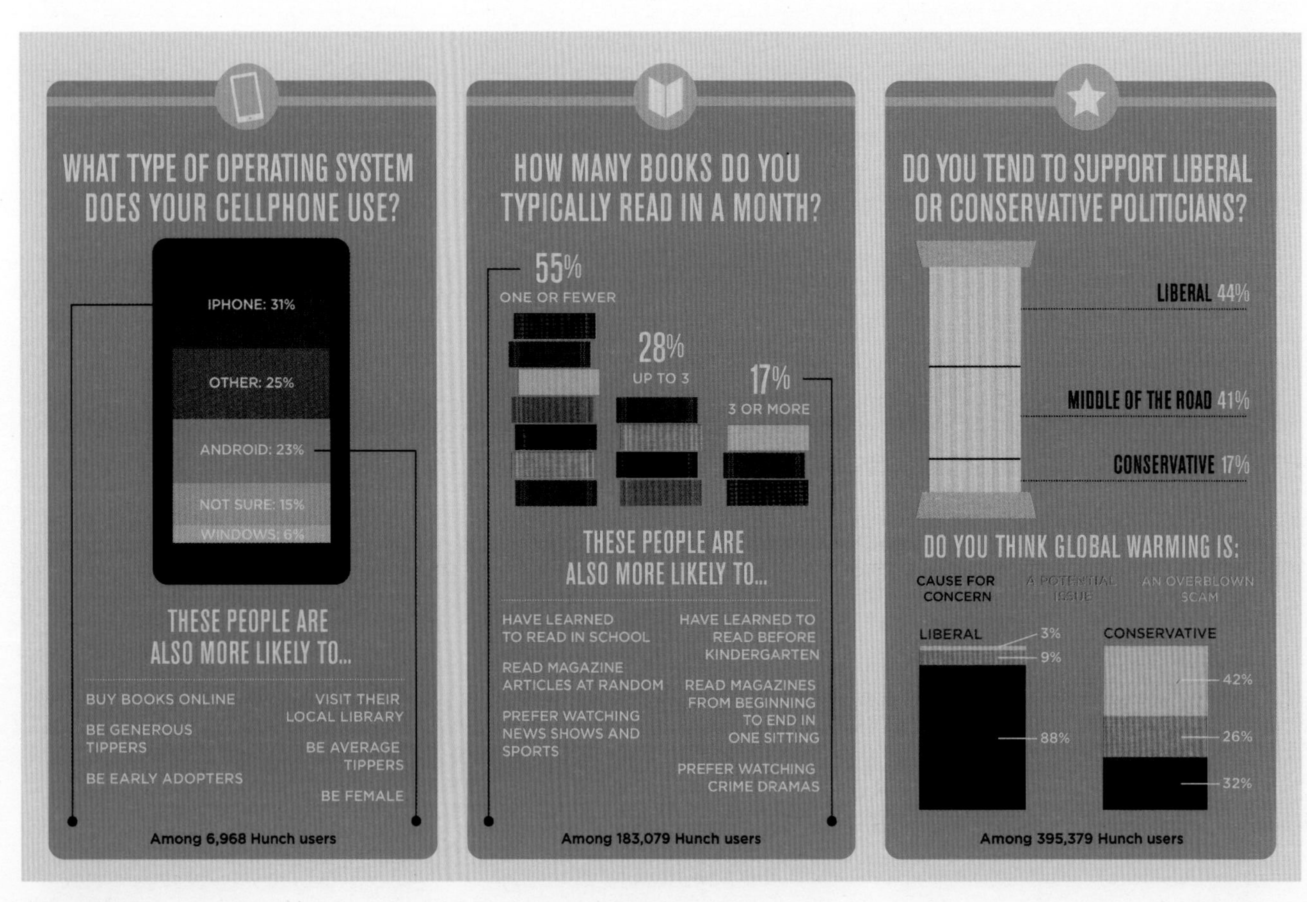

圖 10.7（續）
使用者提問後並即時分析：
手機操作系統 vs. iPhone 和 Android 用戶的分析
閱讀書籍數量 vs. 閱聽習慣
支持自由或保守黨 vs. 對於全球暖化的看法
看電影購買零食 vs. 是否喜愛具爭議性、開放式的結局？
認為自己是屬於貓或屬於狗的人 vs. 喜愛的電視節目類型
一首好歌最喜歡的部分 vs. 彈奏樂器、唱歌習慣和喜愛歌手

WHEN YOU GO TO THE MOVIES DO YOU TEND TO BUY:
13% POPCORN OR CANDY
12% DRINKS
42% BOTH
33% NEITHER
DO YOU TEND TO ENJOY MOVIES WITH AMBIGUOUS, OPEN-ENDED ENDINGS?
YES NO SOMETIMES
POPCORN OR CANDY
12%
28%
60%
DRINKS
15%
23%
62%
Among 25,627 Hunch users

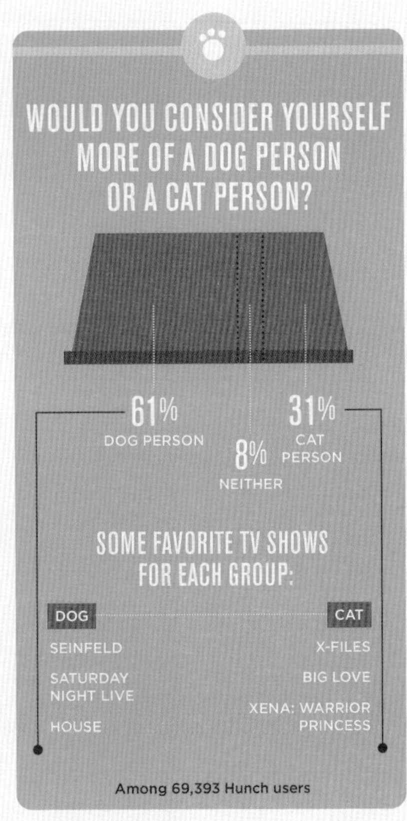
WOULD YOU CONSIDER YOURSELF MORE OF A DOG PERSON OR A CAT PERSON?
61% DOG PERSON
8% NEITHER
31% CAT PERSON
SOME FAVORITE TV SHOWS FOR EACH GROUP:
DOG
SEINFELD
SATURDAY NIGHT LIVE
HOUSE
CAT
X-FILES
BIG LOVE
XENA: WARRIOR PRINCESS
Among 69,393 Hunch users

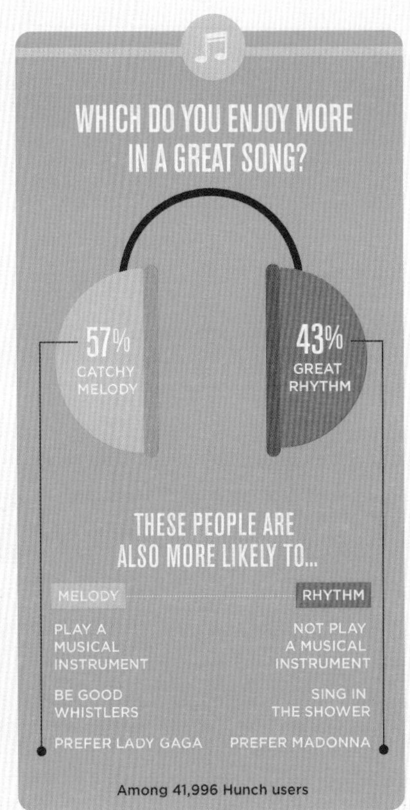
WHICH DO YOU ENJOY MORE IN A GREAT SONG?
57% CATCHY MELODY
43% GREAT RHYTHM
THESE PEOPLE ARE ALSO MORE LIKELY TO...
MELODY
PLAY A MUSICAL INSTRUMENT
BE GOOD WHISTLERS
PREFER LADY GAGA
RHYTHM
NOT PLAY A MUSICAL INSTRUMENT
SING IN THE SHOWER
PREFER MADONNA
Among 41,996 Hunch users

hunch

我們曾在第 2 章（資訊圖格式）討論過，手動更新的需求一向是許多靜態資訊圖的挑戰，甚至有些互動式資訊圖也有這類困難。藉由在前端建立動態性更新數據視覺化的互動經驗，你的內容將會永保新鮮，而觀看者也能參與內容，並且體會他們的資訊帶給資訊圖的影響。

2010 年 GigaOM 公司的作品就是一個例子（如圖 10.8），在此我們可以分析 iPad 第一年的銷售預測。如今我們可以創造同樣的作品來集合與展示用戶反應與預測，並且也能使用其他用於更新的互動性功能，以顯示目前營業額與原始預測值的比較。如果你想要對社群共創視覺化貢獻一些意見，請見 www.visualnews.com/money（如圖 10.9），其中有新的分析與數據，以創新的觀點來看不同人口統計中的理財行為。

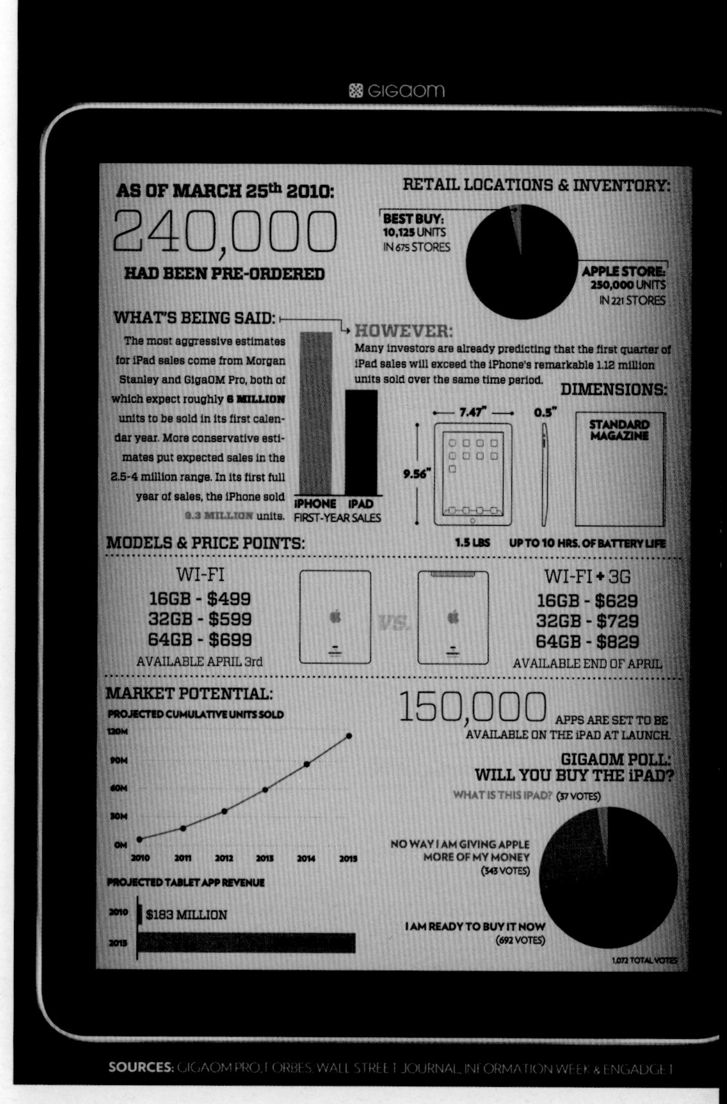

圖 10.8
「iPad：蘋果的下一段淘金熱」（GigaOM 公司委託 Column Five 製作）

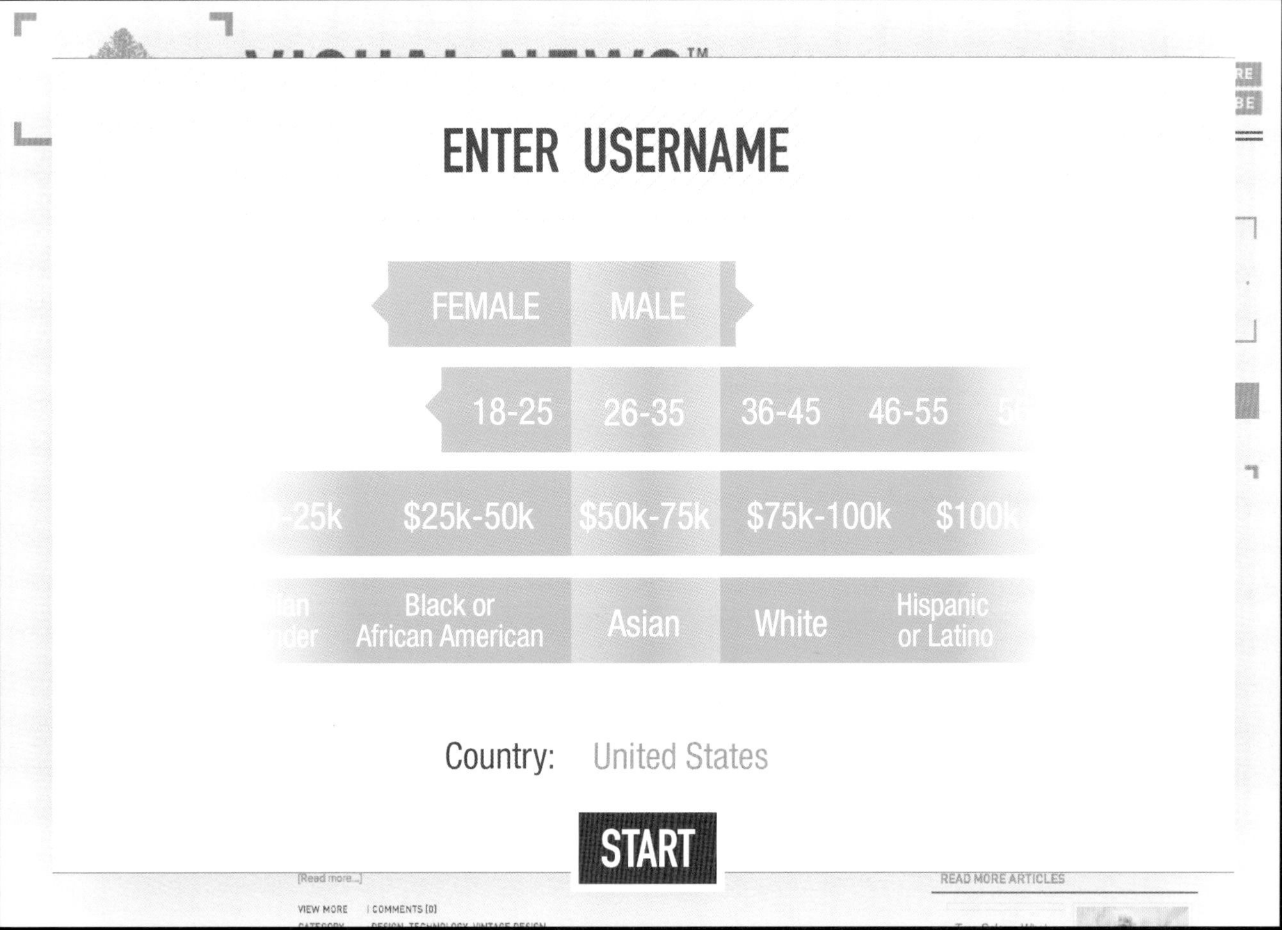

VISUAL NEWS™

ENTER USERNAME

FEMALE MALE

18-25 26-35 36-45 46-55

$25k-50k $50k-75k $75k-100k $100k

Black or African American | Asian | White | Hispanic or Latino

Country: United States

START

[Read more...]

VIEW MORE | COMMENTS [0]

READ MORE ARTICLES

圖 10.9

「www.visualnews.com/money 上的社群共創視覺化」（視覺新聞公司）

YOU ON
Question
Answer
Demographic
YOU OFF
Question
Answer
Demographic
Zero
1 to 2
3 to 4
5 +
x How much debt is ok?
x $0-5,000
x Age 26-35
x M vs. F
x How many credit cards should y
Male
Female
Your input
Zero
3-4
1-2
5+
10
[Read more...]
READ MORE ARTICLES
VIEW MORE
| COMMENTS [0]
CATEGORY
DESIGN, TECHNOLOGY, VINTAGE DESIGN

圖 10.9（續）

Question | Answer | Demographic

x How much debt is ok? x Age 26-35

$0 - 5,000

Where you stand

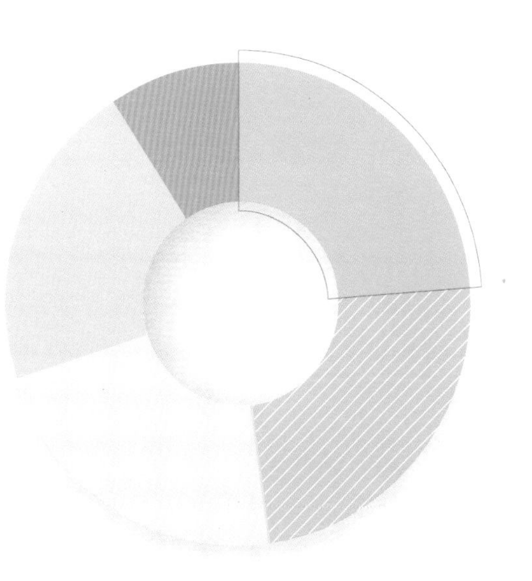

10

[Read more...]

VIEW MORE | COMMENTS [0]

READ MORE ARTICLES

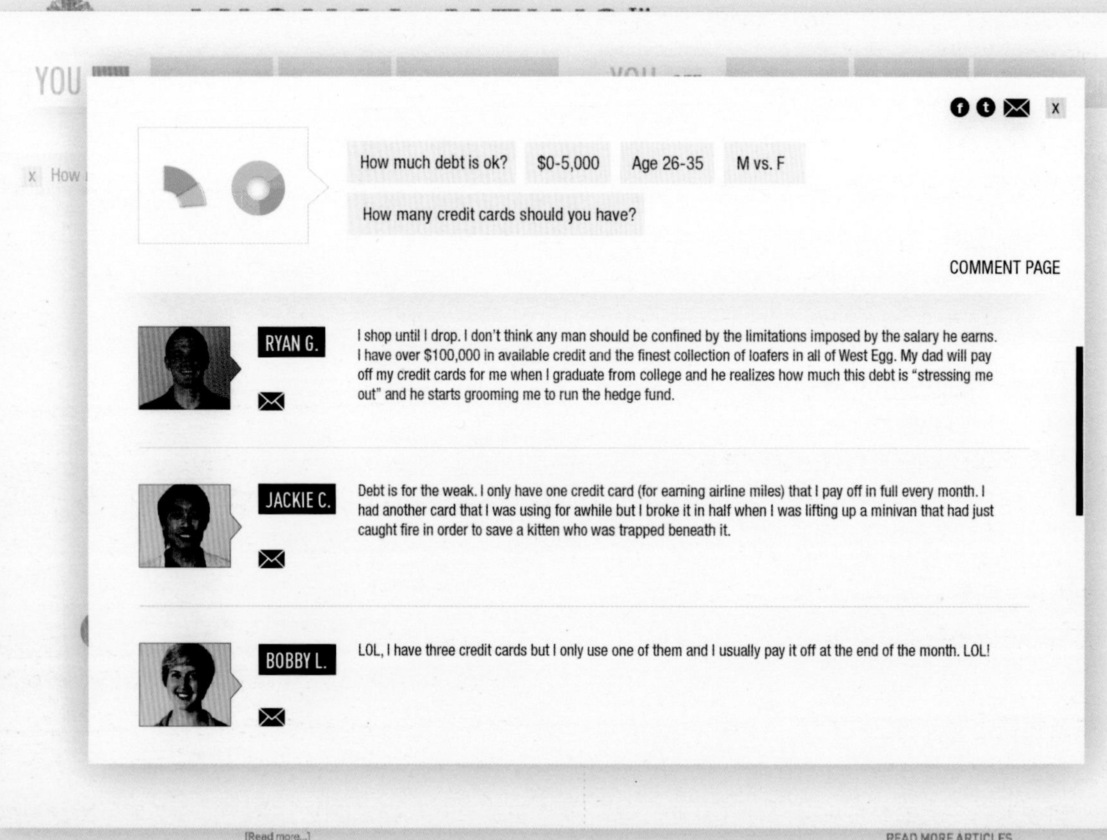

How much debt is ok?
$0-5,000
Age 26-35
M vs. F
How many credit cards should you have?
COMMENT PAGE
RYAN G.
I shop until I drop. I don't think any man should be confined by the limitations imposed by the salary he earns. I have over $100,000 in available credit and the finest collection of loafers in all of West Egg. My dad will pay off my credit cards for me when I graduate from college and he realizes how much this debt is "stressing me out" and he starts grooming me to run the hedge fund.
JACKIE C.
Debt is for the weak. I only have one credit card (for earning airline miles) that I pay off in full every month. I had another card that I was using for awhile but I broke it in half when I was lifting up a minivan that had just caught fire in order to save a kitten who was trapped beneath it.
BOBBY L.
LOL, I have three credit cards but I only use one of them and I usually pay it off at the end of the month. LOL!
10
[Read more...]
READ MORE ARTICLES
VIEW MORE
| COMMENTS [0]

圖 10.9（續）

社群共創視覺化是創造永續新聞性內容的重要創舉，並且可以頻繁地使用，反應出更多網路互動式經驗的需求。如設計師姚所說：

「短期內，資訊圖將變得更加互動，正如我們所見的《紐約時報》作品。人們看得越多會持續要求得更多，對數據也更加敏銳。也就是說，網路仍然是找尋快速娛樂或分散注意力的地方，所以依然需要更多著重於設計的資訊圖空間，但在實際內容上更有思想的圖表將會吸引（以及值得）最多的關注。」

利用社群共創視覺化讓觀眾熟悉視覺化敘事的方法，變得越來越重要。

除了在新聞性情境的互動式內容，也有具有深遠含意的一些發展。資訊設計師史戴芬拿說過：

「我們看到最新視覺化合作的工具原型，使用者可以在其中用即時或不定時的方式處理、分析、討論和給予數據註解。另一個令人期待的前景是模擬與互動式資訊圖的結合——如果你不僅可以看到聯邦預算成果或全球二氧化碳排放量，那你是不是也能根據其互動式模擬的隱含數據調查其間的變化因果呢？」

的確，這個方法有力量可以讓企業改革超越內容行銷和商業溝通的範圍。

解決問題

比爾蓋茲曾經將他當初創辦慈善機構「比爾與米蘭達蓋茲基金會」（Bill and Melinda Gates Foundation）的靈感，歸功於他在《紐約時報》看到的一篇文章資訊圖（如圖 10.10）。《紐約時報》專欄作家克里斯托夫（Nick Kristof）提到：

「九月時，我與比爾蓋茲至非洲檢視對抗愛滋病的成果。在決定行程時，當初吸引他投注大量金錢對抗疾病的原因浮現了，原來是他和米蘭達（蓋茲的妻子）看到我在 1997 年 1 月針對第三世界疾病分成兩部分報導的系列文章而興起的念頭。

「他們當時都將金錢投注在幫助國家網路化與購買足夠的電腦方面。比爾和米蘭達近來重新看過那些文章，他們說是第二篇有關「污水與腹瀉一年造成數百萬兒童死亡」的報導，讓他們真正思考到公共衛生問題。對於寫過一篇達 3,500 字的全球報導文章會造成如此的影響，我真的覺得十分自豪。但後來比爾坦承，其實不是文章本身吸引他的注意——而是圖表。那只是一張有兩個欄位的內附圖表，非常簡單地列出第三世界的健康問題以及死亡人數。但經過了那麼多年他還記得，並且還說那是讓他轉向關注公共衛生的唯一因素。」**人類歷史上沒有一張圖表曾經拯救過非洲與亞洲這麼多人的性命。**

A CLOSER LOOK

Death by Water

A huge range of diseases and parasites infect people because of contaminated water and food, and poor personal and domestic hygiene. Millions die, most of them children. Here are some of the deadliest water-related disorders.

DISORDER/ ESTIMATED DEATHS PER YEAR	
DIARRHEA 3,100,000	*Diarrhea is itself not a disease but is a symptom of an underlying problem, usually the result of ingesting contaminated food or water. In children, diarrhea can cause severe, and potentially fatal, dehydration.*
SCHISTOSOMIASIS 200,000	*A parasitic disease caused by any of three species of flukes called schistosomes and acquired from bathing in infested lakes and rivers. The infestation causes bleeding, ulceration, and fibrosis (scar tissue formation) in the bladder, intestinal walls and liver.*
TRYPANOSOMIASIS 130,000	*A disease caused by protozoan (single-celled) parasites known as trypanosomes. In Africa, trypanosomes are spread by the tsetse fly and cause sleeping sickness. After infection, the parasite multiplies and spreads to the bloodstream, lymph nodes, heart and, eventually, the brain.*
INTESTINAL HELMINTH INFECTION 100,000	*An infestation by any species of parasitic worm. Worms are acquired by eating contaminated meat, by contact with soil or water containing worm larvae or from soil contaminated by infected feces.*

Sources: World Health Organization; American Medical Association Encyclopedia of Medicine

圖 10.10

「污水致死人數」：一張拯救數百萬生命的圖表。（《紐約時報》）

本表格快速呈現「第三世界因污水致死的病因與人數」，後來啟發了比爾蓋茲投入公共衛生的慈善行動。

我們最近也發現更多使用此類革新的方式，能夠對社會帶來幫助，如同越來越多的非營利組織利用特性與數字資訊找尋更深入的見解。使用數據視覺化在教育計畫評鑑上的 iCoalesce 組織總裁桑默爾（Matthew Summer），目前正在為一家與加州橘郡無家可歸人士密切合作的組織，設計透過手機網路應用程式，試圖取得相關領域的調查數據。

這讓在該領域工作的個人，可以即時看到無家可歸人士的住房供應，根據其重要條件如醫療需求等，協助需要居所的人安排適當的居住地點。與無家可歸人士合作有一些難解的現實生活挑戰，而過去缺乏組織的收集數據更使工作者難以獲取重要事項的最新與準確資訊，例如「無家可歸者居住單位的床位」等。桑默爾提到他如何利用資訊圖來協助解決這類的問題：

「我們經常看到……，大量的數據集丟在我們的筆電裡，有一些輪廓，但缺乏真正的設計，以溝通意義和知識而言，我們認為這是一個問題，而且是知識工作者不樂於見到的情況，因為這要花很多時間與金錢利用逆轉工程讓數據產生意義。這類工程通常發生在針對某項利基服務〔例如〕無家可歸者管理資訊系統所設計的特別數據系統。」

這裡清楚地強調明確的研究設計與一致性數據收集方法的需求。不過，已經收集的數據——例如有關個別的無家可歸人士——雖然有些是各種形式的不完整紀錄，仍然有其特徵價值，並且依然可以作為評估與分析使用。也就是說一個能夠彈性處理這類非一致性資料的系統是必須的。桑默爾又提到：

「我認為我們都同意**沒有做意義分析與詮釋的數據通常是沒有用的資料**。重要的是要確認你的系統後端不只有助於組織雜亂無章的數據，也能從現在起，在同一套系統內以更有組織的方式將收集數據的方法一致化。」

有了如此靈活的系統支撐，我們可以設計出前端的介面，讓該領域的人得以獲取即時數據。這會減少依賴「床位的紙本紀錄」所衍生的問題——即便是當天早上做的報告也會失效。這個例子說明了我們可以使用數據視覺化，藉由提供有價值的即時見解帶給社會持續、有意義的影響。

隨著社會企業家精神的崛起，我們期望有更多數據資訊圖的驚人革新，能夠讓「重視幫助他人的新類型企業與組織」更便利地做好工作。

成為視覺型公司

無論你是已嘗試在你的公司利用資訊圖思維，或只是個完全的新手，關鍵是要**確定用來評估資訊設計作品效果的目標與準則**。請記得「實驗」也很重要；它有助你找到製作美觀、原創內容的機會。姚曾建議：

「當你覺得視覺化可以作為一種媒介，而不只是一個工具，它會變成更靈活、可以用在很多方面的東西。這樣也更讓人興奮。你可以透過分析、報導，或藝術的手法，運用數據來述說故事。

「視覺化可以有趣，也可以嚴肅；可以美觀與情緒化，或很簡單、直指重點。最終都跟數據有關，而**視覺化讓你看到表格所看不到的東西。數據裡有故事，而視覺化幫助你找尋或述說它們。**」

如我們前面所討論過的，表格裡有數據分析師與敘事者的空間，而也有情況是兩者的觀點都適用的。

那麼能夠透過提供深刻見解與吸引觀看者的資訊圖來傳達溝通的關鍵在哪裡呢？我們持續研發與應用工具的能力，將有助於大量資訊的處理與展示，另外人類的創意也是達到製作有效與趣味訊息的關鍵因素。

我們真的鼓勵大家多加利用這些工具，讓更多人製作與分享資訊圖。雖然這樣短期內會降低平均品質，但對於這種媒介的發展和進步還是很重要的。

此外，當我們集體更深入地瞭解許多的資訊圖應用方法，將有助於進一步建立評斷品質的關鍵架構。最後，我們必須在形塑資訊圖世界時，維持人類創意的價值，並且持續幫助人們創造具有知識性、娛樂性與啟發性的視覺故事。

更多「資訊圖」補充知識

請至 www.columnfivemedia.com/book/links
參閱所有以下網頁，獲得更多資訊圖的啟發。

Blprnt-Jer Thorp

blog.blprnt.com

Chart Porn

www.chartporn.org

Column Five

www.columnfivemedia.com

Cool Infographics

www.coolinfographics.com

Data Blog-The Guardian

www.guardian.co.uk/news/datablog

Data Desk-Los Angeles Times

datadesk.latimes.com

Datavisualizaiton.ch

www.datavisualization.ch

Eager Eyes

www.eagereyes.org

Fast Company's Co.Design

www.fastcodesign.com/section/infographic-of-the-day

Feltron-Nicholas Felton

www.feltron.com

Five Thirty Eight: Nate Silver's Political Calculus

fivethirtyeight.blogs.nytimes.com

FlowingData

www.flowingdata.com

Francesco Franchi

www.francescofranchi.com

Graficos

Graficos.lainformacion.com

I love Charts

ilovecharts.tumblr.com

Information Aesthetics

www.infosthetics.com

Information Is Beautiful

www.informationisbeautiful.com

Interactive Things

www.interactivethings.com

Junk Charts

Junkcharts.typepad.com

Malofiej

www.malofiej20.com

The New York Times-By the Numbers

blow.blogs.nytimes.com

The New York Times-Unofficial

Chartsnthings.tumblr.com

Stamen Design

www.stamen.com

Substratum Series

www.substratumseries.com

Edward Tufte and Graphics Press

www.edwardtufte.com/tufte

Visualizing Data

www.visualisingdata.com

Visual Loop

visualoop.tumblr.com

Visual.ly

www.visual.ly

Visual News, a Column Five Publication

www.visualnews.com

Well-Formed Data

www.well-formed-data.net

致謝

作者傑森：

感謝太太對我的忍讓以及信任。我很感激過去十二年來你對我的愛與支持。你是我們可愛小露希的好媽媽。同時我也感謝父母和家人的教導，提醒我更加關注心靈與靈魂的領域。

羅斯與喬許，感謝你們誠摯的友誼，以及不斷找尋更清楚的相互溝通方式，在各方面幫助我成長。

作者喬許：

感謝非常支持與深愛我的父母與家人，你們永遠都鼓勵我，並且陪在我身邊。感謝凱莉總是對我很有耐心，也很瞭解我，尤其是在我們寫這本書期間。

也很感謝我最好的事業夥伴，傑森與羅斯。我真心看重我們之間的情誼，與你們一起開創事業與合寫這本書的經驗，真的是太棒了。

作者羅斯：

感謝我親愛的老婆，潔西卡，大方優雅地在我們蜜月期間允許我繼續寫作——並且不論我在工作與生活的天平間如何偏離方向，仍然不斷支持我追尋夢想。

感謝傑森與喬許努力地工作、深入的見解，以及寫作過程中真實的回饋。我很感激這段愉快與充實的合作關係，以及多年來持續的友情。

感謝我們的顧客委託我們協助他們的溝通，並支付我們金錢來執行我們熱愛的工作。我們很珍惜每一個互相建立的事業關係與友誼。

我們也要感謝值得尊敬的朋友與同事，你們熱心地以訪談、討論、研究與提供我們圖表使用的方式，對我們本書貢獻良多。包括魯西博士（Dr. Craig Rusch）、史瓦史巴茲博士（Dr. Joel Schwarzbart）、霍姆斯博士、鄺、史蒂芬拿、、瑞查茲、薩默斯博士（Matthew Summers），以及莫勒。特別要感謝戴修（Brian Dashew）以及整個團隊協助我們在哥倫比亞大學開設資訊視覺化的課程。

最後，我們要另外感謝 Column Five 設計工作室的團隊，他們投注了熱情、創造力與幽默感，協助我們建立一個可以完成好作品與每天熱愛投入的工作環境。他們是很了不起的一群人，我們很幸運可以每天與他們一起密切地合作。他們是：

達柏林（Colin Dobrin）、沃爾福德（Brian Wolford）、羅姆利（Jarred Romley）、艾芬迪（Andrew Effendy）、努因（Madeleine Nguyen）、李維格（Luis Liwag）、梅爾（Marshall Meier）、布拉沃（Andrea Bravo）、伯克特（Jake Burkett）、紀尼（Shane Keaney）、拉勾扎（Vince Largoza）、米艾德（Nick Miede）、伍達德（Brad Woodard）、朗（Vannarong 'Rev' Run）、克萊恩（Ian Klein）、和蘭德（Kaede Holland）、羅傑斯（Katie Rogers）、梅克納凡斯基（Alina Makhnovetsky）、法藍其（Katy French）、沃爾許（Adrian Walsh）、奧格登（Chase Ogden）、基斯（Trais Keith）、法倫（Taylor Fallon）、威巴瓦（Arturo Wibawa）、考克斯（Kelsey Cox）、因斯其普（Stuart Inskip）、麥克金德（Melody MacKeand）、卡里諾（Chris Carlino）、奧利瓦雷斯（Walter Olivares）、佩潤特（Sean Parent）、史賓塞（Neil Spencer）、夸爾斯（Jay Cross），基爾羅伊（Jake Kilroy），菲特司（Jeremy Fetters）、阿爾梅達（Brian Almeida）、藍（Charles Lam）、亞當米洛維奇（Alicia Adamerovich）、米艾德（Danny Miede）、羅傑斯（Trevor Rogers）、培根（Sara Bacon）、雷尼（Scott Raney）、袁（Jane Youn）、呂孔（Nicole Rincon）、戴（Huilin Dai）、葛瑞森（Adam Grason）、威爾斯（Kirk Welles）、雅尼克（Andrew Janik）、科爾（Evan Cole）、桑切斯（Paul Sanchez）、斯塔爾（Ben Starr）、夏普門（Steven Shoppman）、恰克（Jessica Czeck）、舍林姆（Shawn Saleme）、裘爾登（Skye Jordan），以及伯瑞恩（Brian the Brain）。

視覺資訊的力量

讓數字故事「更好看」：抓住眼球經濟的「資訊圖」格式全書

Infographics: The Power of Visual Storytelling
By Jason Lankow, Josh Ritchie, Ross Crooks

大寫出版 In-Action! 書系 HA0044

著者 傑森・蘭戈、羅斯・克魯格斯、喬許・瑞奇
譯者 簡美娟
行銷企畫 郭其彬、王綬晨、夏瑩芳、邱紹溢、陳詩婷、張瓊瑜、黃文慧
大寫出版編輯室 鄭俊平、夏于翔
發行人 蘇拾平
出版者 大寫出版 Briefing Press
地址 台北市復興北路 333 號 11 樓之 4
電話 02-27182001
傳真 02-27181258
發行 大雁文化事業股份有限公司
地址 台北市復興北路 333 號 11 樓之 4
24 小時傳真服務 02-27181258
讀者服務信箱 E-mail: andbooks@andbooks.com.tw
劃撥帳號 19983379
戶名 大雁文化事業股份有限公司
香港發行 大雁（香港）出版基地 ・ 里人文化
地址 香港荃灣橫龍街 78 號正好工業大廈 22 樓 A 室
電話 852-24192288
傳真 852-24191887
Email anyone@biznetvigator.com
初版一刷 2013 年 12 月
定價 480 元
ISBN 978-986-6316-91-3

國家圖書館預行編目

視覺資訊的力量：讓數字故事「更好看」：抓住眼球經濟的「資訊圖」格式全書
傑森．蘭戈 (Jason Lankow), 羅斯．克魯格斯 (Ross Crooks), 喬許．瑞奇 (Josh Ritchie) 著；簡美娟譯．
初版．臺北市：大寫出版：大雁文化發行，2013.12
面；公分．--(Catch-on! 書系；HA0044)
譯自：Infographics : the power of visual storytelling
ISBN 978-986-6316-91-3(平裝)

1. 簡報 2. 圖表 3. 視覺設計
494.6 102021207